ÉTUDE ÉLÉMENTAIRE

DES

MOTEURS INDUSTRIELS

DE LEUR TRAVAIL

ET DE SES TRANSFORMATIONS

PAR

GASTON SCIAMA

ANCIEN ÉLÈVE DE L'ÉCOLE DES MINES

AVEC **254** FIGURES DANS LE TEXTE

PARIS

G. MASSON, ÉDITEUR

LIBRAIRE DE L'ACADÉMIE DE MÉDECINE

BOULEVARD SAINT-GERMAIN ET RUE DE L'ÉPERON

En face l'École de Médecine

—

M DCCC LXXXI

ÉTUDE ÉLÉMENTAIRE

DES

MOTEURS INDUSTRIELS

2167. — PARIS, IMPRIMERIE A. LAHURE
9, rue de Fleurus.

J'ai essayé, dans ce volume, de présenter une théorie élémentaire, mais aussi complète que possible, des machines industrielles.

Exposer tout d'abord les phénomènes physiques et les principes de mécanique qui régissent le travail de chaque moteur : air, vapeur, gaz et eau ; — étudier successivement ensuite les différentes phases de ce travail dans les machines, leur corrélation, leur influence sur le rendement ; — décrire enfin, en détail, le jeu des divers organes destinés à recueillir, régler et transmettre aux outils de toutes sortes l'énergie du moteur : tel est le but que j'ai voulu atteindre sans l'aide du calcul.

Je me suis donc imposé de supprimer des démonstrations toute formule algébrique, et de n'exiger du lecteur, pour leur intelligence, que la notion des premiers principes mathématiques. Mais, s'il n'est rien de plus aisé que de se fixer, au début d'un ouvrage, des règles précises dont on s'interdit de s'écarter, autre chose, hélas ! est d'y rester fidèle, au cours du travail, lorsque leur scrupuleuse observance crée des difficultés qu'on n'a pas tout d'abord soupçonnées. Celles que j'ai dû vaincre pour suppléer à l'absence d'un si précieux auxiliaire m'auraient infailliblement rebuté, si je n'avais eu foi dans l'utilité d'un livre dont l'idée me paraissait originale.

Les études sérieuses sont actuellement du goût de tous : gens du monde comme ouvriers, chacun, par l'instruction, veut justifier sa suprématie ou légitimer son ambition. Aussi, depuis quelques années, dans le désir de vulgariser la science, les plus grands savants n'ont-ils pas dédaigné de se faire maîtres d'école. Je tremble qu'à la lecture de ce volume on ne reconnaisse que pour une telle tâche, en effet, tout leur talent était nécessaire.

Gaston SCIAMA.

Mai 1881.

ÉTUDE ÉLÉMENTAIRE

DES

MOTEURS INDUSTRIELS

CHAPITRE PREMIER.

Notions générales. — Définitions. — Principes.

La mécanique est la science qui étudie les forces répandues dans la nature et leurs effets.

On appelle *force* toute cause qui produit le mouvement d'un corps. Cette cause n'est pour ainsi dire jamais visible ; on ne peut s'en rendre compte que par son effet : *le mouvement du corps sur lequel elle agit ;* ainsi, quand une pierre se détache et tombe, la force qui détermine sa chute, la pesanteur, nous échappe ; la chute seule est sensible.

Le *mouvement* d'un corps est son déplacement dans l'espace. On ne distingue un mouvement, en mécanique, que par sa direction et sa vitesse, c'est-à-dire par le chemin parcouru dans un temps toujours le même, et qu'on a fixé une fois pour toutes : la seconde.

On envisage dans une force : *sa puissance, son point d'application* et *sa direction.*

La puissance est, si l'on peut s'exprimer ainsi, la grandeur de cette force.

Le point d'application est le point du corps où elle le touche. .

La direction est celle du chemin suivi par le corps sous son impulsion.

Une force est double, triple d'une autre, lorsque la vitesse qu'elle imprime au corps est double, triple de celle imprimée au même corps, dans les mêmes conditions, par l'autre force.

Puisque la force produit toujours un mouvement, lorsqu'un corps est en repos, c'est qu'il n'est soumis à aucun effort, ou que ceux qu'il subit se compensent les uns les autres. Si, en effet, deux personnes tirent un objet à elles dans des directions opposées avec la même vigueur, l'objet ne bougera pas. On dit alors qu'il est en *équilibre*.

Lorsque, déjà tiré par une troisième personne dans une autre direction, au moment où les deux premières opposent leurs efforts l'une à l'autre, il continue avec la même vitesse son chemin dans la direction primitive, il y a encore équilibre entre les deux forces opposées, bien que le corps soit en mouvement sous l'action de la troisième.

Des forces sont donc en équilibre lorsque, appliquées à un corps, soit au repos, soit en mouvement, elles ne changent pas l'état de repos ou de mouvement dans lequel il était auparavant.

Si plusieurs forces appliquées en divers sens ne se font pas équilibre, le corps se mettra en marche, mais quel chemin suivra-t-il? Considérons un objet tiré à droite par cinq et à gauche par huit personnes d'égale vigueur. Que le même nombre se trouve à droite et à gauche, il est en équilibre et ne bouge pas. Les trois personnes qui sont en plus à gauche tireront donc le corps de la même façon que si elles étaient seules et qu'on eût supprimé des deux côtés les cinq autres.

Supposons-les maintenant tirant à gauche avec une

égale énergie et mettons à leur place un homme trois fois plus fort que chacune d'elles : il donnera au corps le même mouvement. Cet homme dont la force est triple représente la *résultante* des trois autres.

On appelle donc *résultante* de plusieurs forces une force qui donnerait au corps le même mouvement (dans la même direction) que celui qu'il a réellement.

Lorsqu'une force a donné son impulsion à un corps, sans un obstacle sur sa route il ne s'arrêtera pas, même si la force cesse d'agir. Cette propriété de ne pouvoir se mouvoir ou s'arrêter de soi-même s'appelle l'*inertie*. On en a de nombreux exemples journellement sous les yeux. Qu'un cheval au galop s'abatte brusquement, le cavalier est lancé en avant et pirouette par-dessus la tête de la bête. L'accident provient de ce que l'obstacle que rencontre le cheval n'arrêtant pas le cavalier, celui-ci, dont la vitesse est la même, continue son mouvement, mais seul, et est précipité en bas de sa monture. Le même phénomène se produit dans un accident de chemin de fer; lorsque le train est tamponné dans sa marche, les voyageurs vont se briser la tête contre la cloison du compartiment. De même encore, pour emmancher un couteau, on fait entrer la lame et l'on frappe l'ensemble sur une table. Le bois qui arrive avec une certaine vigueur est arrêté par la table, subitement, et la lame que rien ne gêne continue à descendre dans le manche.

Considérons maintenant le cas où la force ne cesse pas d'agir après avoir mis en marche le corps. Nous avons vu que, si elle était supprimée, il continuerait sa course avec la même vitesse; donc appliquée à nouveau pendant le même temps (une seconde si l'on veut), elle lui imprimera un mouvement semblable à celui qu'il a déjà, et par conséquent doublera la première vitesse. Pendant la troisième seconde, si la force est toujours appliquée, la vitesse deviendra encore une fois plus grande, et l'on comprend facilement qu'au bout d'un temps double, triple, elle soit double, triple; ce qu'on exprime en disant qu'elle est proportionnelle au temps écoulé. Cette notion est évidemment très intéressante, puisque nous avons dit en commençant que, la force étant invisible, on ne pouvait reconnaître sa présence que par le mouvement qu'elle communique. Or c'est du reste ce seul mouvement qui nous importe, puisque c'est lui que nous employons dans nos machines. Il est donc précieux de savoir que la vitesse d'un corps soumis à l'action d'une force continue (c'est-à-dire s'exerçant sans interruption) est d'autant plus grande que cette force agit depuis plus longtemps.

Revenons maintenant au point de départ. La force est toujours invisible ; on ne reconnaît sa présence que lorsqu'elle actionne un corps dont on peut voir le déplacement. Mais le but de l'homme est d'utiliser les forces de la nature, et par conséquent de transformer le mouvement qu'elles impriment aux corps et de le communiquer aux diverses machines qu'il a inventées ; il lui faut donc en quelque sorte le recevoir. Pour cela, il dispose les ailes d'un moulin à vent, les voiles d'un navire, le piston d'une machine, une roue hydraulique, etc., etc. On le voit, c'est toujours par l'interposition d'un obstacle que l'homme arrive à s'approprier ce mouvement; et, en résumé, on ne reconnaît la *présence* d'une force que lorsqu'elle trouve tout d'abord un premier obstacle à mettre en marche; on ne l'utilise que lorsque ce premier obstacle en trouve un autre qui l'arrête.

Ce point capital étant une fois établi, voyons ce qui va en résulter.

Ce qui nous intéresse maintenant, c'est la rencontre de ces deux corps, dont l'un est poussé par la force et dont l'autre ne peut prendre sous l'action du choc qu'une course limitée (les ailes d'un moulin à vent tournent autour d'un axe, le piston de la machine à vapeur va et vient dans son cylindre, etc., etc.). Quelles sont les conditions qui influeront sur ce choc ? Tout d'abord le poids du corps en mouvement (nous l'appellerons le moteur, et l'autre, le récepteur). Si nous faisons, en effet, tomber sur une table un poids de 1 kilo d'une hauteur d'un mètre, son effet sera 50 fois moindre que celui obtenu en faisant tomber un poids de 50 kilos; une balle contre un mur fera moins de dégradations qu'un boulet, etc.

En second lieu, la vitesse du corps choquant aura aussi une grande influence.

Qu'un petit homme, en effet, veuille renverser un colosse : s'il lui donne un coup d'épaule, il le fera à peine bouger; mais qu'au contraire il prenne de l'élan et arrive sur lui à toute vitesse, il le terrassera bien plus facilement, et cependant le poids de son corps n'aura pas changé.

Donc : 1° plus le poids du corps choquant est grand, plus l'effet du choc est fort ;

2° Plus la vitesse du corps choquant est grande, plus l'effet du choc est fort.

La théorie a démontré que cet effet dépendait du poids du corps choquant et du carré de la vitesse [1], et on a alors appelé en mécanique force vive d'un corps le produit [2] de sa masse [3] par le carré de sa vitesse. On voit de suite que la *force vive* [4] représente l'effet qu'on pour-

---

1. On appelle carré d'un nombre le résultat de la multiplication d'un nombre par lui-même. Le carré de 3, c'est 3 fois 3, ou 9.

2. On appelle, en mathématiques, produit de deux nombres le résultat de la multiplication d'un nombre par l'autre. Le produit de 3 par 4, c'est 3 fois 4, ou 12.

3. On appelle masse d'un corps le résultat de la division du poids du corps par un nombre qui change avec les endroits où on se trouve et qui, à Paris, est 9,88. Ainsi, la masse d'un corps pesant 988 kilos est $\dfrac{988}{9,88} = 100$.

4. L'expression « force vive », qui a été donnée au produit de la

rait attendre de l'arrêt brusque de ce corps, si un obstacle se trouvait à ce moment sur sa marche.

Un boulet pesant 9^k,880 a, au moment où il arrive sur la plaque de blindage d'un navire cuirassé, une vitesse de 500 mètres à la seconde ; cherchons, comme exemple, quelle est sa force vive.

Si son poids est de 9^k,880, sa masse est de $\dfrac{9^k,880}{9,880} = 1$.

Sa vitesse étant de 500 mètres, le carré de sa vitesse est de 500×500, soit 250 000. Sa masse étant 1, la force vive est $250\,000 \times 1$, ou 250 000. On verra plus loin ce que veut dire ce chiffre.

Lors donc seulement qu'un corps en marche est arrêté par un autre qui prend, sous l'action du choc, un mouvement limité, nous pouvons utiliser la force vive du corps choquant pour nos machines industrielles. Mais ce moteur ne s'arrête pas complètement ; généralement même on désire qu'il puisse, après en avoir cédé la plus grande partie à la machine, conserver assez de vitesse pour s'échapper et laisser la place libre. S'il arrive avec une vitesse de 10 mètres à la seconde, et qu'après avoir accompli son travail en poussant le récepteur, il ait encore une vitesse de 2 mètres, sa force vive au départ sera (le poids étant toujours de 9^k,880, et par conséquent la masse égale à 1) $2 \times 2 \times 1$, ou 4. Elle était à l'arrivée de 100, la machine n'a donc utilisé qu'une force vive de 96.

Or la théorie démontre que la demi-différence entre 100 et 4, c'est-à-dire la moitié de 96, est justement égale au produit de la résistance vaincue par le moteur multipliée par le chemin que ce moteur a parcouru pendant le

masse par le carré de la vitesse, pourrait, dans les explications ultérieures, mettre un peu de confusion, si nous ne disions de suite que le mot *force* n'est pas pris ici dans son vrai sens, et qu'il ne faut pas supposer que dans la *force vive* l'idée de l'effort qui détermine le mouvement entre pour quelque chose.

temps écoulé entre l'arrivée contre le récepteur et son départ, ce qu'on exprime en disant que la demi-différence entre les forces vives d'un même corps à deux instants donnés du choc est égale au produit de la résistance par le chemin parcouru dans l'intervalle entre ces deux instants. Or, ce chemin est très simple à mesurer; c'est, en général, la course du récepteur, qui est toujours limitée. Les forces vives se calculent aisément, si l'on connaît le poids du moteur et sa vitesse aux deux moments; il est donc très facile de trouver la résistance elle-même. Ce produit de la résistance par le chemin parcouru s'appelle le *travail* de la force pendant l'intervalle de temps compris entre les deux observations[1], et le principe s'énonce alors :

Lorsqu'un corps en mouvement en rencontre un autre, la demi-différence des forces vives de ce corps, à deux

---

1. Cette définition n'est rigoureusement vraie qu'à la condition que le chemin parcouru par le moteur soit dans la direction même de la force, et l'on conçoit que si plusieurs forces agissent en même temps sur le moteur, la direction qu'il prendra sera la direction de la résultante de toutes ces forces. Dans ce cas, le travail intéressant pour nous sera le produit de cette résultante par le chemin par-

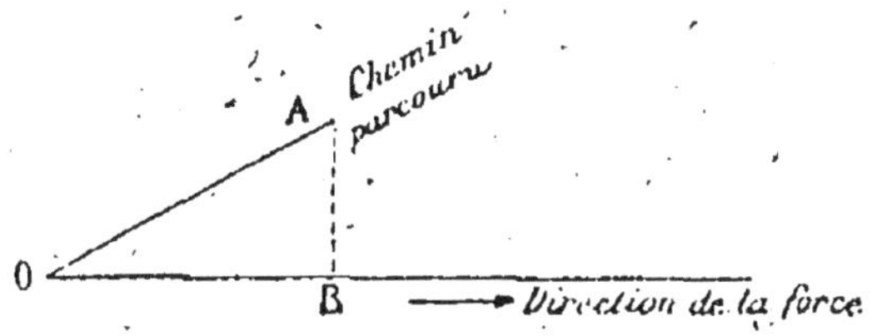

Fig. 1.

couru. C'est pour cela que nous admettons cette définition comme vraie. Mais lorsque, en mécanique, on considère séparément le travail de chacune des forces, on reconnaît qu'il est égal à la force elle-même multipliée par la projection du chemin parcouru sur la direction de cette force, — la projection étant la ligne que l'on obtient en abaissant une perpendiculaire de l'extrémité du chemin parcouru sur la direction de la force et en prenant la distance du pied de cette perpendiculaire au point de rencontre des deux directions.

moments donnés, est égale au travail de la force pendant l'intervalle qui sépare les deux moments.

On voit, d'après tout ce que nous venons de dire sur la force vive, quelle importance a pour nous cette notion du travail. Puisque toute l'utilité d'une force se mesure par la masse et la vitesse du moteur au moment du choc, le travail de la force n'est autre que son effet utile.

Cette considération reviendra souvent dans nos explications, et c'est pour cela qu'il était bon d'insister tout d'abord longuement sur ce sujet. Il nous reste, pour l'épuiser complètement, à dire comment on énonce cette quantité de travail.

Pour soulever de terre un poids de 1 kilo, il faut un effort difficile à connaître. Si cet effort élève le kilogramme à une hauteur de 1 mètre, il fera un certain travail qui sera le produit, d'après ce que nous avons dit, de la résistance, c'est-à-dire du poids, par le chemin parcouru, 1 mètre. On appelle ce travail le *kilogrammètre*. On comparera tous les travaux à celui-là pris pour type, et on dira que le travail d'une force pendant un certain temps est de tant de kilogrammètres, c'est-à-dire que cette même force, dans le même temps, aurait pu élever à une hauteur de 1 mètre tant de kilogrammes.

Reprenons comme exemple celui pris déjà tout à l'heure d'un corps pesant $9^k,880$ et ayant, au bout de 10 secondes, une vitesse de 10 mètres, et au bout de 15, une autre de 2 mètres. La masse du corps est toujours 1, la différence des forces vives est, comme nous l'avons vu, $100 - 4$, soit 96; la demi-différence est donc 48, et elle est justement égale au travail pendant les 5 secondes qui se sont écoulées entre les deux observations. Nous dirons donc que le travail de la force inconnue pendant ces 5 secondes est de 48 kilogrammètres, c'est-à-dire que cette même force, pendant ce temps, aurait pu soulever à une hauteur de 1 mètre un poids de 48 kilogrammes.

En général, on compare les forces par leur travail, et

on convient pour cela d'envisager toujours le chemin parcouru pendant une seconde. Un travail de 75 kilogrammètres est donc un travail de 75 kilogrammètres à la seconde.

On appelle *cheval-vapeur*, ou en général *cheval*, ce travail de 75 kilogrammètres à la seconde. Cette définition permet de ne plus considérer un nombre énorme de kilogrammètres et d'évaluer en chevaux la puissance d'une machine. Si, par exemple, une roue hydraulique donne à la seconde 3000 kilogrammètres, on s'exprimera en disant que sa puissance est de $\frac{3000}{75} = 40$ chevaux. Inversement une machine à vapeur de 100 chevaux produit à la seconde 7500 kilogrammètres.

Nous en avons fini avec cette suite de définitions délicates, et pour éclaircir complètement nos idées, nous allons appliquer tout ce que nous venons de dire à la force la plus universellement répandue et la plus précieuse pour nous : la pesanteur.

On appelle *pesanteur* la force qui attire vers la terre tous les corps libres dans l'espace, et poids d'un corps l'action de la pesanteur sur ce corps. Les corps sont, on le sait, composés de molécules infiniment petites, qui toutes ont leur poids. Le poids d'un corps n'est donc que la résultante de toutes les forces qui attirent vers le centre de la terre chacune des molécules. Le point d'application de cette résultante est toujours à l'intérieur du corps et facile à déterminer; on l'appelle le *centre de gravité*.

La direction de la pesanteur, c'est-à-dire la direction du chemin parcouru par le corps sous son action, est celle du fil à plomb. Cette direction s'appelle la verticale. Lorsqu'un corps devient tout à coup libre dans l'espace, et sous l'influence de la pesanteur tombe à terre, on reconnaît que cette force s'exerce sans interruption à ce que la vitesse du corps augmente pendant toute la durée de la chute. Cette vitesse est nécessairement nulle lorsque le corps n'a pas encore été détaché ; à la fin de la chute, c'est-à-dire à la rencontre de la terre, cette vitesse est plus ou moins grande. Supposons, pour fixer les idées, qu'un poids de 10 kilogrammes tombe d'une hauteur de $19^m,75$: sa vitesse au moment où il touche terre est de $19^m,75$ à la seconde. Le travail de la pesanteur, c'est-à-dire l'effet utile que le corps pourra exercer sur un obstacle est égal à la demi-force vive, ou au demi-produit de la masse par le carré de la vitesse :

$$\frac{10}{9,88} \times 19,75 \times 19,75 , \text{ soit } 395 \text{ divisé par } 2^1 , \text{ ou}$$

197,5 kilogrammètres, ce qui est justement égal au produit de son poids par la hauteur de chute. On voit donc que la force vive du corps tombant, c'est-à-dire l'effet qu'il pourra produire sur un récepteur à la fin de sa chute (comme dans le cas des marteaux-pilons, par exemple), dépend de la hauteur dont il tombe et de son poids simplement.

Le dernier principe qui nous reste à énoncer est celui de l'action et de la réaction :

Lorsqu'un corps en rencontre un autre, le corps choquant éprouve du corps choqué une réaction égale à l'action qu'il lui imprime.

Un exemple va rendre ces termes clairs : Donnons un coup de poing sur une table, nous causerons un choc dont les conséquences pourront être de la briser, si elle n'est pas solide : elle éprouve donc, de la part du poing, une action ; mais en même temps nous avons ressenti à la main une douleur d'autant plus vive que le coup a été plus fort : la table a donc réagi sur le corps choquant avec la même force que celui-ci avait agi sur elle.

1. Car la force vive, ici, après le choc, est nulle, puisque le corps reste sur la terre ; donc la demi-différence entre les forces vives au commencement et à la fin se réduit simplement à la demi-force vive du commencement du travail, excepté si le corps est élastique.

Autre exemple : Lorsqu'on est assis en face d'un mur, sur une chaise, et que l'on appuie le pied contre le mur, la jambe ployée ; à mesure qu'elle se détend, la chaise recule. Le mur exerce en effet sur le pied une réaction égale et contraire à l'action exercée sur lui : la force se transmet à la chaise, qui, n'étant pas fixée au sol, recule doucement.

La balle élastique envoyée contre un obstacle le frappe avec une certaine force, reçoit une réaction égale à l'action, et, comme elle est légère, revient à son point de départ.

CHAPITRE II.

Différentes espèces de corps. — Corps solides, liquides, gazeux. — Des corps gazeux en général. — De l'air. — Pression atmosphérique.

Nous avons vu que l'effet d'une force ne pouvait se transmettre que par l'intermédiaire d'un corps mis en mouvement : le moteur. Les corps que l'on rencontre dans la nature se classent en trois catégories :

1° Les solides, dont la forme et le volume ne peuvent changer sans que leur poids varie ;

2° Les liquides, dont la forme (mais non le volume). peut changer sans que le poids varie ;

3° Les gaz, dont la forme et le volume sont indépendants du poids.

Ces définitions se comprennent d'elles-mêmes. Il est évident, en effet, que la forme et le volume d'une pierre ne peuvent subir d'altération que par la scie ou le marteau, c'est-à-dire avec diminution de poids ; 1 mètre cube d'eau, au contraire, tiendra dans un vase quelconque, pourvu que la capacité du récipient soit toujours de 1 mètre cube, et pèsera toujours 1000 kilogrammes ; tandis que, enfin, 1 kilogramme de vapeur introduit dans le cylindre d'une machine se détend, c'est-à-dire augmente de volume, prend la forme du cylindre, et quoique changeant de forme et de volume, pèse toujours 1 kilogramme.

Nous avons donc à notre portée trois sortes de moteurs : les moteurs solides, liquides et gazeux.

Les deux premiers, dont le volume reste constant pour un poids donné, ne pourront agir que par leur masse et leur vitesse au moment du choc contre le récepteur. La différence de leur action tiendra seulement en ce que les liquides changeant aisément de forme, on pourra plus facilement les recevoir et, par conséquent, construire des récepteurs s'appropriant mieux leur force vive.

Les gaz, au contraire, jouissent d'une propriété curieuse, celle de tendre constamment, sous l'action d'une force invisible et intérieure appelée *pression* ou *tension*, à augmenter de volume. A cet effet, ils pressent sur les parois du vase qui les renferme jusqu'au point souvent de le faire éclater. Cette force intérieure augmente quand diminue le volume du gaz, c'est-à-dire qu'un certain poids, par exemple, qui, enfermé dans une chambre de capacité déterminée, exerce sous l'action de la pression une action de dedans en dehors connue, comprimé dans une chambre moitié moins grande, pressera les murs de cette seconde chambre avec une force double, ce qu'on exprime en disant que sa pression a doublé. On énonce donc ainsi ce principe général[1] : Lorsque le volume d'un même poids de gaz devient 2, 3, 4, 5, etc., fois plus petit, sa pression devient 2, 3, 4, 5, etc., fois plus grande, ou en d'autres termes : la pression d'une masse de gaz est inversement proportionnelle au volume qu'elle occupe[2].

On comprend facilement maintenant l'avantage que les

1. Cette loi est appelée « loi de Mariotte », du nom de l'abbé du xviie siècle qui l'a découverte.

2. On appelle, en mathématiques, *proportionnelles* deux quantités qui sont liées de telle sorte que si l'une devient 2, 3, 4, etc., fois plus grande, l'autre devient également 2, 3, 4, etc., fois plus grande. Réciproquement, deux quantités sont *inversement proportionnelles* lorsque l'une devenant 2, 3, 4, etc., fois plus grande, l'autre devient 2, 3, 4, etc., fois plus petite.

corps gazeux ont sur les autres. Puisque, en les comprimant, on augmente d'autant leur tension, c'est-à-dire la force avec laquelle ils poussent un obstacle, on n'a besoin, après les avoir amenés à une pression suffisante, que de leur ouvrir une communication avec le récepteur, sur lequel ils agiront d'autant plus violemment qu'ils auront été plus comprimés. Ils sont donc d'un emploi très commode et, par conséquent, généralement adoptés comme moteurs.

DES MOTEURS GAZEUX.

Les deux moteurs gazeux le plus universellement employés sont l'air et la vapeur. Nous nous occuperons tout d'abord du premier.

C'est un corps tout comme un autre, et, bien que par sa légèreté il soit invisible, il n'en existe pas moins. Si l'on prend, en effet, une balle de plomb, un morceau de liège plat et une plume, et qu'on les laisse tomber d'une hauteur d'un mètre, la balle arrivera la première au sol, puis le liège, puis la plume. Si maintenant, dans une chambre dont on a retiré tout l'air, au moyen de la machine pneumatique[1], on laisse tomber les trois corps de la même hauteur, ils arrivent au sol en même temps. L'air s'oppose donc plus ou moins à leur mouvement : c'est donc, lui aussi, un corps réel, et ce que nous appelons sa résistance n'est autre que le frottement qui accompagne toujours le mouvement de deux corps l'un contre l'autre. Par cela seul que c'est un corps réel, il pèse, et il est facile de se rendre compte, du reste, par une expérience de physique très simple qu'un mètre cube d'air a un poids déterminé.

Un cylindre en verre est appliqué hermétiquement sur

1. Nous verrons plus loin comment.

le plateau de la machine pneumatique, et sa partie supérieure est fermée au moyen d'une peau
retenue sur son contour par un fil.
La peau, tout d'abord tendue horizontalement, puisque les pressions extérieure et intérieure s'équilibrent [1],
s'infléchira à mesure qu'on fera le
vide dans le cylindre, et crèvera brusquement lorsque le poids de la colonne
d'atmosphère sera suffisamment supérieur à la pression de l'air raréfié du
cylindre.

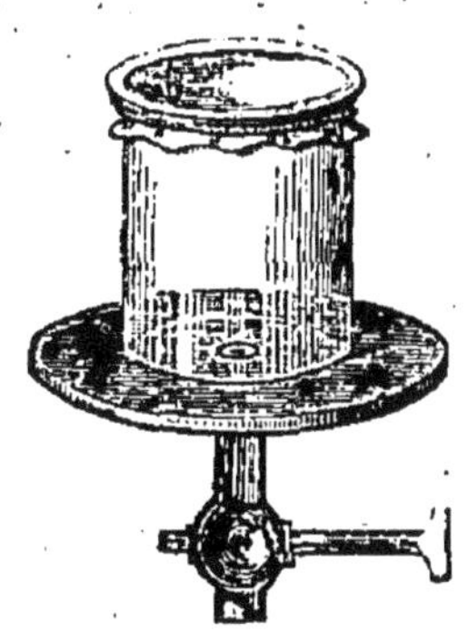

Fig. 2.

Cherchons maintenant quel est le poids de cette colonne
par centimètre carré.

On verra plus loin que si, sur la surface d'un bain de
liquide quelconque, on exerce une pression, cette pression se transmet à tous les points du liquide, comme si
tous en même temps subissaient son action. Prenons donc
un vase rempli de mercure, et dans ce vase, renversons un
petit tube fermé à un bout et de 1 centimètre carré de section
(fig. 3). On a tout d'abord chassé, au moyen de la machine
pneumatique, l'air qui y était contenu. La pression de l'atmosphère qui s'exerce à la surface AB du bain de mercure, sur chaque centimètre carré, se transmet à tous les
points du liquide et, par conséquent, au centimètre recouvert par le tube. Le mercure, poussé par le poids de
l'atmosphère sur la surface libre, va donc monter dans
le tube jusqu'à ce que la colonne, au-dessus du niveau AB,
pèse justement autant sur le centimètre que de haut en
bas pousse la pression atmosphérique transmise. Or, on
voit le liquide s'élever jusqu'à 76 centimètres; le volume
du mercure au-dessus du niveau AB est donc, dans le
tube, le produit de la base multipliée par la hauteur,

1. L'air renfermé dans une chambre ou dans un endroit clos reste
à la pression qu'il avait lorsqu'on a bouché toute issue avec l'atmosphère.

c'est-à-dire 1 centimètre carré par 76 centimètres, soit 76 centimètres cubes. Mais 1 centimètre de mercure pèse 136 grammes, donc 76 centimètres cubes pèsent 76 fois plus, ou 1^k,033. La pression de l'air sur 1 centimètre carré est donc de 1^k,033. Cette pression[1] a été prise comme point de comparaison pour indiquer celle d'un gaz quelconque, et l'on dit, par exemple, que la vapeur enfermée dans un vase clos est à la pression atmosphérique, pour exprimer qu'elle presse chaque centimètre carré des parois de la chambre comme le ferait l'air ou 1^k,033 posé dessus. Si donc la tension de la vapeur dans une chaudière est de 5 atmosphères, chaque centimètre carré de l'enveloppe supporte une pression cinq fois plus grande que la pression atmosphérique, soit égale à un poids de 5^k,165.

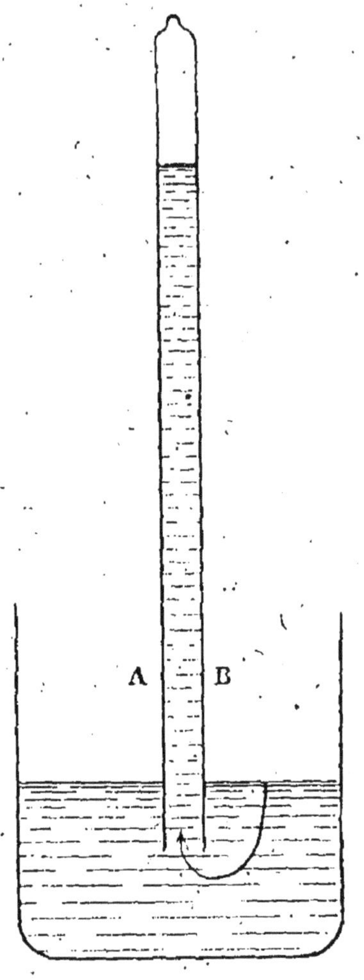

Fig. 5.

Les effets de la pression atmosphérique sont tellement nombreux, que nous n'y prenons plus garde. L'aspiration

1. Cette pression représente le poids, sur chaque centimètre carré, de la masse d'air qui environne la terre. On conçoit donc que, dans une ascension, à mesure que l'on s'élève et que, par conséquent, on a une moindre couche d'atmosphère au-dessus de soi, le poids par centimètre carré soit moindre. On voit en effet le mercure baisser dans le tube progressivement, phénomène qui sert, du reste, à mesurer rapidement la hauteur où l'on est parvenu.

de l'eau dans les pompes est un des plus importants.
Nous allons, comme exemple, l'étudier en détail.

Considérons un puits de 8 mètres de profondeur, et
une pompe installée dans ce puits : elle se composera
simplement d'un cylindre et d'un piston manœuvrant
dans ce cylindre.

Supposons tout d'abord que la pompe n'ait pas encore
marché, l'eau est au niveau AB dans le puits, à 8 mètres
au-dessous du sol. On met la machine en mouvement. Le
piston, manœuvrant de bas en haut, découvre une partie
du cylindre, et l'air qui est compris dans le tuyau entre
les lignes CD et JP (fig. 4) vient remplir le vide laissé par
le piston à mesure que ce dernier monte. Il occupait auparavant la capacité du tuyau CDJP : il a envahi maintenant, sans qu'il en ait pu entrer une autre quantité,
puisque tout est fermé, celle du tuyau et du cylindre.
Son volume a donc augmenté et, par suite, sa pression a
diminué. Elle était tout d'abord, nécessairement égale à
la pression atmosphérique (voy. la note de la page 15);
maintenant elle lui est inférieure, et l'eau emprisonnée
dans le tube, poussée en bas par la pression de l'atmosphère qui se transmet partout, et subissant au-dessus une
pression moindre, montera jusqu'à ce que le poids de la
colonne au-dessus du niveau JP et la pression de l'air enfermé fassent à nouveau équilibre au poids de la colonne
atmosphérique; elle atteindra, par exemple, le niveau IM.
Le piston commençant à descendre, la soupape C se
fermera; l'air contenu dans le cylindre, ne pouvant plus
alors rentrer dans le tuyau, se comprimera à mesure que
le piston descendra; son volume diminuant, sa pression
augmentera; elle sera, à un moment, assez forte pour
soulever la soupape *a*, qui s'ouvre de bas en haut, et
passer au-dessus du piston. Lorsque ce dernier, arrivé
en bas de sa course, recommence à monter, la soupape *a*
se referme, et l'air emprisonné en haut, et soulevé, passera dans le tuyau de sortie K ; la soupape C, au contraire,

s'ouvrira, parce que le piston se retirant, et rien ne remplissant l'espace compris entre lui et le fond du cylindre, la pression de l'air inférieur déterminera sa levée.

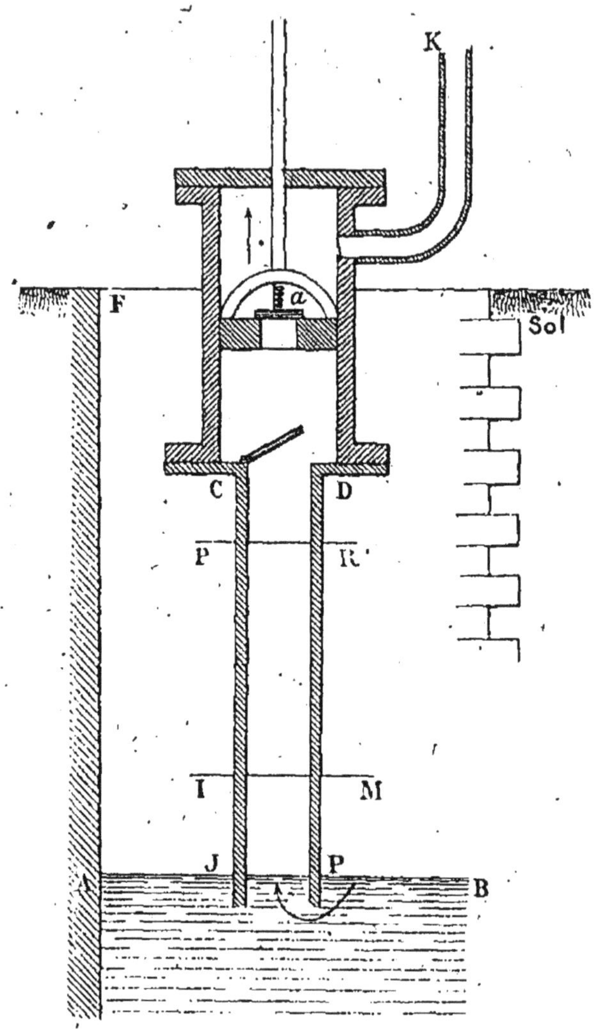

Fig. 4.

Cet air, qui n'est plus qu'une fraction de celui qu'il y avait tout d'abord dans le tuyau, puisque le premier coup de pompe en a enlevé une certaine quantité, viendra occuper de nouveau le volume du cylindre ; pour les raisons que nous avons expliquées tout à l'heure, la colonne d'eau qui s'est arrêtée en IM montera en PR, et ainsi de suite à chaque coup de piston, jusqu'à ce qu'il n'y ait plus d'air et que l'eau soit successivement arrivée à remplir le cylindre. À ce moment, on dit que la pompe est amorcée, et on peut se rendre compte de son fonctionnement de la même façon, en appliquant à l'eau ce que nous venons de dire pour l'air.

Il n'est donc pas juste, comme on le voit, de croire qu'une pompe aspirante élève l'eau ; c'est la pression atmosphérique qui joue ce rôle, et la pompe n'est là que pour faire le vide au-dessus de la colonne.

De même que dans le tube renversé sur le bain de mercure le liquide ne monte que jusqu'à 0,76, parce qu'à cette hauteur la colonne de mercure fait équilibre à la pression de l'air, de même dans le tuyau, lorsque la colonne d'eau a une hauteur au-dessus du niveau du puits suffisante pour peser sur 1 centimètre carré autant que l'atmosphère à l'extérieur sur une même surface au même niveau, elle reste stationnaire et la pompe ne peut jamais s'amorcer, puisque la pression extérieure n'est plus capable de soulever un poids d'eau qui lui fait équilibre. Il est aisé de déterminer quelle est la hauteur de ce niveau supérieur qu'on ne peut dépasser.

Supposons que le tuyau ait un centimètre carré de section : il faut que, sur ce centimètre, au niveau inférieur du puits, il n'y ait pas une pression de plus de 1^k,033. Mais un centimètre-cube d'eau pèse un gramme, il ne faut donc pas qu'il y ait plus de 1033 centimètres cubes d'eau. Or, le volume de l'eau comprise dans le tuyau est égal au produit de la base par la hauteur. En multipliant un centimètre carré par 1033 centimètres, le volume trouvé est de 1033 centimètres cubes ; donc la hauteur qu'on ne peut dépasser est 1033 centimètres ou 10^m,33. Si donc on établissait une pompe à 11 mètres au-dessus du niveau de l'eau dans un puits, le liquide monterait jusqu'à

10^m,35 ; mais à ce moment, comme la colonne dans le tuyau ferait équilibre (au niveau AB du puits) à la pression atmosphérique, celle-ci n'agirait plus, et la pompe ne pourrait jamais être amorcée. C'est de cette façon, du reste, qu'on s'est rendu compte du poids de l'air.

Jusqu'au dix-septième siècle, on s'était en effet bien aperçu qu'en faisant le vide dans un tuyau dont une extrémité plongeait dans l'eau, le liquide montait, et l'on expliquait ce phénomène d'une façon fantaisiste en disant que la nature avait horreur du vide. Des fontainiers de Florence, ayant voulu élever une nappe d'eau à une hauteur de 12 mètres, furent très étonnés de la voir s'arrêter dans le tuyau à 1^m,70 au-dessous du débouché ; ils consultèrent un savant de l'époque, Galilée, qui finit par découvrir que la cause en était simplement due à la pesanteur de l'air.

Chacun connaît l'instrument usuel nommé baromètre, et sait qu'il indique s'il fera beau ou mauvais temps. Il est facile de comprendre, maintenant, le fonctionnement de cet appareil : lorsque la pluie est menaçante, l'air est mélangé à une plus ou moins grande proportion de vapeur d'eau ; cette vapeur étant plus légère que l'air sec, un mètre cube du mé-

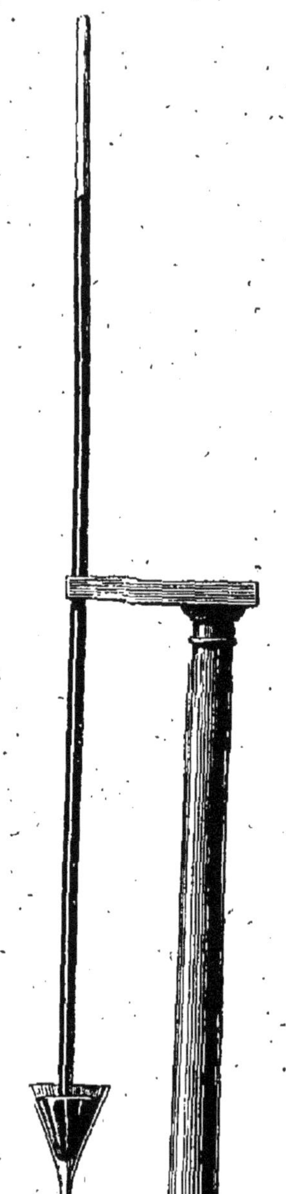

Fig. 5.

lange pèsera moins qu'un mètre cube d'air pur auquel une colonne de mercure de 0,76 de hauteur fait équilibre ; la hauteur dans le tube devra donc être moindre et le niveau du liquide descendra jusqu'à ce que le poids de la nouvelle colonne fasse exactement équilibre à la nouvelle pression atmosphérique. Le baromètre est composé d'un long tube de verre fermé à un bout dans lequel on a fait le vide et qui est plongé dans un vase rempli de mercure. La colonne de mercure a 0,76 de hauteur en temps ordinaire, et monte ou baisse selon que l'atmosphère est plus ou moins sèche et par conséquent le temps plus ou moins beau.

CHAPITRE III.

**De l'air considéré comme moteur. — Moulins à vent.
Navires à voiles. — Air comprimé.**

On peut utiliser l'air comme moteur de diverses façons, soit en emmagasinant la force vive que lui communiquent les courants de l'atmosphère, but auquel répondent les moulins à vent et les navires à voiles ; soit en le considérant comme gaz et en le faisant agir de la même manière que la vapeur, à haute pression sur un piston dans un cylindre : tel est le principe de la machine à air comprimé. Enfin, en se basant sur la propriété qu'ont tous les corps et surtout les gaz de se dilater sous l'influence de la chaleur, et de se contracter par le refroidissement, on a imaginé une troisième sorte de machines : les machines à air chaud, que nous examinerons dans un des chapitres suivants.

MOULINS A VENT.

Le principe des moulins à vent est basé sur une remarque scientifique qu'il est impossible d'ignorer.

Lorsqu'un corps en mouvement en rencontre un autre et, par conséquent, exerce une action sur lui, deux cas peuvent se présenter : ou le moteur rencontrera l'obstacle juste en travers de sa route, sa direction étant perpendiculaire à la surface du contact des deux corps ; et alors (lorsque cet obstacle est fixe) il le brisera si sa force vive est suffisante, s'arrêtera si la masse du corps choqué est trop grande ; — ou la direction du mouvement du moteur sera oblique par rapport à la surface de contact des corps, et alors le moteur subira un léger choc, déviera et glissera le long du corps choqué avec une force vive très diminuée.

Ces considérations sont rendues sensibles par la moin-

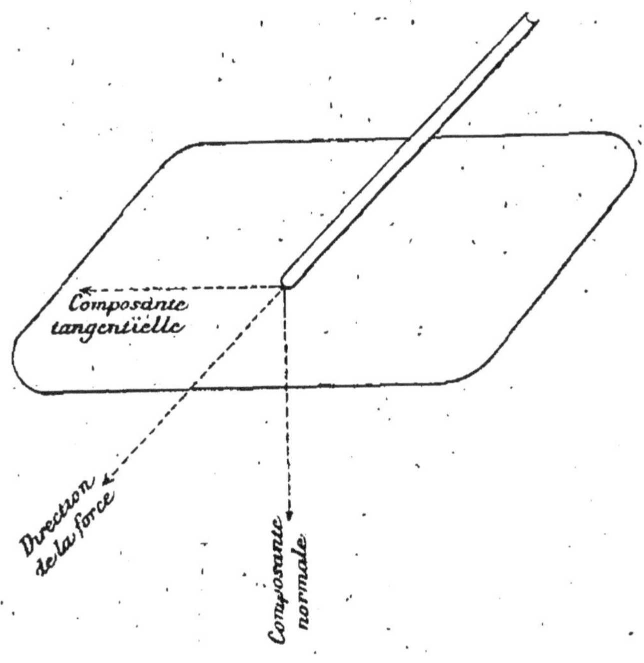

Fig. 6.

dre expérience de la vie. Qu'avec un bâton, par exemple, on cherche à crever une peau tendue : si le bâton arrive perpendiculairement à la peau, il se produira une déchirure lorsque la force d'impulsion sera suffisante ; — que ce même bâton, avec la même force, arrive obliquement à l'obstacle, il glissera sur sa surface avec une vitesse moindre, après cependant que la main qui le tient aura reçu une légère réaction.

On peut admettre facilement, et la théorie démontre rigoureusément que cette action oblique du corps choquant contre le corps choqué, se décompose en deux : l'une perpendiculaire à la surface de contact entre ces deux corps, et l'autre tangentielle à cette surface, c'est-à-dire suivant cette surface elle-même. Ces deux forces, l'une perpendiculaire ou normale, l'autre tangentielle, se nomment les composantes de la force primitive.

En général, on le conçoit, elles ne sont pas égales, et selon que la direction de la force primitive se rapprochera plus ou moins de la perpendiculaire à la surface de contact, la composante normale sera plus ou moins grande, et la composante tangentielle plus ou moins petite. En passant à la limite, lorsque le bâton arrive perpendiculairement à la peau, il n'y a plus de composante tangentielle, et la force tout entière devient la composante normale. Au contraire, si le bâton longe l'obstacle, il n'y a plus de composante normale, et la composante tangentielle est justement égale à la force primitive. Ces simples notions permettent de comprendre qu'au point de vue de l'effet du choc la composante normale est seule intéressante, l'autre n'atteignant pas l'obstacle, et faisant seulement glisser le moteur contre sa surface.

Nous avons considéré l'hypothèse d'un récepteur fixe ; il est évident que s'il cédait à l'impulsion du moteur, on rentrerait dans les conditions habituelles du travail, excepté lorsque ce dernier, ne pouvant changer de direction et le ramener en arrière au bout d'un certain temps (de sorte que le mouvement imprimé n'ait qu'une amplitude limitée), est sollicité par une force de direction constante, si bien que pour recueillir son travail il faudrait lui adapter un récepteur de longueur infinie.

Or tel est le cas du vent.

L'air sollicité par des courants atmosphériques dont il serait trop long d'expliquer l'origine, suit une même direction tant que ces courants agissent sur lui, et pour utiliser sa force vive on dispose dans les plaines, c'est-à-dire là où rien ne peut ralentir sa vitesse, des récepteurs à mouvement limité appelés moulins à vent.

Pour cela, on se sert du principe établi plus haut, et on installe les ailes du moulin de telle sorte que le vent, arrivant obliquement, glisse sur leur surface, et que la force avec laquelle il est entraîné se décompose en deux, l'une tangentielle qui est indifférente, l'autre normale qui dérobe l'aile à son action en la poussant.

La description complète de l'appareil fera encore mieux comprendre ce principe.

Un arbre AB est dirigé dans la direction du vent (fig. 10), et fait par conséquent avec l'horizontale un angle égal au sixième d'un angle droit : car on a reconnu que cette direction était toujours légèrement inclinée sur l'horizon.

Une des extrémités de cet arbre est formée par un pivot, l'autre est extérieure au moulin et porte plantés quatre bras perpendiculaires les uns aux autres. La figure n'en indique que deux, les deux autres étant perpendiculaires à son plan. Sur ces bras sont fixés par le milieu des barreaux disposés horizontalement, semblables aux échelons d'une échelle et dont les extrémités s'insèrent dans deux montants qui les réunissent toutes. On a donc en réalité quatre échelles traversées sur toute leur hauteur par les bras que nous avons tout d'abord indiqués. Le premier échelon est à peu près à 2 mètres de l'arbre moteur.

On conçoit maintenant que si ces échelons étaient tous perpendiculaires à l'arbre, et que l'on recouvrît d'une toile la surface qu'ils déterminent, le vent qui arrive parallèlement à cet arbre serait normal à la toile ; or, comme le système ne peut se mouvoir dans le sens de sa longueur, et qu'en conséquence l'obstacle serait fixe dans cette direction, tout ce grand échafaudage serait bien vite brisé.

Au contraire, imaginons qu'au lieu d'être perpendiculaires, les échelons soient inclinés par rapport à l'arbre, suivant un angle égal aux deux tiers d'un angle droit, tout en restant horizontaux (comme l'indique la figure 7) : le vent en arrivant rencontrera la toile obliquement et, tandis que la composante tangentielle l'entraînera le long de la surface, la composante normale exercera son action sur la toile. Cette composante, qui est, tout comme la première, une force, se décompose elle-même en une

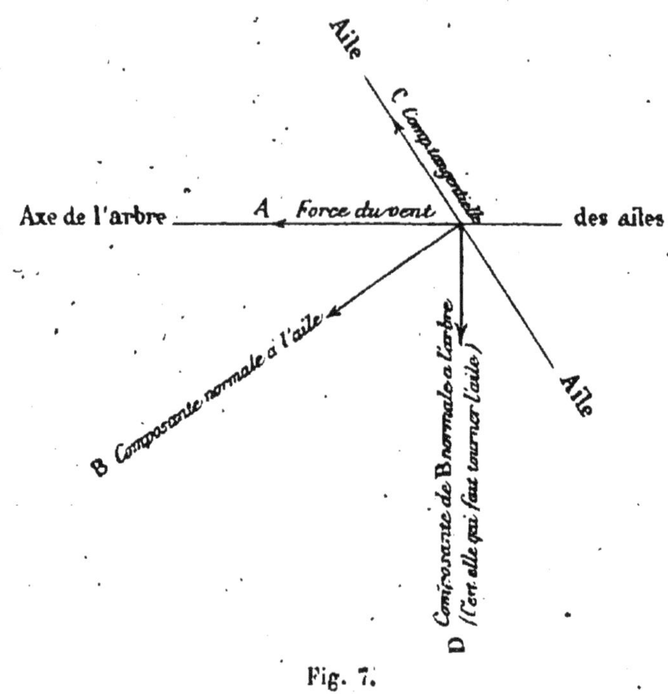

Fig. 7.

composante parallèle à l'arbre moteur, et en une autre perpendiculaire, qui imprimera à l'aile un mouvement circulaire autour de cet axe fixe, seul mouvement, du reste, qu'il lui soit permis de prendre. (Il est facile de se rendre compte que, lorsqu'un rayon tourne autour du centre de la circonférence, il faut une force qui lui soit constamment perpendiculaire pour déterminer ce mouvement de rotation.)

La force vive de l'air sur l'aile d'un moulin dépendra

donc de la surface de cette aile : c'est-à-dire, de la quantité de vent reçue en un même temps par le récepteur et de l'angle formé par l'arbre et la toile. Or, cet angle, que nous avons fixé, en commençant, aux deux tiers d'un angle droit, varie à mesure que les échelons s'éloignent, de telle sorte que la surface, au lieu d'être plane, est gauche, et voici pour quelle raison :

On sait que si l'on fait tourner une tige d'un certain angle autour d'un point fixe, le chemin décrit par chaque point de la tige varie avec la distance de ce point au centre et lui est proportionnel; lorsque la ligne OA (fig. 8) vient en OA', le chemin AA' décrit par le point A sera 10 fois plus grand que le chemin décrit par BB', si OA = 10 OB.

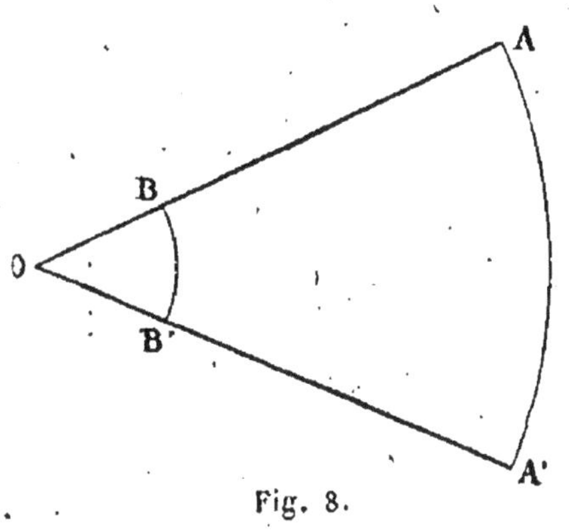

Fig. 8.

Lors donc que l'aile d'un moulin tourne autour de l'arbre moteur, comme sa longueur est à peu près de 10 mètres, l'extrémité décrit, pour un même angle, un chemin cinq fois plus grand que le premier échelon, qui n'est qu'à 2 mètres de l'arbre. Or, le vent, abordant l'aile, la pousse jusqu'à ce que les molécules d'air qui la rencontrent en A soient parvenues en B' (fig. 9). Ce sera donc pendant tout le temps que le récepteur mettra à passer de AB en A'B'. Mais si nous considérons la tranche d'air arrivant contre la toile à la hauteur du premier échelon avec la vitesse du courant, et celle qui choque le dernier échelon et qui a la même vitesse; pour se rendre de A en A' les molécules, dans les deux tranches, mettront le même temps; or, si les échelons sont parallèles entre eux, ou, ce qui revient au même, la toile plane, comme pour aller de AB en A'B' le dernier échelon met cinq fois moins de temps que le premier, lorsque les molécules de la tranche inférieure arriveront en B′, elles pousseront bien encore l'aile, mais les molécules supérieures ne trouveront plus rien sur leur passage, car la vitesse de l'aile en haut est cinq fois plus grande, et en conséquence son extrémité se dérobe cinq fois plus vite,

Pour donc que toutes les tranches d'air qui viennent frapper l'aile la poussent à quelque hauteur que ce soit pendant le même temps, il faut faire varier proportionnellement l'inclinaison des échelons : d'où, la surface de toile offerte au vent. Si, en effet, la tranche d'air, au lieu de trouver l'aile AB dans la position indiquée primitivement par la figure 9, la rencontre dans la position

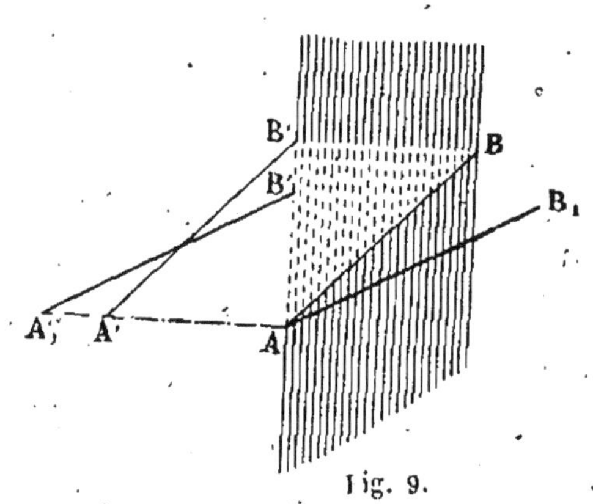

Fig. 9.

AB₁, on voit qu'il faut un plus grand déplacement du bras pour que les molécules en A aient quitté la surface, et, par conséquent, que si l'on diminue cette inclinaison AB AB₁ des échelons à mesure que l'on monte, de telle façon que les derniers mettent beaucoup plus longtemps à se dérober à l'action du vent, on peut faire en sorte que, à toutes les hauteurs, cette action s'exerce pendant le même temps.

Ces explications données avec détails pour faire comprendre la théorie des moulins à vent, il ne nous reste plus qu'à exposer en quelques mots l'ensemble de l'appareil.

L'arbre moteur AB, entraîné par les ailes, tourne autour de son axe et porte une roue dentée D, qui engrène avec une seconde beaucoup plus petite, E, appelée pignon. Le pignon est porté par l'arbre de la meule supérieure F, l'autre meule restant dormante ou fixe.

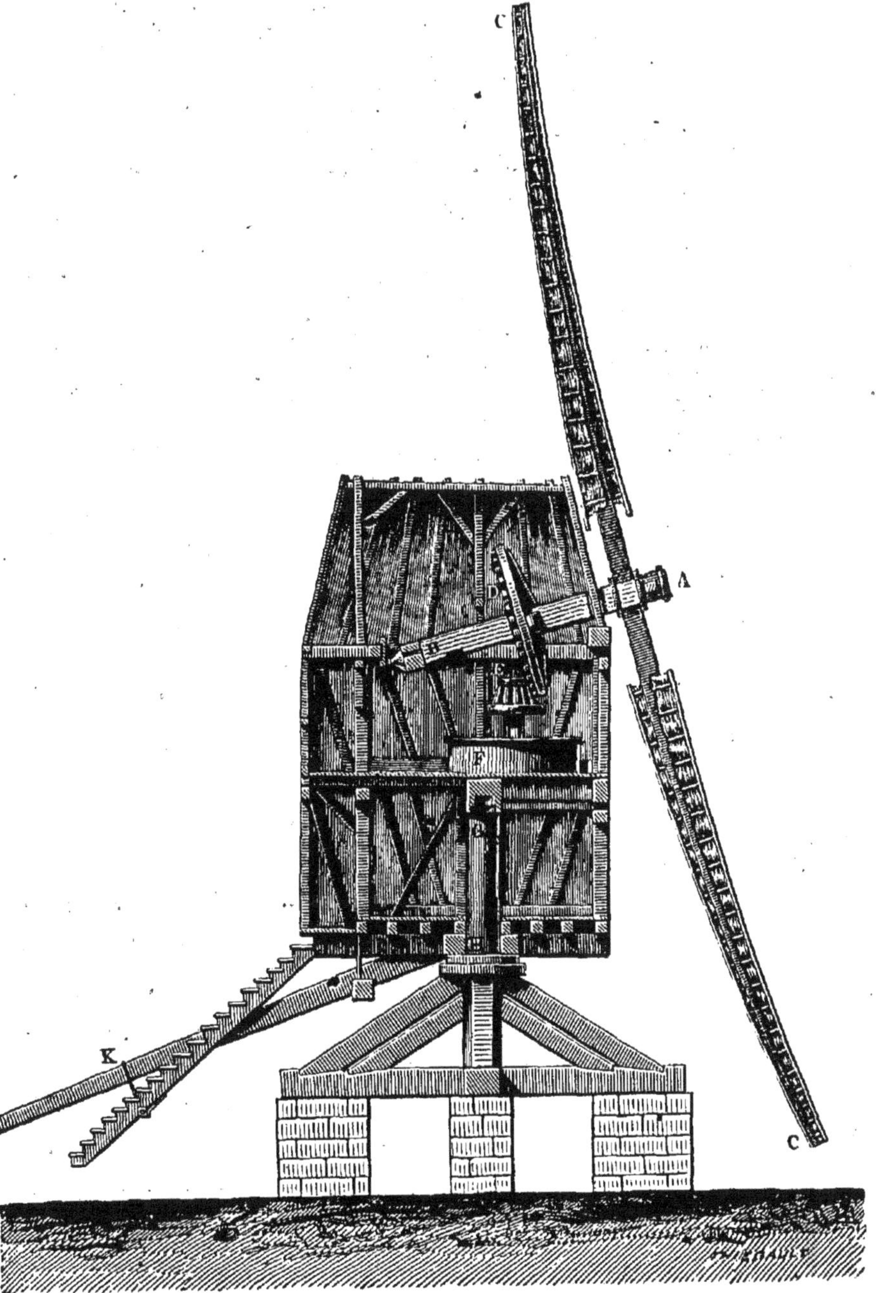

Fig. 10.

Puisque l'arbre moteur doit toujours être dans la di-

2.

rection du vent, et que les courants atmosphériques peuvent venir des quatre points cardinaux, il faut que l'on puisse orienter l'arbre à volonté. Pour cela, le moulin repose sur un pivot GH, et au moyen de la barre K, manœuvrée à la main, on fait tourner tout le système dans la position voulue. Le pivot n'est pas au centre, de façon à ce que le poids de l'aile extérieure soit équilibré.

La difficulté est donc, dans un moulin, tout d'abord de l'orienter à chaque saut de vent; puis, pour que le travail à l'intérieur soit à peu près régulier, de proportionner l'étendue de toile développée à l'intensité du vent. Il est évident, en effet, que pour réduire le moulin au repos, on n'a qu'à serrer les toiles et à les lier aux bras, et qu'au contraire, en les développant plus ou moins sur les échelons, on offre une plus ou moins grande résistance à l'action du moteur. Mais l'intensité du courant varie à chaque instant, et l'on ne peut sans difficulté arrêter un moulin en marche pour restreindre ou augmenter l'étendue de ses ailes; de là des irrégularités de travail.

Les moulins Berton, dans lesquels l'aile, au lieu d'être formée comme nous l'avons expliqué, est composée d'une suite de lames se recouvrant plus ou moins et se manœuvrant de l'intérieur du moulin, comme des jalousies d'appartement, permettent de réduire à volonté, pendant le travail, la surface de résistance, en écartant plus ou moins les lames.

Pour n'avoir pas à orienter le moulin, on en a construit qui s'orientent d'eux-mêmes. M. Amédée Durand a réalisé très heureusement ce perfectionnement en faisant tourner autour d'un centre l'arbre moteur, qui est alors horizontal. Si le vent arrive par le travers, il pousse tout le système, jusqu'à ce qu'il ait amené l'arbre dans sa direction, et il actionne alors les ailes de la même façon, mais en les frappant par derrière.

.. Tous ces dispositifs n'ont pour nous qu'un médiocre intérêt, vu que, si le moulin à vent rend de nombreux services en utilisant un moteur gratuit, on peut à peine le ranger parmi les récepteurs industriels, tant les endroits où il le faut installer (c'est-à-dire les grandes plaines, les crêtes à découvert) sont spéciaux, et son travail irrégulier. Il est cependant en bien des cas très économique, soit pour la meunerie, soit pour l'épuisement et l'élévation des eaux.

NAVIRES A VOILES.

Le premier cas à considérer dans la marche des navires à voiles nous fournit un exemple particulier de récepteur, dont le mouvement, toujours dans la même direction, peut se prolonger indéfiniment.— C'est le cas où le navire marche avec le vent. — On sait en effet qu'il porte implantés sur son pont des mâts sur lesquels, au moyen de barres transversales, sont fixées les voiles, que l'on cargue (replie) ou largue (développe), selon la prise que l'on veut donner au moteur. Lors donc que la direction du vent est identique à celle du navire, on les dispose perpendiculairement; mais si elle est différente, les barres transversales sont placées de telle sorte que la surface des voiles soit oblique, non seulement à la direction du vent, mais encore à l'axe du navire.

Il se produit ici un phénomène analogue à celui que nous avons décrit plus haut. La force du vent aura une composante normale qui seule choquera la voile. Cette composante se décomposera en deux : une parallèle à l'axe du navire et, par conséquent, à la direction qu'il suit, qui le poussera en avant ;— l'autre perpendiculaire. — Mais cette dernière sera équilibrée par la réaction de l'eau sur le gouvernail, haute planche de bois à l'arrière, mobile autour d'une charnière, et qui, lorsqu'elle est dans

l'axe (du vaisseau), ne subit aucun effort, mais peut
tourner sous l'action du timonier, de façon à rencontrer
plus ou moins de résistance de la part de l'eau.

On conçoit donc qu'il soit possible de disposer l'inclinaison des voiles par rapport au vent et à l'axe du navire et celle du gouvernail, de telle sorte que la résultante des pressions du vent sur les voiles et de la réaction
de l'eau sur ce gouvernail ait pour direction celle que
l'on veut faire suivre au navire.

On arrivera ainsi à donner, si l'on veut, à cette direction
une obliquité très grande par rapport à celle du vent, et
l'on peut même faire marcher le navire en sens contraire. Pour cela on décrit une suite de zigzags tantôt
d'un côté, tantôt de l'autre du vent, en le remontant pour
ainsi dire obliquement ; c'est ce qui s'appelle louvoyer.

MACHINE A AIR COMPRIMÉ.

Puisque l'air est un corps réel, on peut l'aspirer,
c'est-à-dire, dans une capacité quelconque fermée, *faire
le vide.*

Le vide, nous l'avons vu dans le dernier chapitre,
met en jeu la puissance motrice de l'air, et dans bien
des cas on l'utilise pour élever l'eau (pompes, condenseur, etc.).

Le moyen n'est cependant pas industriel : car on est
toujours limité par la puissance de la pression atmosphérique, qui n'est que de $1^k,033$ par centimètre carré,
et la dépense est en outre hors de proportion avec le
travail.

Nous indiquerons donc simplement par une figure, et en
quelques mots, la machine dont on se sert.

C'est une pompe semblable à celle que nous avons considérée, en communication par un tuyau avec la chambre
qui contient l'air que l'on veut enlever. Au premier coup,

elle aspirera une portion de ce gaz, qui s'introduira dans le cylindre pour combler le vide laissé par le piston. Celui-ci, arrivé au haut de sa course, redescendra ; la soupape se fermera, l'air emprisonné dans le cylindre et comprimé peu à peu soulèvera celle du piston, passera au-dessus et s'échappera par un conduit. A la course montante, une autre quantité pénétrera du tuyau dans le

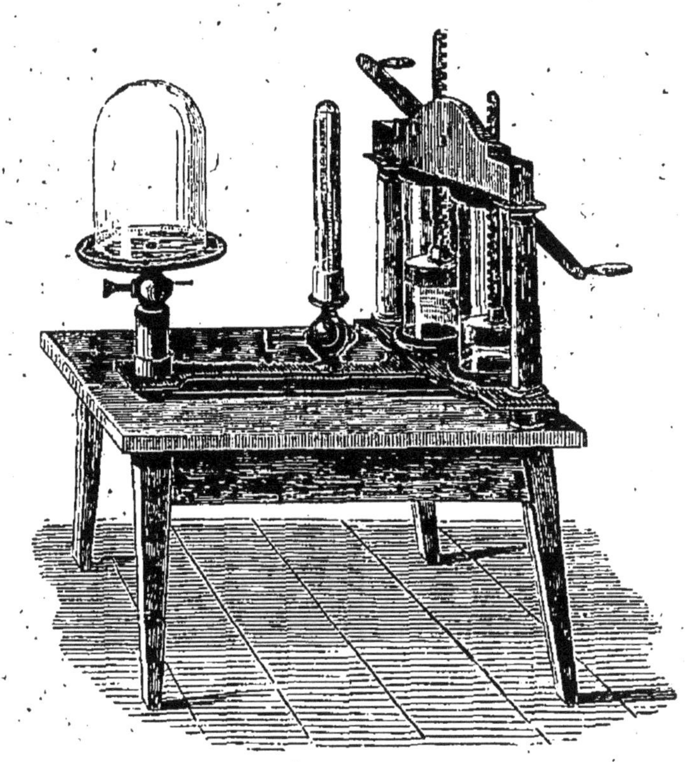

Fig. 11.

cylindre pour remplir à nouveau la capacité laissée vide. Cet air sera chassé à la descente, et ainsi de suite jusqu'à ce que la chambre n'en contienne plus.

La pompe dont on se sert pour cette opération s'appelle *machine pneumatique*. On a pu, grâce à elle, se rendre compte que l'atmosphère était absolument nécessaire à notre existence : un oiseau, un chien, un lapin, placés dans une chambre d'où on retirait peu à peu l'air, périssaient asphyxiés.

De même qu'on peut l'expulser de toute capacité fermée, au moyen d'une pompe, de même peut-on refouler l'air, et par conséquent en faire entrer dans un récipient un poids aussi grand que l'on veut. D'après ce que nous avons dit précédemment au sujet des gaz, cet air se comprimera, c'est-à-dire que plus on en refoulera, plus la pression dans ce récipient augmentera.

Jusqu'à ces derniers temps, on n'avait pas vu l'utilité d'employer l'air comprimé, de la même façon que l'on emploie la vapeur d'eau comprimée à 5 ou 6 atmosphères; mais depuis vingt ans son usage se répand beaucoup.

Les mines de houille, par exemple, actuellement arrivées, par suite d'exploitations successives, à une très grande profondeur, pour certains travaux de l'intérieur, comme le forage des trous de mines, au lieu d'employer la main de l'homme, se servent de machines à forer qui vont beaucoup plus vite. Seulement, elles ont eu à vaincre de grandes difficultés; pour mettre en mouvement ces outils il fallait, ou bien y introduire directement la vapeur, ou les actionner au moyen d'une transmission qui les reliât à une machine. Dans l'intérieur d'une mine, la place manque généralement : il était donc presque impossible d'installer la machine au fond. En outre, l'outil était quelquefois à 700 mètres au-dessous du sol, et dans une galerie à 5 ou 600 mètres du puits : on ne pouvait songer à installer une transmission entre la force motrice établie à l'extérieur et le front de taille. Il fallait alors nécessairement que le moteur arrivât directement dans la machine à forer; mais vu le peu de place dont on dispose, les chaudières devaient être installées au haut du puits, et communiquer par des conduites avec la foreuse; pendant tout ce trajet, la vapeur se condensait et arrivait à l'état d'eau ou à peu près; on ne pouvait donc utiliser ce-

moteur. C'est alors qu'on a imaginé d'employer l'air. Au haut du puits, une pompe le comprime et l'envoie par des tuyaux au fond de la mine, où il agit sur le piston de la machine à forer, se détend et s'échappe comme la vapeur. Seulement, il a l'avantage de ne rien perdre de sa pression pendant le trajet et de l'utiliser tout entière sur le piston de la machine à forer. Les résultats ont été remarquables, et l'emploi de ce moteur s'est maintenant généralisé. Dans beaucoup d'autres cas, lorsqu'on ne peut se servir de la vapeur, on l'appelle à son secours (tramways à air comprimé, freins, etc.). Son avantage est de conserver indéfiniment la même pression sous le même volume, tandis que nous allons voir, dans le prochain chapitre, que le refroidissement ramène la vapeur à l'état d'eau en lui faisant perdre toute sa tension. C'est donc un utile auxiliaire toutes les fois qu'on a à emmagasiner un gaz pour recueillir son travail au loin. Malheureusement sa compression coûte beaucoup plus cher que la production de la vapeur à la même pression.

CHAPITRE IV.

De la vapeur d'eau et de ses propriétés.

La vapeur d'eau, ou plus généralement la vapeur, est le gaz en lequel se transforme l'eau chauffée à l'air libre, à une température de 100°. Elle jouit de toutes les propriétés des gaz et, par conséquent, sous l'action d'une force intérieure, presse contre les parois du vase qui la renferme, avec une énergie 2, 3, 4 fois plus grande lorsque son volume devient 2, 3, 4 fois plus petit.

On appelle vaporisation ce passage à l'état de vapeur.

Si l'on chauffe un vase rempli d'eau, on voit, lorsque la température dépasse 100°, de grosses bulles se former dans la masse et venir crever à la surface : on dit alors que le liquide est en ébullition. C'est donc à 100° que la vapeur commence à se former, et l'on s'en aperçoit par la production d'une fumée blanchâtre.

Si, au lieu d'un vase découvert, on prend une marmite fermée par un couvercle, et que l'on chauffe l'eau contenue dans la marmite au delà de 100°, le couvercle se met bientôt à danser, et, au bout de quelque temps, vole au milieu de la chambre. Ce phénomène s'explique aisément : en se transformant en vapeur, l'eau augmente de volume dans la proportion suivante : un centimètre cube donne 1700 centimètres cubes de vapeur. Si donc le couvercle est posé sur la marmite, la vapeur ayant de suite un volume 1700 fois plus grand que celui de l'eau qui a servi à la former, va être obligée de se comprimer pour tenir dans le petit espace laissé libre : lorsque sa pression, qui augmente ainsi peu à peu pendant l'ébullition, sera suffisante pour soulever légèrement le couvercle, elle s'échappera par l'interstice produit. Grâce à cette fuite, sa tension diminue, le couvercle retombe, et, l'ébullition continuant, une nouvelle quantité se comprime, puis s'échappe derechef, et ainsi de suite. Le couvercle dansera donc continuellement sur la marmite, jusqu'au moment où, l'eau devenant de plus en plus chaude, la production de vapeur est tellement grande que celle-ci, en se comprimant lorsque le couvercle retombe, atteint une pression suffisante, non plus seulement pour le soulever, mais encore pour le projeter au loin.

Que maintenant sur le couvercle on mette des poids, il faudra au gaz une bien plus grande pression pour s'échapper, et l'on peut se rendre compte d'un phénomène très curieux : d'abord entrée en ébullition, lorsqu'on l'a chauffée un peu au-dessus de 100°, l'eau ne se vaporise bientôt plus, même maintenue indéfiniment à cette température, et le couvercle ne bouge pas.

Si l'on enlève alors les poids, la vapeur s'échappe et l'eau se met à bouillir. De même : qu'on les maintienne, mais qu'on élève la température, on verra à nouveau des bulles de vapeur se former, et, si le couvercle est assez chargé pour que la pression puisse suffisamment croître, à mesure qu'elle augmentera dans la marmite il faudra chauffer à une température de plus en plus haute l'eau restante pour la déterminer à entrer en ébullition. On reconnaît ainsi que, lorsque la tension de la vapeur atteint, par exemple, 5 atmosphères, ce n'est plus à 100° que l'eau se vaporise, mais bien à 150°.

Maintenant, qu'au contraire, la pression étant de 5 atmosphères, on enlève le feu sous la marmite, et en même temps les poids et le couvercle ; non seulement la vapeur va s'échapper rapidement, mais encore le liquide qui n'était pas en ébullition tout à l'heure, commence, *en l'absence de feu*, à bouillir et se vaporise jusqu'à ce que sa température descende un peu au-dessous de 100°.

Donc, l'eau qui, à la pression de l'atmosphère, dès 100° se transforme en vapeur, à mesure que la pression sur sa surface augmente, doit être chauffée à une plus haute température pour que la vaporisation ait lieu, et si elle l'est insuffisamment, vu la pression que supporte sa surface, il suffit de diminuer cette pression pour que l'ébullition commence.

Une machine toute récente, le tramway à vapeur construit l'année dernière pour faire le service entre Tourcoing et Roubaix, présente une curieuse application de ce phénomène.

A Roubaix, dans une chaudière mise en communication avec un réservoir d'air comprimé à 30 atmosphères, on chauffait une grande masse d'eau. L'eau n'entre en ébullition à cette pression qu'à la température de 240°; on n'atteignait à dessein que 220°, elle ne pouvait donc se vaporiser. Au départ, la chaudière de la machine du tramway, mise en communication, se remplissait sans que la pression changeât; puis, quand le mécanicien voulait partir, il ouvrait à la vapeur le cylindre, et l'air, toujours entraîné pendant le remplissage et encore à la même pression, s'y précipitait avec une grande violence; le tramway se mettait alors en marche, comme si le moteur eût été l'air comprimé. La pression diminuait sur la surface du liquide, et l'eau qui avait été chauffée presque à la température d'ébullition, correspondant à une pression de 30 atmosphères, était maintenant plus chaude qu'il n'était nécessaire, et se vaporisait. La vapeur produite, au second coup de piston se précipitait avec l'air. Comme ce mélange était à une tension énorme, il en fallait une très petite quantité pour faire mouvoir le tramway. A chaque coup de piston, la chaudière se dégageait ainsi peu à peu, et la pression à la surface de l'eau diminuait. La température de cette eau, qui n'était pas tout d'abord suffisante pour que la vapeur, à 30 atmosphères, prît naissance, le devenait à mesure que la pression décroissait, et on avait par conséquent, sans charbon ni foyer, une production constante de gaz pour aller de Roubaix à Tourcoing et revenir à Roubaix, se charger à nouveau d'eau surchauffée. Le principe, on le voit, était ingénieux; mais le tramvay n'a donné que de mauvais résultats. On comprend facilement, en effet, que, aux premiers coups de piston, l'air ou la vapeur qui se précipite avec une pression énorme, entraîne de l'eau qui, en arrivant dans le cylindre, se refroidit considérablement et est presque perdue comme productrice de vapeur, puisqu'elle passe trop brusquement de sa température à la température ordinaire. Donc, comme on ne voulait pas trop augmenter les dimensions de la chaudière, et qu'on avait calculé la quantité strictement nécessaire pour, avec un fonctionnement régulier, aller à Tourcoing et en revenir, le tramway s'arrêtait faute de vapeur à la moitié de sa course.

Cet exemple est une des applications pratiques démontrant le plus clairement le principe énoncé plus haut, sur le rôle de la pression dans la vaporisation.

CONDENSATION.

L'eau se transformant en vapeur par la chaleur, il est assez facile de comprendre que la vapeur redevienne de l'eau en se refroidissant : ce phénomène se nomme *condensation*. On peut en voir journellement des exemples le long des conduites qui sont à l'air libre; la vapeur, au contact des parois, perd sa chaleur et se condense. De même, dans les cylindres des machines, on place toujours des robinets purgeurs qui expulsent l'eau qu'elle y dépose constamment. Ce refroidissement est évidemment une cause de perte de travail : car on a brûlé du charbon dans la chaudière pour vaporiser cette quantité d'eau, qui, sans avoir travaillé, se retrouve de nouveau au même état dans le cylindre. Nous verrons, par conséquent, dans la suite qu'une des grandes préoccupations des mécaniciens a été d'envelopper et de couvrir les parois externes des corps de machines pour diminuer autant que possible la condensation.

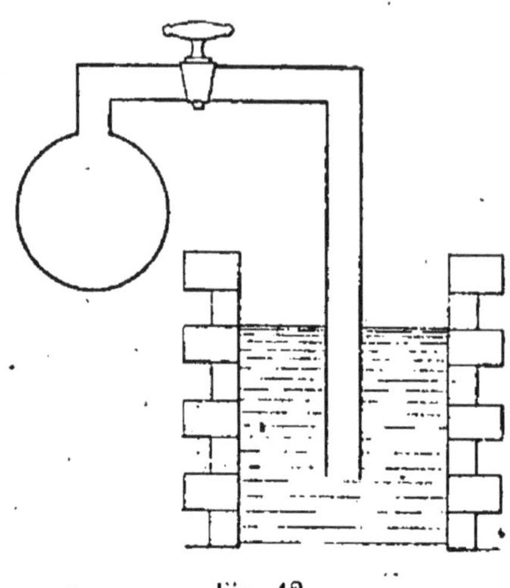

Fig. 12.

Remarquons que si un centimètre cube d'eau produit en se vaporisant 1700 centimètres cubes de vapeur, de même 1700 centimètres cubes de vapeur ne donneront par condensation qu'un centimètre cube d'eau. Donc si dans un vase fermé on refroidit un certain poids de vapeur, l'eau qui en résultera occupera un volume 1700 fois plus petit, et comme l'air n'aura pu rentrer, le vide se fera dans le récipient : or, qu'on mette à ce moment, en tournant un robinet (fig. 12), le vase en communication avec un tuyau débouchant dans un puits ouvert, l'eau montera dans le tuyau par suite de la pression atmosphérique et remplira la partie du vase laissée libre.

C'est sur ce principe qu'est fondée la théorie des pulsomètres.

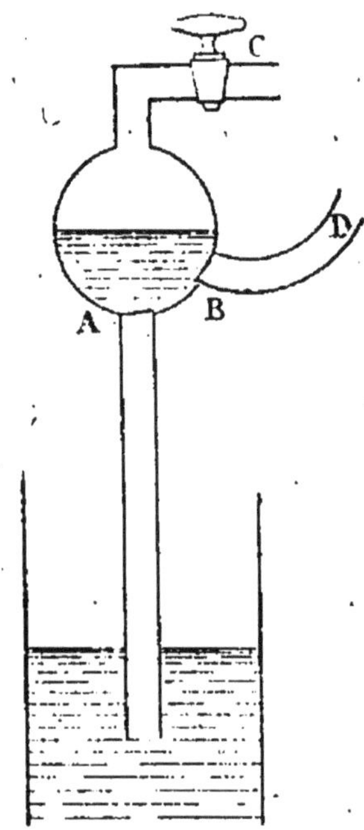

Fig 31.

Le pulsomètre (fig. 13) est, en effet, une sphère en communication par un tuyau avec un puits, par un autre avec le réservoir où on veut élever l'eau. Supposons-le amorcé ét faisons arriver la vapeur sous pression par le tube C; cette vapeur refoulera le liquide qui, soulevant la soupape B, s'engagera dans le tuyau du réservoir, et montera. A mesure que le niveau de l'eau baisse dans l'appareil la vapeur prend sa place, vient lécher les parois qu'elle a refroidies et se condense. A ce moment, le tuyau d'arrivée de vapeur est fermé en C et la soupape B retombée; par conséquent, la condensation fait le vide, aspire du tuyau A X l'eau, qui entre dans le vase en soulevant la soupape A. On introduit alors à nouveau la vapeur, la soupape A retombe sous la pression, la soupape B s'ouvre, et le liquide recommence à monter dans le tuyau du réservoir.

Pour rendre le mouvement du robinet automatique on le remplace par une soupape à boulet, et on accole deux pulsomètres à côté l'un de l'autre. Lorsque la vapeur pénètre dans l'un et en chasse l'eau introduite, le boulet ferme l'orifice d'admission de l'autre, où la condensation et l'aspiration ont lieu.

CHALEURS LATENTES DE VAPORISATION ET DE CONDENSATION.

Si dans une masse d'eau que l'on chauffe on plonge un thermomètre, on voit la température s'élever progressivement jusqu'à 100°; puis, à ce moment, où la vaporisation commence, on reconnaît que l'eau absorbe une grande quantité de chaleur pour se transformer en vapeur, chaleur qui disparaît pendant la vaporisation, car le thermomètre n'accuse aucune différence de température. Elle est donc simplement nécessaire à la transformation et on l'a nommée *chaleur latente de vaporisation*.

De même, lorsque la vapeur se condense, elle rend à la masse d'eau résultant de la condensation, et dont elle élève la température, cette quantité de chaleur absorbée, qu'on désigne alors sous le nom de *chaleur latente de condensation*.

CHAPITRE V.

Chaudières et appareils de sûreté.

On appelle *chaudière* ou *générateur de vapeur*, l'appareil dans lequel l'eau se transforme en vapeur.

Une chaudière se compose de trois parties : le *foyer*, le *corps cylindrique* et. la *cheminée.*

Le corps cylindrique, qui contient l'eau à vaporiser, se trouve entre le foyer où l'on brûle le charbon nécessaire à l'opération, et la cheminée au moyen de laquelle a lieu le tirage du foyer.

On appelle surface de chauffe la partie extérieure du corps cylindrique que les flammes sont obligées de lécher pour se rendre du foyer dans la cheminée.

Plus l'étendue de cette surface de chauffe est grande,

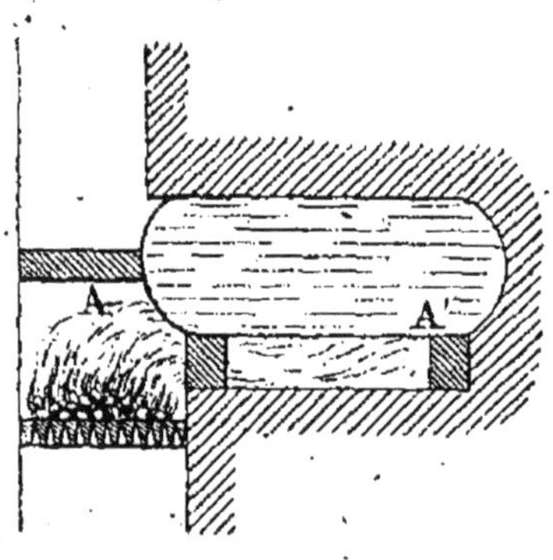

Fig. 14.

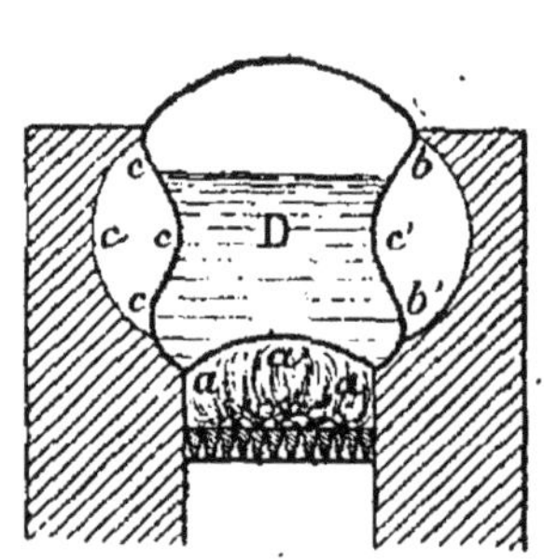

Fig. 15.

plus la chaudière reçoit de chaleur, et par conséquent mieux et plus vite l'eau peut se vaporiser. Elle est donc l'élément le plus important de la chaudière, et nous allons voir, en décrivant les différents systèmes, que c'est surtout de l'augmenter qu'on s'est préoccupé.

Le premier type employé a été celui imaginé par le célèbre ingénieur anglais James Watt, et appelé chaudière en tombeau.

Les flammes, comme le représentent les figures 14 et 15, après avoir léché la partie inférieure du foyer de A en A', revenaient de A' en A par deux conduits latéraux ou *carneaux cc, bb'* et s'échappaient par la cheminée, située juste au-dessus du foyer.

On voit de suite l'avantage de ce système : après avoir parcouru toute la longueur de la chaudière, en chauffant le fond *a a a*, elles revenaient sur elles-mêmes et léchaient les côtés *b b b'* et *c c c*. Watt avait donc augmenté la surface de chauffe de ces deux parties latérales; mais cette chaudière avait un grave inconvénient, c'est que la cheminée était au-dessus du foyer, ce qui en rendait la construction difficile et peu solide. Il eut alors l'idée de percer au centre du corps cylindrique un trou (fig. 16), et d'y placer sur toute la longueur un tuyau D en communication d'un côté avec les flammes revenues par les carneaux C C' au-dessus du foyer, et de l'autre côté avec la cheminée située à l'extrémité opposée. Elles allaient alors par le dessous de A en A', puis revenaient des deux côtés par les carneaux C

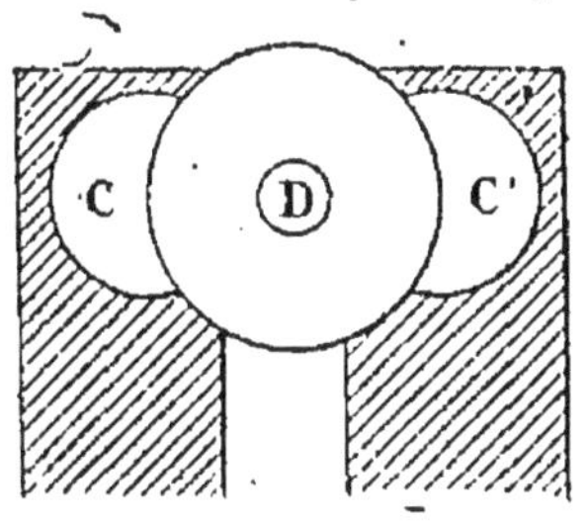

Fig. 16.

et C' de A' en A, s'engouffraient dans le tuyau central D, et arrivaient enfin à la cheminée où elles étaient aspirées.

Ce tuyau central avait l'avantage en outre d'augmenter encore la surface de chauffe.

Malgré cette modification, le type de Watt a été abandonné. Il présentait un vice radical : c'est que sous l'influence de la pression de la vapeur, les côtés creux de la chaudière *bbb* et *ccc* (fig. 15) tendaient à se déformer ; il fallait donc que la pression ne s'élevât jamais beaucoup, sans quoi la chaudière était promptement hors d'usage.

Pour obvier à cet inconvénient, on a donné à l'appareil la forme circulaire (fig. 16), de sorte qu'aucun point ne fût plus faible que les autres et ne tendît à se déformer.

Ce premier principe établi, on a cherché à augmenter

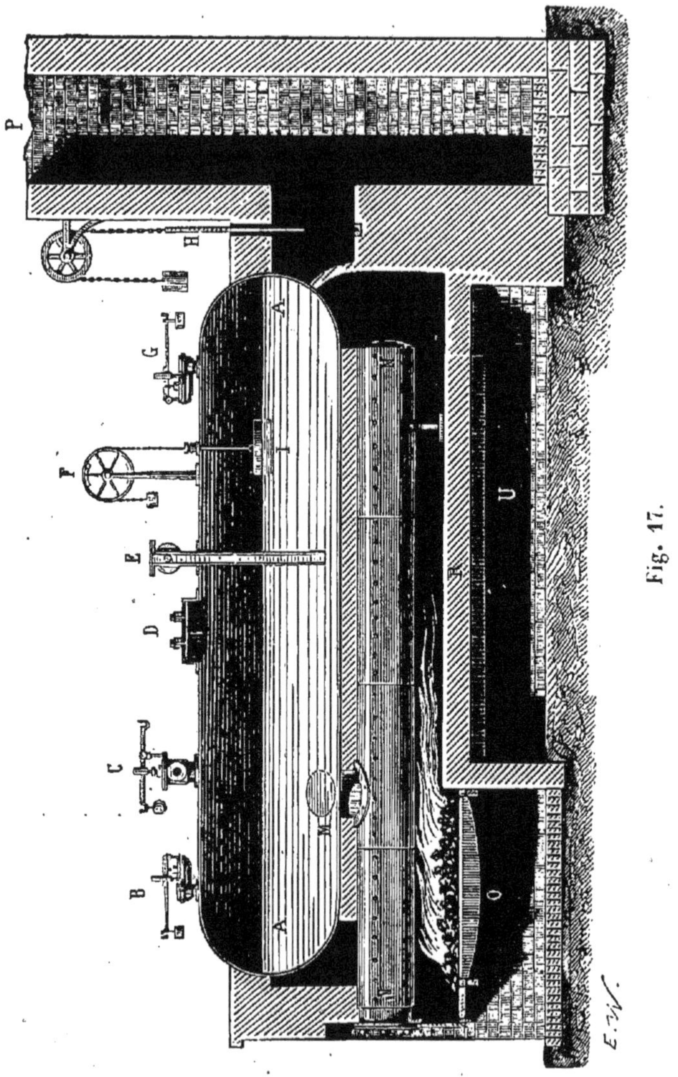

encore la surface de chauffe, et on a divisé la chaudière en différents compartiments tous exposés plus ou moins aux flammes. C'est ainsi qu'a été construite la chaudière à bouilleurs, encore très en usage aujourd'hui (fig. 17 et 18). Le corps cylindrique supérieur A communique avec deux plus petits inférieurs N et N' appelés bouilleurs, par deux ou trois tuyaux verticaux qu'on nomme les cuissards (M). Entre les deux bouilleurs règne une cloison, et au-dessous d'eux sont les supports en fonte qui soutiennent le tout. Les flammes sortant du foyer O passent sous les bouilleurs, reviennent au-dessus par le carneau de droite, passent à gauche dans l'autre et retournent ainsi à la cheminée.

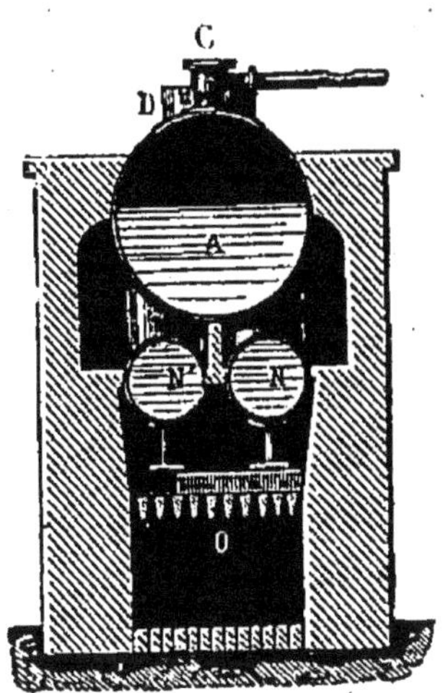

Fig 18.

La surface de chauffe d'une semblable chaudière est, on le voit, très développée. La moitié inférieure du corps cylindrique ainsi que toute la surface des bouilleurs sont en effet exposées aux flammes.

Que se passe-t-il à l'intérieur? L'eau ne pèse pas autant à toutes les températures, et un mètre cube, dont le poids est de 1000 kilogrammes à 4° au-dessus de zéro, a un poids un peu moindre à 35°, ou même à 0°; ce qu'on exprime en disant qu'à 4° elle possède son maximum de densité. On peut donc énoncer d'une façon générale que, dans une chaudière, plus elle est froide, plus elle est lourde. Comme les bouilleurs sont mieux exposés à la flamme que le reste, l'eau qu'ils contiennent s'échauffera plus vite, et celle du corps cylindrique, plus froide et plus lourde, tendra à gagner le fond; chaque couche descendant, jusqu'à ce que, réchauffée à son tour, elle cède de nouveau la place à une autre. Il s'établit ainsi un courant qui fait successivement passer dans les bouilleurs toute l'eau de la chaudière et active la vaporisation. L'appareil est donc excellent, et on l'a autrefois universellement adopté, tout en se préoccupant d'augmenter encore la surface de chauffe, en modifiant la disposition des bouilleurs et en les multipliant. Nous nous bornerons à citer, parmi tous les essais, la chaudière Farcot.

Dans cette dernière les bouilleurs, au nombre de trois, et au-dessus les uns des autres, sont logés dans les carneaux latéraux au corps cylindrique. La communication s'établit entre celui-ci et le bouilleur supérieur par un siphon, et entre les bouilleurs par des cuissards. Les flammes lèchent d'abord le corps cylindrique, se rendent ensuite dans les carneaux en suivant une marche descendante, tandis que l'eau, refoulée par une pompe, monte successivement d'un bouilleur à l'autre, et du dernier au corps cylindrique.

La chaudière à bouilleurs ordinaire, ainsi que ses dérivés, ont, du reste, été abandonnés en partie, et les types nouveaux, qui réalisent un progrès sensible par l'extension de la surface de chauffe, sont actuellement d'un usage plus courant.

Leur principe est de diviser soit la flamme, soit l'eau, de façon que la plus grande masse du liquide soit au contact des gaz du foyer.

CHAUDIÈRES TUBULAIRES.

Dans les chaudières tubulaires, surtout employées pour les locomotives et les bateaux à vapeur, les flammes, au sortir du foyer que baigne l'eau, se divisent et passent dans une infinité (environ 120 à 150 dans les locomotives) de petits tubes, n, qui traversent le corps cylindrique C (il n'y a plus ici de bouilleurs). Chaque tube est donc entouré par le liquide, dont la masse presque tout entière est ainsi en contact avec la surface de chauffe (fig. 19).

Le diamètre des tubes est, en général, de 4 à 5 centimètres, et on les multiplie autant que possible, en les réunissant à l'avant et à l'arrière par deux plaques verticales dans lesquelles ils s'insèrent, et qu'on nomme *plaques tubulaires.*

La mise en pression de la chaudière peut être très

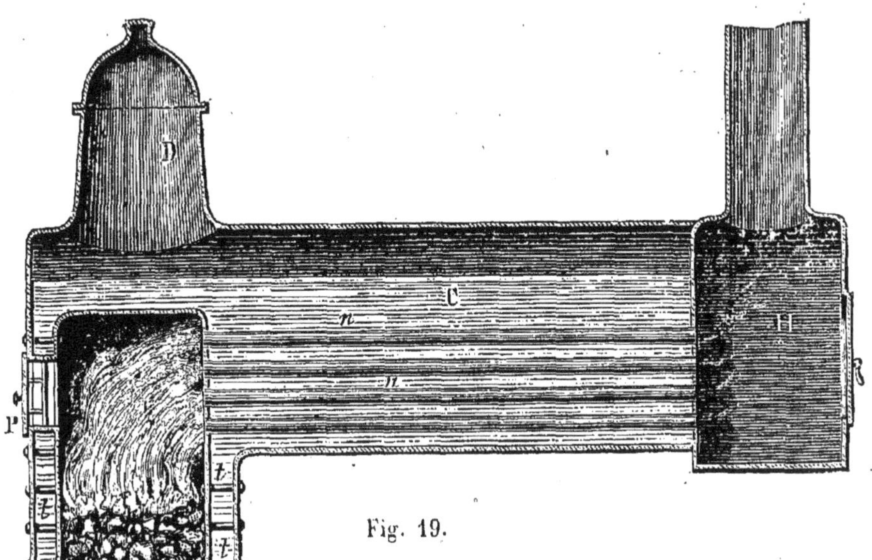

Fig. 19.

rapide, puisque les gaz du foyer lèchent à la fois une si grande surface baignée par l'eau.

Les chaudières marines, dites à retour de flammes (fig. 20), présentent une légère variante. Le foyer F est au-dessous du corps de la chaudière, et ce n'est qu'au retour que les flammes le tra-

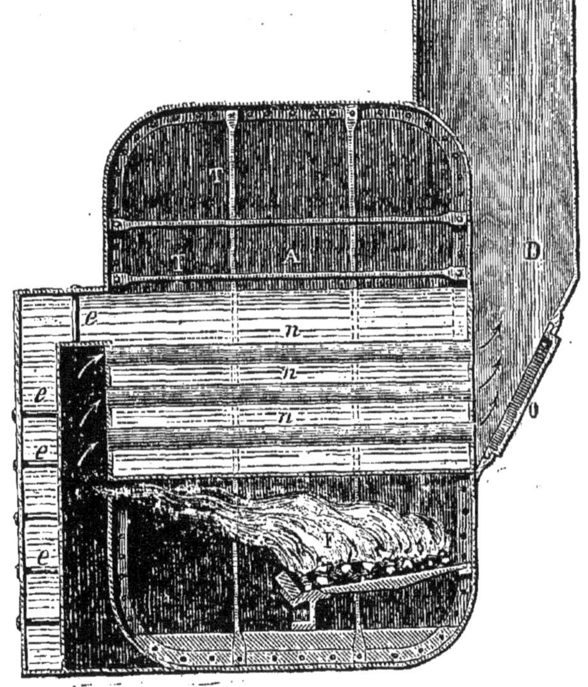

Fig. 20.

versent dans les tubes n, n. La cheminée D est par conséquent au-dessus du foyer. L'espace T, ainsi que le dôme D de la figure 19, sont destinés à sé-cher la vapeur qui s'y rassemble avant de se rendre aux cy-lindres des machi-nes.

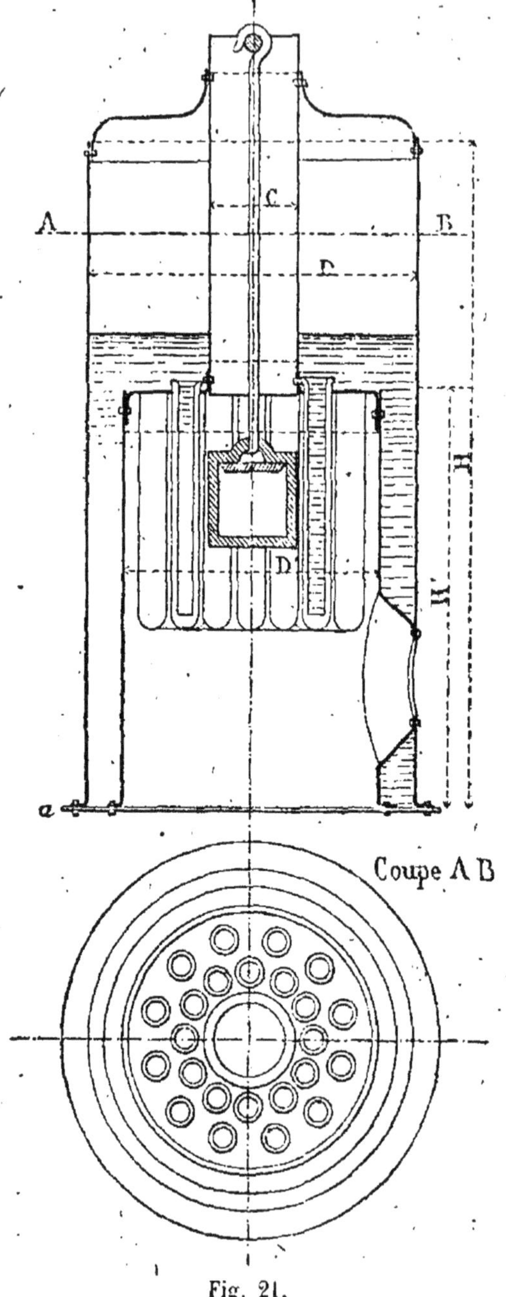

Coupe A B

Fig. 21.

CHAUDIÈRES TUBULÉES.

Dans les chaudiè-res tubulées, plus employées pour les types fixes, c'est au contraire l'eau qui circule dans les tu-yaux au milieu des flammes.

La chaudière Field (fig. 21 et 22) en est une des plus perfec-tionnées. Le liquide est enfermé dans un grand récipient dont le fond percé de trous supporte une série de tuyaux très pro-fonds à côté les uns des autres, et fermés à leur extrémité in-férieure. Au-dessous est un foyer dont le tirage a lieu par une

cheminée C placée au milieu. Dans ces tuyaux règnent sur toute la hauteur des cloisons cylindriques verticales qui les séparent en deux compartiments (fig. 22). Il se passe ici le même phénomène que dans les chaudières à bouilleurs : l'eau descend par le centre dans le tuyau, s'échauffe, cède sa place à une couche plus froide et remonte par le compartiment annulaire.

Il y a donc un courant constant, et chaque fraction de la masse vient peu à peu s'échauffer au fond des tuyaux.

La chaudière Belleville (fig. 23) est encore une chaudière tubulée, seulement d'un type différent. C'est une suite de serpentins verticaux, G, à côté les uns des autres, et réunis en haut par un tuyau transversal C qui les fait tous communiquer entre eux. Un réservoir E leur donne sans cesse l'eau, à mesure que celle qu'ils renferment se vaporise.

Le foyer F, situé au-dessous des serpentins, remplit de flammes la chambre qui les contient, et ces flammes, avant d'arriver à la cheminée, lèchent toute la

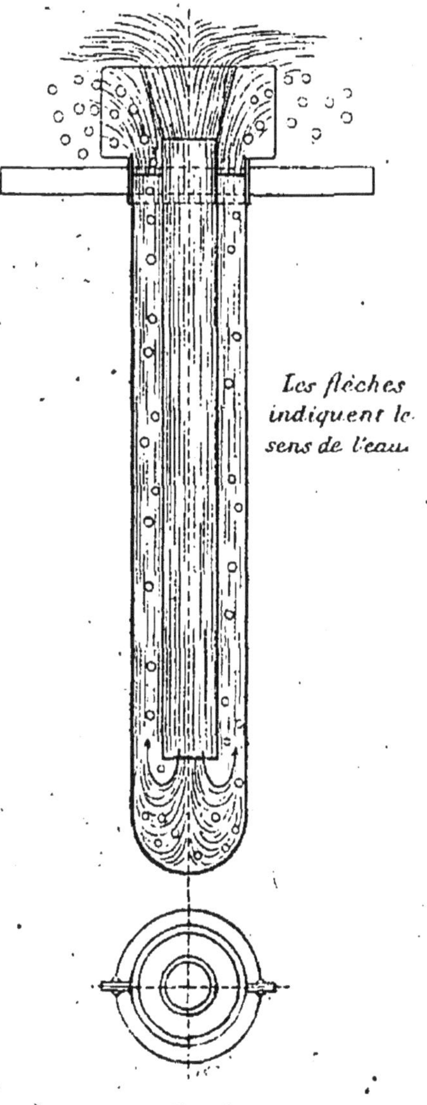

Fig. 22.

surface de chauffe. L'eau vaporisée en bas, où la chaleur est plus grande, monte vers le tuyau transversal du haut, G, où se réunit la vapeur de divers serpentins, avant de passer dans les sécheurs, et est constamment remplacée par celle du réservoir E.

La figure 23 montre la disposition de deux serpentins à doubles tuyaux, qui sont réunis à leurs extrémités par des boîtes où s'insèrent les tuyaux supérieurs. L'eau d'alimentation arrive dans le tube collecteur de vapeur C

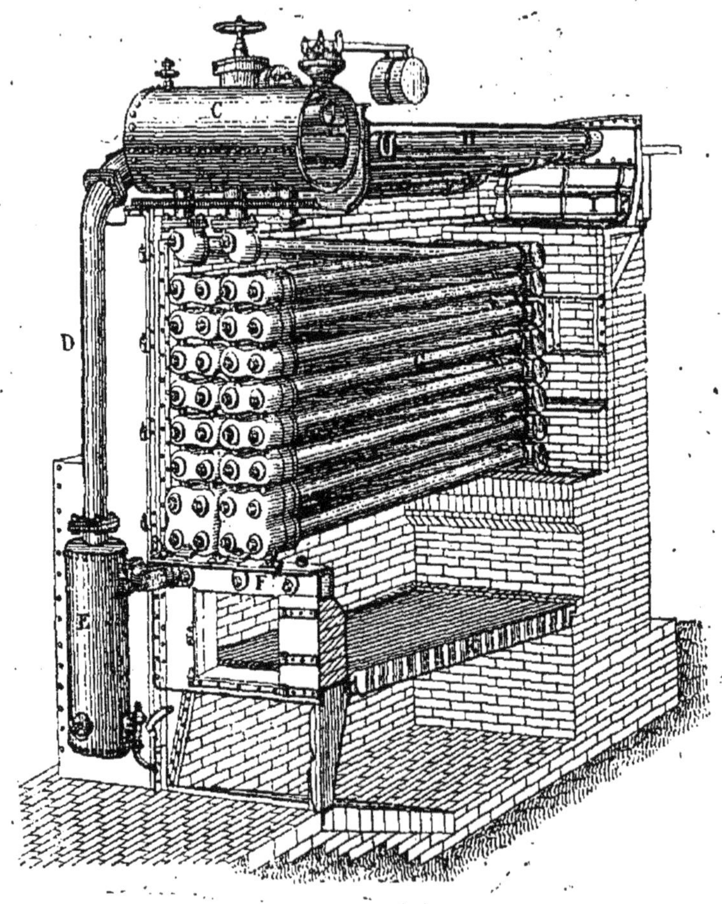

Fig. 23.

avant de descendre par D et E au bas des serpentins, et la vapeur la traverse en se rendant dans les sécheurs H. On obtient ainsi une très bonne épuration du liquide, qui n'encrasse plus les serpentins de son tartre [1], en même

1. On appelle tartre les matières (carbonate et sulfate de chaux) que

temps qu'un réchauffage partiel qui active la vaporisation de cette eau lorsqu'elle pénètre dans les serpentins.

Les chaudières tubulaires et les chaudières tubulées ont rendu de grands services à l'industrie, et sont actuellement presque partout employées. Certains constructeurs, qui tiennent cependant aux vieux types, ont réuni le principe de la chaudière à bouilleurs et celui de la chaudière tubulaire, c'est-à-dire qu'ils ont gardé les deux bouilleurs; mais les flammes, au lieu de revenir par le carneau C' et de retourner à la cheminée par le carneau C (fig. 18), reviennent à la fois par les carneaux C et C', puis traversent le corps cylindrique par une infinité de petits tuyaux, et regagnent ainsi la cheminée, qui est toujours à l'opposé du foyer. C'est, en somme, revenir au dernier système de Watt, seulement en diminuant et multipliant le tuyau central D.

De telles chaudières se nomment semi-tubulaires.

CONSOMMATION DES CHAUDIÈRES.

Après avoir passé en revue les différents systèmes, il nous reste, avant d'aborder les questions accessoires qui s'y rattachent, à donner sur leur fonctionnement quelques notions générales.

Les constructeurs calculent la surface de chauffe qu'il faut donner à une chaudière en partant du principe suivant : en appelant *surface de chauffe directe* celle que les flammes longent au sortir même du foyer, avant de revenir en arrière, et *surface de chauffe indirecte*, celle qu'elles lèchent à leur retour, on établit que :

1 mètre carré de surface de chauffe directe peut fournir 100 à 120 kilogrammes de vapeur par heure;

1 mètre carré de surface de chauffe indirecte peut en fournir de 10 à 15 kilogrammes.

l'eau contient toujours en plus ou moins grande proportion et qui se déposent sur les parois lorsqu'elle se vaporise. Ce tartre forme des incrustations dures, souvent très difficiles à enlever.

Dans les locomotives, où le tirage est plus énergique — parce que, comme nous le verrons plus loin, l'échappement de la vapeur se fait dans le tuyau de la cheminée, et qu'on se sert, comme combustible, d'agglomérés (poussières de coke et de houille mélangées ensemble et brûlant très facilement), — 1 mètre carré de surface de chauffe directe donne 180 kilogrammes de vapeur par heure.

Les chaudières à bouilleurs consomment à peu près $2^k,2$ de charbon par heure et par force de cheval (75 kilogrammètres) produite.

Les chaudières tubulaires, dont la surface de chauffe est plus grande, ne brûlent que $1^k,5$.

ALIMENTATION DES CHAUDIÈRES.

L'alimentation des chaudières peut se faire au moyen de pompes mues par la machine et qui refoulent l'eau d'un réservoir ou d'un puits ; mais cette disposition a l'inconvénient de faire sentir à la chaudière l'effet de chaque coup de piston, parce que, pour empêcher le retour de l'eau dans le tuyau (sous la pression de la vapeur) entre deux coups de pompe, on installe une soupape ou *clapet de refoulement*[1] qui retombe sur son siège après chaque afflux d'eau.

Pour ne pas condenser la vapeur déjà produite, en la faisant traverser par un courant d'eau froide, on installe cette soupape d'injection dans le fond du corps cylindrique.

Les pompes sont aujourd'hui souvent remplacées par un appareil très ingénieux, l'*injecteur Giffard*.

Cet injecteur a la forme reproduite ci-contre.

La partie principale est une tuyère F communiquant par des trous d avec le tuyau de prise de vapeur E, qui part de la chaudière. Dans l'intérieur de cette tuyère peut

---

1. La figure 24 indique en M le même clapet de refoulement.

se mouvoir, à l'aide d'une vis commandée par une manivelle extérieure, une pièce centrale qu'on appelle l'aiguille, et qui sert à rétrécir plus ou moins le passage par
lequel la vapeur sort de la tuyère.

Le bout de cette tuyère s'engage dans une cheminée
qui communique avec le tuyau H, par lequel afflue l'eau
venant du réservoir d'alimentation ; à quelques millimètres en avant de l'ouverture de la cheminée, s'ouvre,
par un orifice évasé h, un second tube ayant même axe
que le premier, mais dont la section va en augmentant :
on l'appelle le tube divergent Ce tube divergent commu-

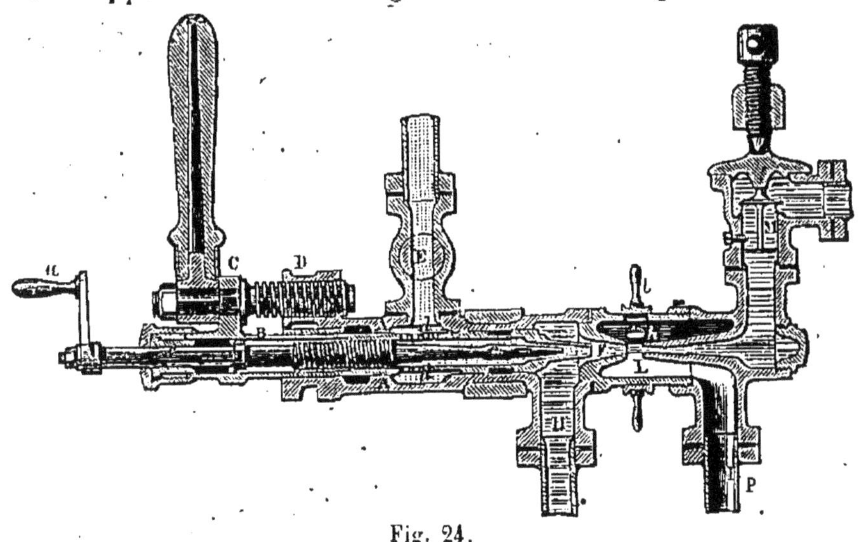

Fig. 24.

nique avec la conduite qui se rend à la chaudière, au
moyen du *clapet de refoulement* M, qui s'ouvre de bas
en haut, pour laisser passer l'eau et en empêcher le
retour à l'injecteur.

La vapeur venant par le tuyau E sous une forte pression, sort de la tuyère d par un très petit orifice et, par
conséquent, avec une très grande vitesse. (Nous verrons
plus loin que les gaz et les liquides en mouvement dans
un tuyau ont une vitesse d'autant plus grande que la
section du tuyau devient plus petite.) Elle rencontre l'eau
qui remplit la conduite H et environne la tuyère, la

pousse en avant et s'y condense en produisant ainsi une aspiration qui en appelle une nouvelle quantité. Le mélange de vapeur condensée et d'eau venant du réservoir d'alimentation sort de la cheminée en formant un jet qui pénètre dans le tube divergent. L'air qui a pu se dégager de l'eau et l'eau non entraînée par le jet se séparent dans l'espace L et s'écoulent par le tuyau P; tandis que le mélange engagé dans le tube divergent y chemine en diminuant peu à peu de vitesse, et lorsqu'il arrive à la soupape M, a la vitesse réduite qui convient à l'alimentation ; il la soulève alors et se rend dans le tuyau qui la conduit à la chaudière. On voit que, dans cet appareil, l'appel de l'eau est continu, tant que la vapeur s'engage dans la tuyère d, ce qui est un précieux avantage : car le clapet de refoulement reste constamment ouvert, au lieu de retomber sur son siège et de produire des ébranlements continuels, comme après chaque coup de piston de la pompe. Pour le mettre en marche ou l'arrêter on n'a qu'à tourner le robinet E de la conduite de vapeur, et pour le régler qu'à avancer ou reculer plus ou moins l'aiguille F à l'aide de la manivelle extérieure a. Un autre avantage est qu'au lieu d'occuper beaucoup de place, comme les pompes, l'injecteur est très petit : il n'a guère que $0^m,20$ de longueur et un diamètre en proportion. Aussi est-il employé pour l'alimentation de toutes les chaudières ne pouvant avoir facilement à leur disposition un jeu de pompes. Les locomotives, par exemple, sont maintenant presque toutes alimentées par l'injecteur Giffard.

APPAREILS DE SURETÉ.

Les accidents qui déterminent l'explosion des chaudières peuvent venir de deux causes différentes :

Tout d'abord la pression dans le corps cylindrique devenant trop forte, la tôle d'enveloppe, dont l'épaisseur

a été calculée pour une pression moindre, cède nécessairement, et la chaudière vole en éclats.

Pour prévenir ce désastre, la loi impose à tout appareil que l'on va mettre en service une épreuve du double.
C'est-à-dire que si l'industriel déclare qu'il compte faire
travailler son générateur à une pression de 5 atmosphères[1], le garde-mine préposé à l'épreuve l'essayera
à 10. S'il voit qu'il résiste, il le timbre à 5, en appliquant dessus une rondelle en cuivre portant le chiffre 5.
et l'industriel encourt les peines les plus sévères, s'il es

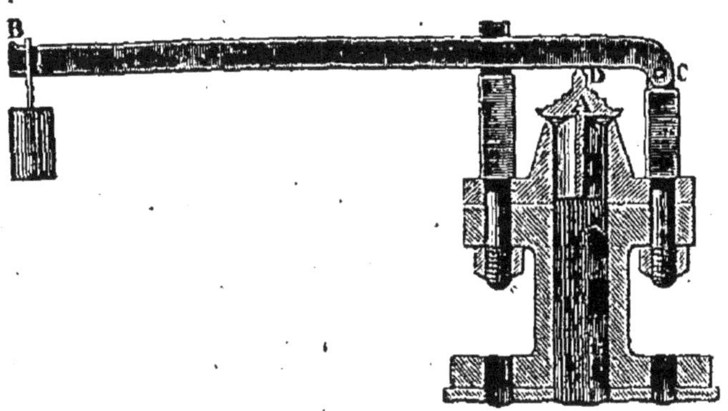

Fig. 25.

jamais surpris imposant à cette chaudière une pression
plus forte que celle indiquée par le timbre.

Mais outre cette précaution, la loi en exige encore
une autre, celle d'appliquer sur le générateur au moins
une soupape de sûreté.

Supposons un levier pouvant tourner autour d'un point
fixe C, et reposant sur la tête d'une soupape A, dont le
dessous communique avec la chaudière.

A l'extrémité du levier un poids P est appliqué. Supposons en outre que le point D par lequel le levier repose

1. Nous considérerons dans tous nos calculs ultérieurs la pression
atmosphérique comme équivalant à 1 kilo par centimètre carré, et
non 1k,033, négligeant les 33 grammes qui compliqueraient nos
opérations.

sur la soupape, soit à une distance de C dix fois plus petite que la longueur CB.

On sait tout d'abord que si avec un levier on exerce un effort, plus le levier sera grand, moins on aura de fatigue, et que pour un bras 2, 3, 4, 5 fois plus grand, la fatigue sera 2, 3, 4, 5 fois plus petite[1].

Si la pression dans la chaudière est par exemple de 5 atmosphères, c'est-à-dire de 5 kilos par centimètre carré, et la surface de la soupape de 100 centimètres carrés; la vapeur tend avec une force de 5 kilos $\times$ 100, soit de 500 kilos, à faire tourner le levier de bas en haut, autour du point C. Au point B, appliquons un poids de 50 kilos; comme le levier est dix fois plus grand que celui qui s'arrête en D et que le poids P tend au contraire à maintenir la barre horizontale, cette dernière ne bougera pas. Donc tant que la pression ne dépasse pas 5 atmosphères, la soupape reste collée; mais si dans la chaudière elle arrive à 6 kilos, c'est maintenant une force de 600 kilos qui tend à faire tourner le levier; et comme en B le poids de 50 kilos qui s'y oppose ne peut varier, la soupape sera soulevée et la vapeur s'échappera. Le chauffeur sera alors prévenu du danger qu'il court et diminuera son feu pour revenir à la pression normale.

Pour qu'il puisse constamment s'assurer de l'état de la pression et ne jamais attendre la levée des soupapes, on adapte extérieurement à la chaudière et en avant un *mano-mètre* dont le principe est identique à celui du baromètre.

Nous avons dit en effet dans la première leçon que la pression atmosphérique faisait équilibre à une colonne de mercure de 76 centimètres de haut. Si donc dans un tube très long, ayant la forme ci-contre, on verse du mercure, tout d'abord les extrémités A et B débouchant

____

1. Nous verrons la démonstration de ce principe dans un des chapitres suivants.

à l'air libre, le liquide se placera également dans les deux branches de façon que les niveaux *m* et *n* soient à la même hauteur. Si maintenant on fait communiquer l'extrémité A avec la chaudière, la pression de la vapeur étant par exemple de 5 atmosphè-res, la surface *m* supporte un poids de 5 kilogrammes par cen-timètre carré, tandis que sur la surface *n* continue seulement à peser la pression atmosphérique ; en se reportant à ce que nous avons dit dans le chapitre II, on reconnaît que le niveau *n'* des-cendra jusqu'à un certain niveau *pq*, tel que la colonne de mercure

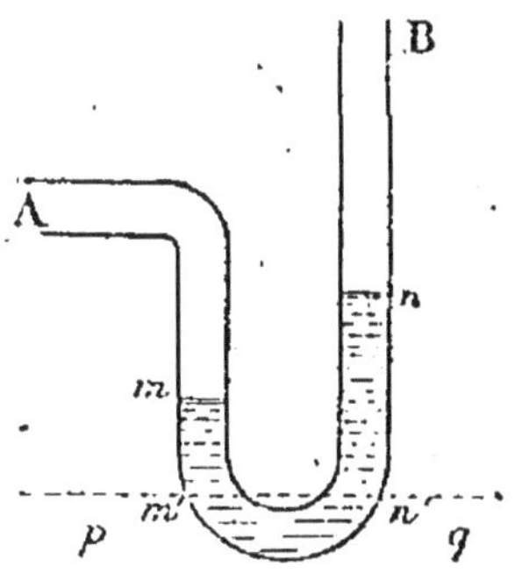

Fig. 26.

au-dessus de *n'* fasse équilibre à la différence de pression entre l'atmosphère et la chaudière. Or, en A nous avons 5 atmosphères, en B 1 seulement : la différence est donc 4, et la colonne de mercure au-dessus de *n'* devra donc avoir $76 \times 4 = 3^{m},04$ de hauteur, puisque 76 centimètres représentent la pression de l'atmosphère.

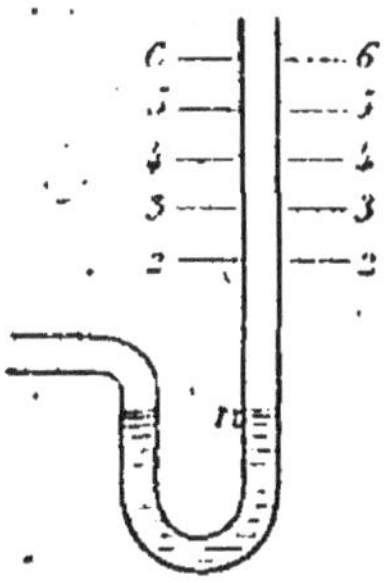

En général, lorsqu'on voudra savoir quelle est la tension de la vapeur dans la chaudière, on prendra simplement la hauteur entre les niveaux du mercure

Fig. 27.

dans les deux branches, en se rappelant qu'à chaque frac-tion de 76 centimètres correspond une différence de pression de 1 atmosphère. Si cette hauteur est, par exemple, de $2^{m},66$, elle indique que la pression dans la chaudière surpasse la pression atmosphérique de $\dfrac{2,66}{76}$ $=3,5$ atmosphères ; la vapeur est donc à 4 atmosphères et demie.

Pour qu'on n'ait pas besoin de faire chaque fois ce

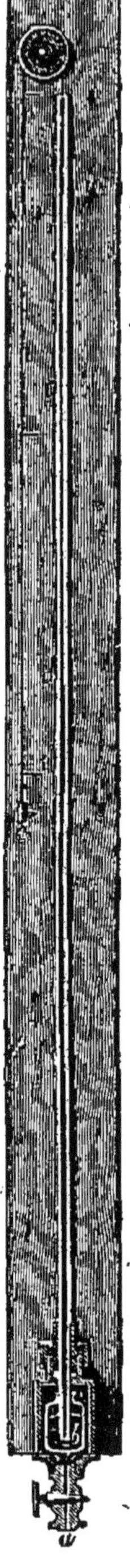

Fig. 28.

calcul, le long de la grande branche du tube est appliquée une règle en bois comme pour les baromètres, et sur cette règle sont marqués les différents niveaux où arrive le mercure lorsque la pression de la chaudière atteint successivement 2, 3, 4, 5, 6, etc., atmosphères[1].

On voit de suite l'inconvénient de ce manomètre : puisque, pour une tension de 5 atmosphères on a, dans la grande branche du tube, une hauteur de mercure de 5 mètres, il faut nécessairement des tubes d'une très grande longueur, comme le montre la figure 28[2]; en outre, à cette hauteur, il est difficile de lire lisiblement. Pour cette raison on n'emploie plus aujourd'hui que les manomètres métalliques, dont le plus connu est celui de Bourdon et qui permettent une lecture bien plus aisée avec une approximation très suffisante.

1. On appelle *pression nominale* la pression réelle de la vapeur dans un générateur, et *pression effective* la différence entre la pression nominale et la pression atmosphérique. Si par exemple chaque centimètre carré du corps cylindrique supporte une pression de 6^k par centimètre carré, la pression nominale sera de 6 atmosphères et la pression effective (puisque l'atmosphère agit sur ce centimètre en sens inverse), de 6-1, soit 5 atmosphères. C'est toujours de la pression nominale que nous parlerons dans la suite, quand nous ne spécifierons pas.

2. La figure 28 montre un dispositif employé pour remédier à cette difficulté de lecture. Sur le mercure est un flotteur, tenu par une corde qui passe sur une poulie, et à l'autre extrémité de laquelle on fixe un poids. Lorsque la pression de la chaudière s'élève, le niveau du mercure monte dans le tube, entraînant le flotteur, et le poids descend. La lecture est donc bien plus facile, puisque la graduation est à portée des yeux.

Un tube métallique BB recourbé est fixé à une extrémité sur un support creux A, en communication avec la chaudière. L'autre extrémité libre actionne, au moyen d'un levier CD, une aiguille qui tourne au centre d'un cadran E. En faisant arriver de la vapeur dans l'intérieur du tube, celui-ci sous l'influence de la pression se dilatera s'il est en métal assez malléable, par conséquent sa longueur diminuera, le levier C D, tiré à gauche, fera tourner l'aiguille autour de F, de gauche à droite, puisque le tube ne peut se raccourcir que d'un côté, l'autre étant fixé au support. Dans sa marche celle-ci décrira le cercle indiqué par le cadran et on n'a qu'à marquer les chiffres 1, 2, 3, 4, 5, etc., aux endroits où l'aiguille s'arrête, lorsque la pression dans la chaudière est de 1, 2, 3, 4, 5, etc., atmosphères. Le manomètre ainsi gradué à l'aide d'un autre manomètre à mercure, indique très exactement la tension de la vapeur par le mouvement de son aiguille.

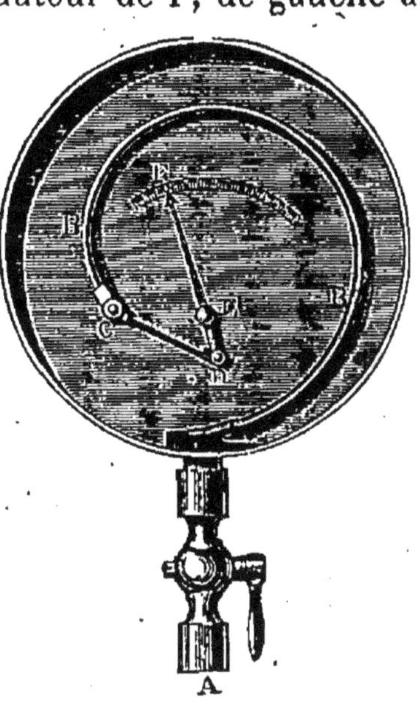

Fig. 29.

Un des grands avantages de cet instrument, c'est d'être peu encombrant et de pouvoir se fixer à n'importe quel endroit de la chaudière. Son inconvénient, c'est qu'à la longue le tube métallique perd de son élasticité et ne revient plus pour les mêmes pressions aux crans marqués tout d'abord sur le cadran.

Nous venons d'étudier en détail les appareils qui servent à conjurer les dangers du premier mode d'accidents auquel les chaudières sont exposées.

Occupons-nous maintenant du second, de beaucoup le plus fréquent.

Reprenons la figure 18 représentant une chaudière à bouilleurs ordinaires. On voit que les deux bouilleurs et la moitié du corps cylindrique sont exposés à l'action des flammes. Supposons donc maintenant que, par la négligence du chauffeur, l'eau baisse dans la chaudière, et qu'une partie de la tôle que les flammes lèchent extérieurement ne soit plus baignée intérieurement. Cette tôle s'échauffera d'autant plus qu'elle ne pourra plus céder sa chaleur au liquide pour le vaporiser, et deviendra rapidement rouge. A ce moment le chauffeur s'aperçoit de son oubli, et alimente : l'eau arrive à flots, vient tout d'abord au contact de cette paroi chaude, qui est à beaucoup plus de 100 degrés, et se vaporise instantanément; mais comme un mètre cube donne 1700 mètres cubes de vapeur, il se forme en un instant une masse énorme de gaz, si brusquement même que généralement la chaudière surprise vole en éclats. -

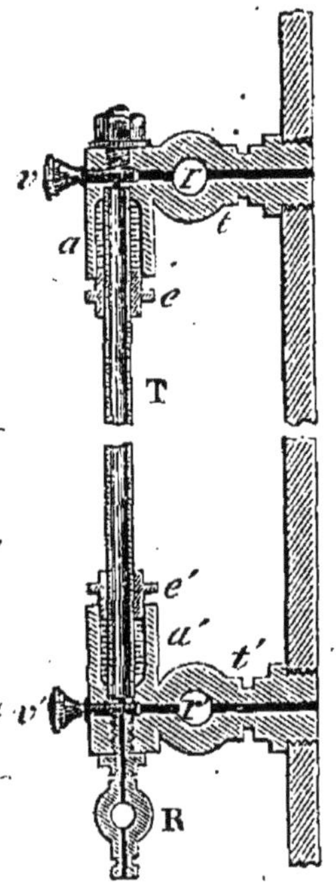

Fig. 30.

Quel remède y a-t-il à ce danger? Assurer l'alimentation de sorte que toute la partie de la chaudière chauffée par les flammes ne rougisse jamais, c'est-à-dire soit toujours baignée par l'eau.

On a pour cela trois sortes d'appareils qui indiquent au mécanicien le niveau du liquide dans la chaudière.

Le premier est l'indicateur de niveau : simple tube en verre vertical, dont le fond est en communication, par le robinet r' et le tube t', avec le fond du corps cylindrique, tandis que par sa partie supérieure il est en communication avec la vapeur qui remplit le dôme de la chaudière.

L'eau monte toujours dans le tube au même niveau

que dans le corps cylindrique, et on s'aperçoit, à la seule inspection de l'indicateur, de la hauteur qu'elle y occupe encore. Ce petit appareil est donc très simple et très précieux; la loi exige qu'il y en ait toujours deux en service, pour que, si l'un casse, la surveillance ne soit pas suspendue.

Un autre instrument à peu près identique, et qui remplit le même but, c'est l'indicateur à flotteur.

Un flotteur qui repose sur la surface de l'eau est attaché à une corde passant sur une poulie pouvant tourner librement autour de son axe, et ayant à son autre extrémité un léger contrepoids (fig. 51).

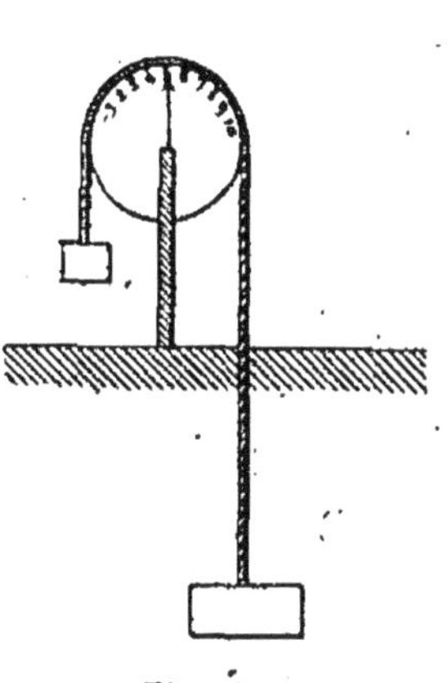

Fig. 31.

Sur le support de la poulie est une aiguille qui reste fixe, et sur la face de cette poulie des numéros. Si le niveau de l'eau baisse, le flotteur descend, fait tourner la poulie qui présente successivement chacun des numéros en regard de l'aiguille. Chaque division correspond à 10 centimètres de hauteur, et l'on sait que si un certain chiffre arrive en face de l'aiguille, la chaudière manque d'eau. Le chauffeur s'empresse d'alimenter avant que la hauteur ait trop diminué.

L'inconvénient de ces deux appareils, c'est qu'ils n'annoncent pas d'eux-mêmes le danger au chauffeur : il faut lu'on les regarde pour se rendre compte du niveau du biquide.

Le sifflet d'alarme au contraire avertit au moment voulu.

Il se compose d'une cloche en bronze, laissant entre elle et une autre calotte renversée, en même métal, un petit espace. Cette calotte renversée repose par un pied creux sur la chaudière, et ce pied se prolonge à l'intérieur jusqu'à une certaine distance. Un levier terminé à gauche par un contrepoids C, à droite par un flotteur A, et portant en regard du tube un bouchon *a*, qui s'adapte exactement sur ce tube, peut tourner autour d'un point fixe B.

Tant que l'eau n'est pas suffisamment descendue, le flotteur A étant relevé, le bouchon *a* ferme le tube *b*; mais dès qu'elle a atteint un certain niveau, le flotteur

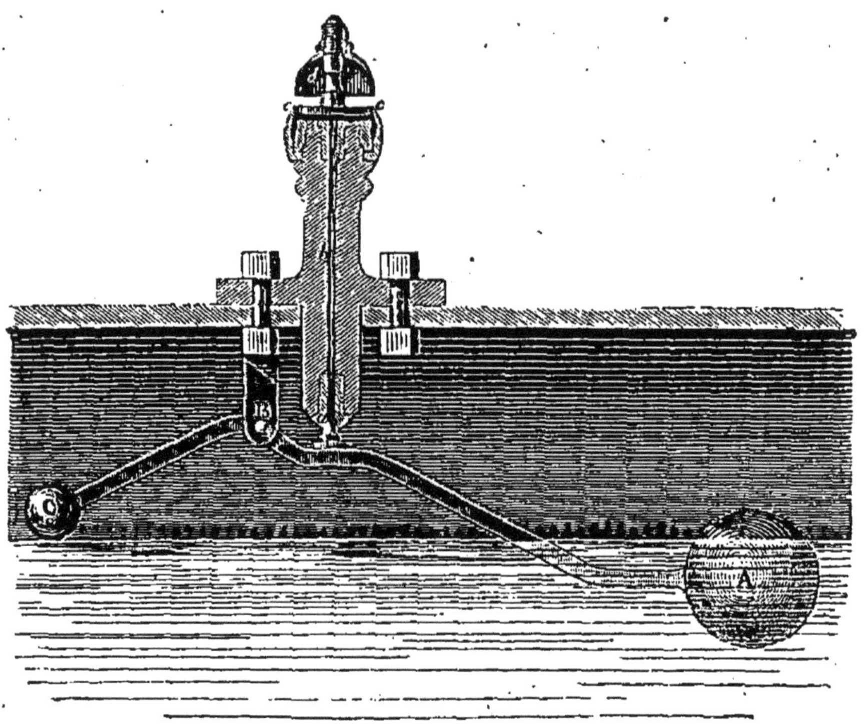

Fig. 52.

qui l'a suivie, entraîne le levier BA, et le bouchon démasque l'ouverture du tuyau, la vapeur y pénètre, arrive en haut, et vient se briser contre la cloche de bronze qu'elle fait vibrer, ce qui détermine ce bruit plaintif que chacun a entendu partir des locomotives. Le mécanicien est alors averti que le niveau descend, et il y remédie en alimentant la chaudière. (Dans les locomotives, le sifflet d'alarme est aussi à la portée du mécanicien qui peut le manœuvrer à volonté, de façon à avertir les gares de son arrivée, ou les serre-freins des rampes sur lesquelles il faut serrer les freins.)

Tels sont les appareils de sûreté les plus employés : on les associe généralement de telle sorte qu'une seule chaudière possède (d'après les prescriptions de la loi) :

Un manomètre métallique Bourdon;

Deux indicateurs de niveau ;

Une soupape de sûreté.

Les sifflets d'alarme ne sont pas exigés.

Terminons en disant que les chaudières tubulaires sont bien moins sujettes aux accidents que les autres, parce que si un tube crève, l'eau ne peut que pénétrer dedans, tomber sur le feu et l'éteindre.

CHAPITRE VI.

Au début de ce livre nous nous sommes rendu compte qu'une force ne produit un effet utile quelconque que lorsque le moteur rencontre un obstacle, le récepteur; et que c'est le mouvement communiqué à cet obstacle qu'il nous faut recueillir et transformer pour nos usages industriels.

La vapeur nous a fourni de suite un exemple à cette théorie. Comprimée, en effet, dans la chaudière, elle cherche à s'en échapper sous l'influence de la pression, et se rend dans le cylindre où la rencontre du piston, auquel elle communique son mouvement, lui permet de transformer en travail utile l'effet de cette pression. Tel est le principe général des machines à vapeur dont l'ensemble se compose donc essentiellement, outre une chaudière ou générateur destiné à la production du moteur, d'un cylindre dans lequel se meut le récepteur, c'est-à-dire le piston, qui reçoit alternativement sur ses deux faces la vapeur et possède un mouvement de va-et-vient limité. Son mouvement est communiqué au moyen d'une barre rigide, la *bielle*, à une pièce pouvant tourner autour de son centre et appelée *manivelle*. La manivelle est calée sur un arbre qu'elle entraîne avec elle et qu'on appelle *arbre moteur*. C'est sur l'arbre moteur, au moyen de mé-

.canismes que nous décrirons plus tard, qu'on prend la force produite par la machine pour la transmettre au loin.

Le mouvement alternatif du piston dans le cylindre se transforme au moyen de la bielle et de la manivelle en un mouvement circulaire continu [1] de l'arbre moteur, de telle sorte que lorsque le piston est à fond de course à gauche, sa tige, la bielle et la manivelle sont en ligne droite, qu'à mesure qu'il avance de gauche à droite, la bielle et la manivelle s'inclinent peu à peu en sens contraire l'une de l'autre, celle-ci poussant celle-là et l'amenant successivement en CA_1 (fig. 33), lorsque le piston est au milieu du cylindre, puis en CA'', c'est-à-dire de

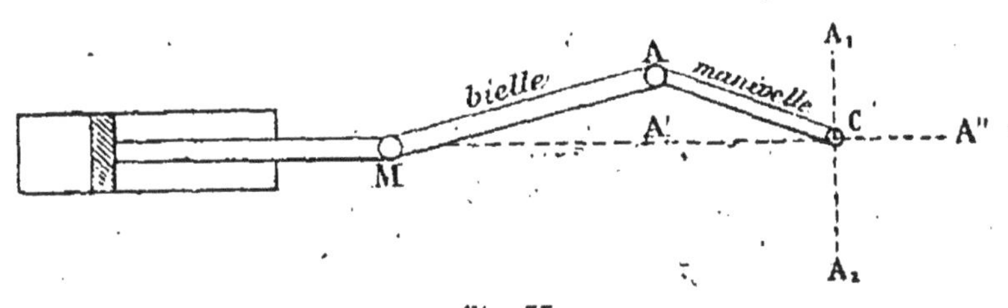

Fig. 33

nouveau horizontale, lorsque le piston est à fond de course à droite. La marche rétrograde n'interrompt pas la continuité du mouvement circulaire de la manivelle, qui, grâce au volant (nous verrons plus loin le mode d'action de cet auxiliaire), franchit la position horizontale et, tirée maintenant par le piston et la bielle, reprend successivement, au-dessous, les positions symétriques de celles qu'elle avait tout à l'heure au-dessus, puis retrouve sa position primitive, lorsque le piston est revenu à fond de course à gauche.

Le problème à résoudre est donc d'envoyer alternativement la vapeur sur chacune des faces et de régler son

---

1. On appelle *continu* un mouvement dont la direction est toujours la même, et *alternatif* celui qui a lieu périodiquement dans un sens, puis dans le sens opposé.

admission et son échappement de façon qué le mouvement du piston ne soit jamais gêné par elle dans sa marche rétrograde, ou, en d'autres termes, de régler sa distribution.

La distribution de la vapeur dans le cylindre est donc l'élément essentiel de la puissance d'une machine, et à ce titre mérite de nous occuper longuement.

Soit un cylindre en fonte, horizontal, portant à sa face supérieure un appendice aussi en fonte, comme l'indique la figure 34. Aux extrémités de ce cylindre sont deux

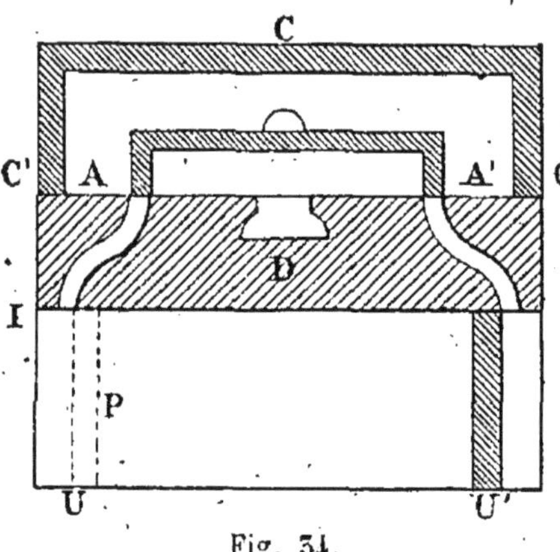

Fig. 34.

canaux A et A′ qui traversent l'appendice et qu'on nomme les *lumières*. Entre les deux orifices des lumières est une troisième cavité D, qui communique par un tuyau avec l'extérieur, et qu'on appelle l'*échappement*.

La surface supérieure AA′ de l'appendice se nomme la table. Un couvercle en fonte ou en fer C C C recouvre cette table et forme ainsi la chambre, appelée *chambre de vapeur* : un trou percé dans ce couvercle permet à la vapeur arrivant de la chaudière de pénétrer dans la chambre.

A cheval sur les lumières se trouve un autre couvercle

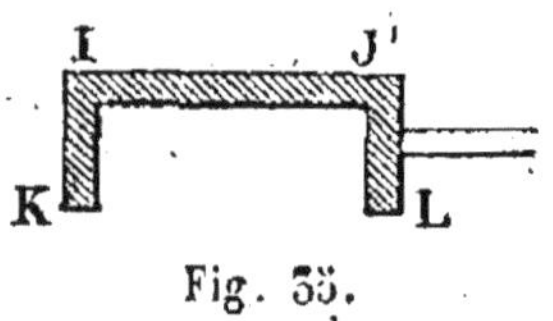

Fig. 35.

I J′, tel que ses deux jambages I K, J′ L, recouvrent exactement en même temps les lumières A et A′. On l'appelle le *tiroir*. Voyons quel est son rôle dans la distribution.

Le piston est en U à fond de course à gauche ; si nous tirons à ce moment le tiroir vers la droite, il va venir prendre la position indiquée par la figure 36. Le jam-

bage I démasquant la lumière A, la vapeur qui est dans la
chambre pénètre par cette
lumière, vient sur la face
gauche du piston et le pousse
vers la droite. Lorsque le piston sera arrivé en U′ (fig. 34),
si nous repoussons le tiroir
dans la position de la figure 37, la lumière A sera mise en
communication avec l'échappement B, et par conséquent
avec l'extérieur. La vapeur
qui occupe tout le cylindre à
gauche du piston, puisque ce
dernier est en U′, s'échappera par le passage qu'on
lui offre, en même temps le
jambage J′ de droite démasquant la lumière A′, la vapeur
de la chambre va filer par cette lumière et se rendre sur
la face de droite du piston.

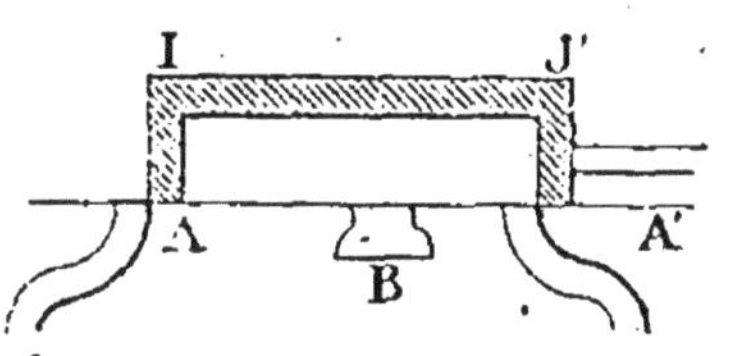

Fig. 36.

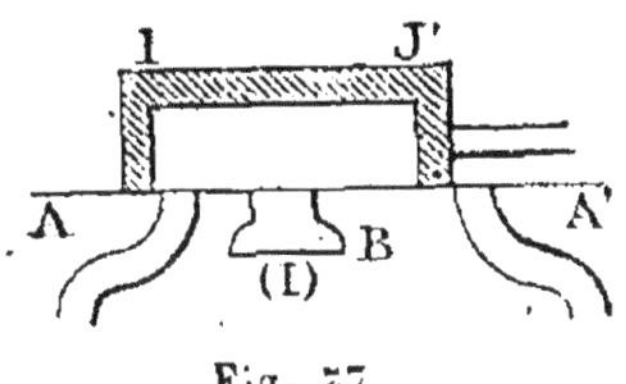

Fig. 37.

Donc ce dernier recevra à droite la vapeur de la chaudière, tandis qu'à gauche celle qui l'avait jusqu'alors
poussé, s'échappera dans l'atmosphère ; il reviendra donc
de droite à gauche, jusqu'au moment où le tiroir tiré de
nouveau dans la position représentée par la figure 36,
fera communiquer la lumière A′, et par conséquent la vapeur qui remplit le cylindre, avec l'échappement B, et au
contraire démasquera la lumière A pour permettre à une
autre quantité de revenir sur la face gauche du piston.
On voit donc que, par ce jeu du tiroir, une face quelconque est alternativement mise en communication avec la
chambre à vapeur et avec l'atmosphère, et que par conséquent le moteur admis pendant la première période,
lorsqu'il a accompli son travail en poussant le piston
à fond de cylindre, peut s'échapper, sans le gêner dans
son mouvement rétrograde.

On voit en outre que la course du tiroir se réduit en
somme à peu de chose ; à partir de sa position centrale

indiquée par la figure 34, il ne doit osciller vers la gauche ou vers la droite que de la largeur des lumières; tout déplacement plus grand serait inutile, car il lui suffit en effet de les démasquer totalement dans un sens ou dans l'autre.

Comment pourrons-nous donc lui communiquer le mouvement nécessaire?

La course alternative du piston se transforme, nous l'avons dit, en un mouvement circulaire continu au moyen de deux pièces qu'on appelle la *bielle* et la *manivelle*.

Dirigeons de même le tiroir par une bielle et une manivelle (fig. 38), et tout d'abord remarquons que, puisqu'il ne doit osciller (à droite et à gauche de la position centrale) que d'une quantité égale à la largeur des lu-

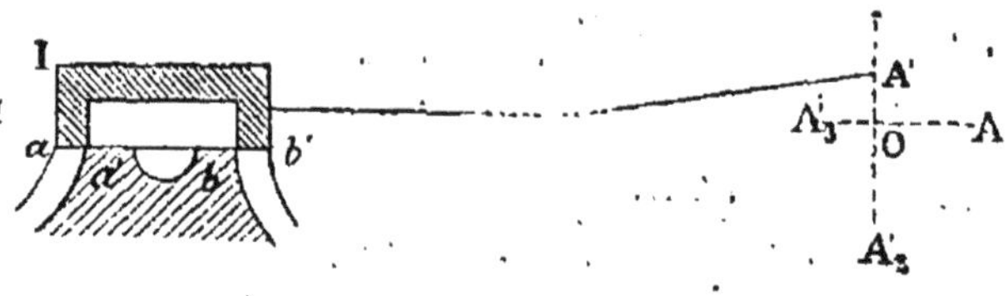

Fig. 38.

mières, son mouvement entier sera donc deux fois cette largeur *aa'*. Quand le piston est à fond de course à gauche, la vapeur doit commencer à pénétrer sur la face gauche, et le tiroir doit être prêt à démasquer la lumière de gauche; il faut donc qu'il occupe la position centrale, c'est-à-dire qu'il soit au milieu de sa course.

Reportons-nous donc à ce que nous avons dit plus haut pour la manivelle du piston, nous en déduirons que si le tiroir est au milieu de sa course, sa petite manivelle O A' doit être verticale.

Le piston marchant vers la droite, le tiroir doit être tiré vers la droite jusqu'à ce que le bord supérieur soit arrivé à affleurer le bord *a'* intérieur de la lumière.

Il aurait beau continuer dans cette direction, il ne pourrait la démasquer davantage; donc à ce moment il a fini sa course dans ce sens, et la petite manivelle doit être horizontale dans la position O A. Le piston est alors au milieu de sa course et la grande manivelle est verticale.

Le tiroir revient vers la gauche, et ferme de plus en plus la lumière aa' ; il faut, lorsque le piston est à fond de course à droite, que celle-ci soit couverte de façon que la lumière de droite bb' soit prête à laisser la vapeur pénétrer sur la face droite du piston et le ramener à gauche. Par conséquent, le tiroir a repris la position qu'il avait quand nous avons commencé l'étude, et la petite manivelle doit encore être verticale ; seulement, puisqu'elle a tourné, elle occupe la position OA_1'. Donc, la grande manivelle étant horizontale dans la position CA'' (fig. 33), la petite manivelle est verticale dans la position OA_2'.

En continuant l'étude pour le retour du piston de droite à gauche, on retrouverait les mêmes positions que nous venons de décrire et l'on établirait ainsi que :

Lorsque la grande manivelle occupe la position verticale CA_2, la petite est horizontale en OA_3'.

Lorsque la grande est revenue à la position horizontale CA', la petite est revenue à la position verticale OA'.

En résumé, toutes les fois que l'une des deux est horizontale, l'autre est verticale.

Si donc on suppose deux pièces venues de forge à angle droit, tournant autour du sommet O, et décrivant, par conséquent, toutes les deux un cercle autour de ce point, de telle sorte que OA soit toujours perpendiculaire sur OA', on aura

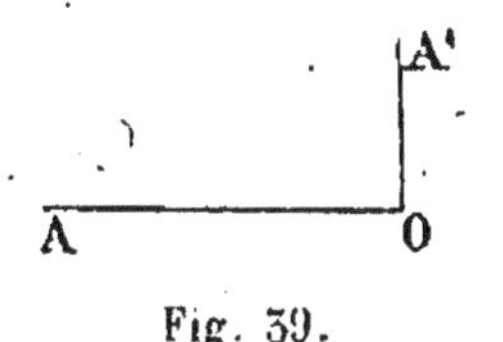

Fig. 39.

à un moment quelconque la position d'une des deux manivelles, connaissant celle de l'autre.

Pour donc établir la liaison entre le tiroir et le piston, il n'y a qu'à caler la manivelle du premier à angle droit sur la grande, et celle-ci étant mise en mouvement par le piston fera tourner l'autre en communiquant, par conséquent, au tiroir la course voulue.

Cherchons maintenant quelle longueur doivent avoir ces deux manivelles, et occupons-nous d'abord de celle du piston.

Lorsque celui-ci est à fond de course à gauche, son extrémité est horizontale, et elle est en A'; ce point A' est relié au piston par une tige rigide, la bielle : il doit donc avoir le même déplacement horizontal que le piston, parcourt tout le cylindre, moins son épaisseur ; le point A doit donc se déplacer horizontalement de la même longueur ; or, en réalité, lorsque le piston est à fond de course à gauche, la

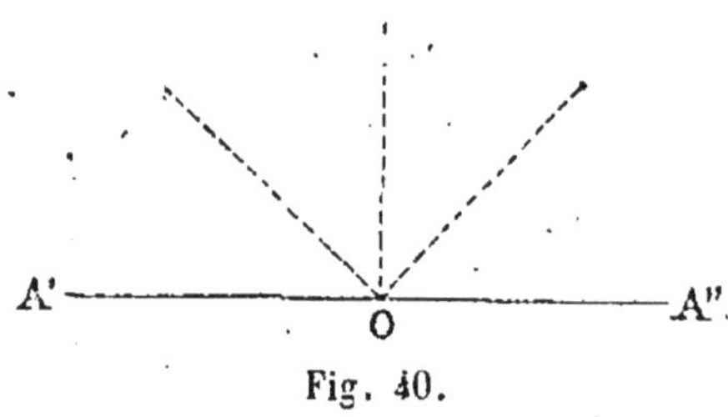

Fig. 40.

manivelle est couchée en OA' ; lorsqu'il est à fond de course à droite, elle est couchée en OA", et le point A est venu en décrivant le demi-cercle de A' en A".

Son déplacement dans le sens horizontal est donc la distance A'A", c'est-à-dire deux fois la manivelle AC (fig. 33).

Or, ce déplacement et par conséquent la double longueur de la manivelle doit être égal à la course du piston ; on en conclut donc que cette longueur a pour mesure la moitié de la distance que le piston doit parcourir.

Le raisonnement que nous venons de faire pour la grande manivelle s'appliquerait identiquement à la petite, et l'on verrait de même qu'il faut prendre cette dernière égale à la moitié de la course du tiroir.

Ainsi donc ce tiroir peut être mû par la machine, ouvrir et fermer successivement les lumières de droite et de gauche, admettre la vapeur de chaque côté, et permettre en outre l'échappement de cette vapeur dans l'atmosphère au moyen de cette simple liaison.

Reprenons un peu ce double mouvement, et examinons la marche du piston pendant un tour complet de la manivelle motrice.

Au moment où il est à fond de course à gauche, le tiroir commence à démasquer la lumière de gauche, et la vapeur pénètre dans le cylindre en poussant le récepteur de gauche à droite. A mesure que ce dernier avance, le cylindre ou du moins la longueur qu'il laisse libre s'emplit de vapeur, jusqu'au moment où le tiroir ayant été jusqu'au bout de sa course, à droite, et étant revenu vers la gauche, ferme la lumière de gauche. Mais à ce moment le piston est arrivé à fond de cylindre. Le tiroir continue son mouvement vers la gauche, démasque la lumière de droite à la vapeur de la chaudière et, en même temps, ouvre la lumière de gauche, et par conséquent l'échappement, à celle qui actuellement remplit le cylindre et doit déjà le quitter. Entrée en effet à une pression de 5 atmosphères, comme la communication avec la chaudière a existé pendant toute la marche du piston, elle est encore à la même pression en s'échappant, et c'est constamment une grosse dépense de vapeur que l'on fait en étant obligé de la rejeter dès que le piston est à fond de course.

Pour remédier à cet inconvénient et utiliser plus rationnellement le moteur en ne l'expulsant qu'à une pression bien inférieure, on a ajouté au tiroir un petit appendice qui en modifie complètement le fonctionnement, et qui s'appelle le *recouvrement* (fig. 41).

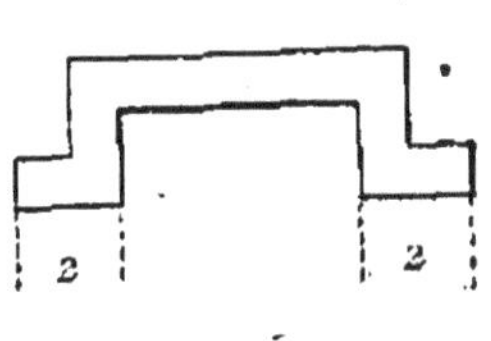

Fig. 41.

Répétons avec un tiroir à recouvrement ce que nous avons dit pour le tiroir primitif.

Soit un piston à fond de course à gauche : il faut que la vapeur puisse dès maintenant passer par la lumière de gauche et filer sur le piston ; le tiroir, au lieu d'être dans la position (1) (fig. 42), doit être tiré vers la droite, dé façon que son bord externe soit près-de démasquer la lumière de gauche; il occupe donc la position (2) (fig. 43).

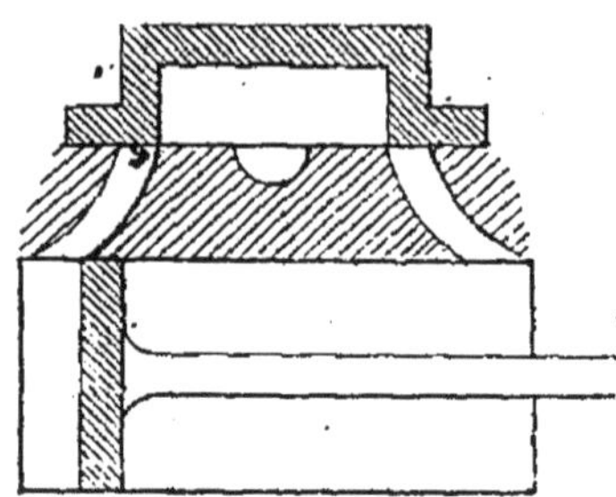

Fig. 42. Position (1).

En continuant à marcher vers la droite, il arrivera à complètement démasquer la lumière, et n'aura plus besoin de continuer sa marche dans ce sens, puisqu'il ne saurait davantage augmenter l'orifice d'entrée de la vapeur. On le fera donc revenir vers la gauche, de façon que le recouvrement de droite et sa lumière soient, lorsque le piston est à fond de course à droite, dans la même position relative que le recouvrement de gauche et sa lumière, lorsque le piston est à fond de course à gauche (fig. 46).

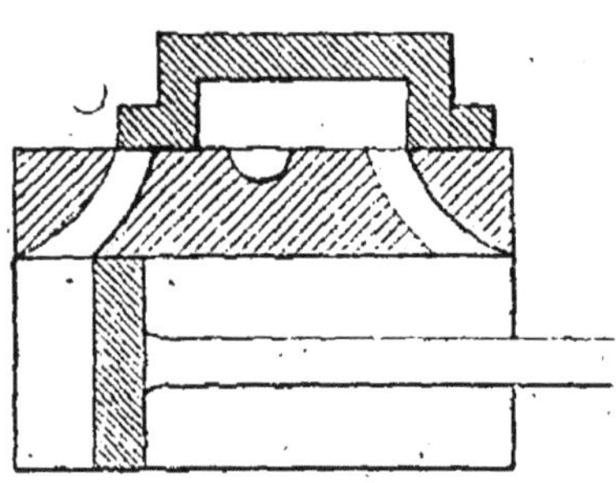

Fig. 43. Position (2).

En revenant ainsi et avant d'avoir atteint cette position, le tiroir reprendra d'abord la position (2) ; à ce moment, affleurant le bord extérieur de la lumière de gauche, il empêchera la vapeur de pénétrer de la chambre de vapeur dans le cylindre, et par conséquent emprisonnera celle qui s'y trouve déjà. Or le piston occupe la position (4) (fig. 44). Sur sa face de gauche est la vapeur à 5 atmosphères, sur sa face de droite de la vapeur aussi, mais qui peut librement s'échapper, et qui, par conséquent, n'oppose aucune résistance au mouvement. Il

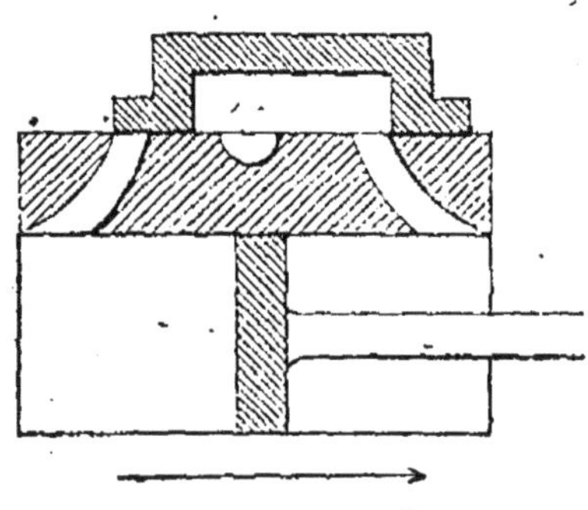

Fig. 44. Position (4).

continuera donc de marcher vers la droite poussé par la différence des pressions qui s'exercent sur ses deux faces de gauche et de droite, et le moteur enfermé à gauche se détendra, augmentant de volume à mesure qu'il pousse le piston et par conséquent diminuant de pression. Tel est le phénomène de détente qui permet d'utiliser rationnellement la pression d'un gaz en diminuant la quantité qui serait nécessaire à pleine pression pour faire le même travail. On voit qu'ici la quantité de vapeur économisée est celle qui devrait remplir le cylindre, depuis la position (4) du piston jusqu'au bout de la course.

Jusqu'à quand durera cette détente? Évidemment tant que la vapeur sera emprisonnée dans le cylindre, c'est-à-dire tant que le tiroir continuant toujours sa course de droite à gauche fermera l'orifice *aa'* (fig. 45) de la lumière. Elle a commencé lorsqu'il était dans la position (4), elle finira lorsqu'il sera parvenu à la position (5), figure 45, c'est-à-dire lorsque, le bord interne affleurant le bord *a'* de la lumière, la vapeur sera près de passer dans l'échappement, et par conséquent de se précipiter dans l'atmosphère. A ce moment

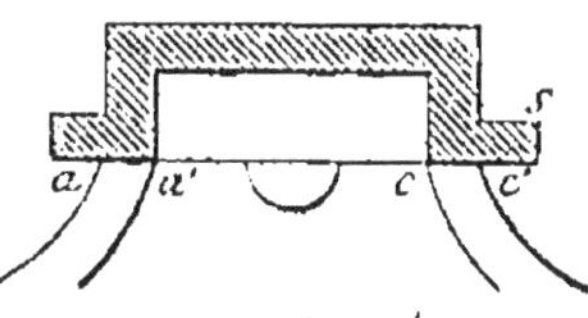

Fig. 45. Position (5).

le piston n'est pas encore à fond de course à droite, puisqu'il ne doit y être que lorsque le bord *s* du tiroir viendra affleurer le bord extérieur *c'* de la lumière de droite et permettre à la vapeur de filer par cette lumière sur la face de droite.

Donc la détente aura lieu pendant une fraction de la course du piston, et *elle sera d'autant plus longue que le recouvrement sera plus grand*. Elle a, en effet, commencé quand le bord de gauche affleure le bord externe *a* de la lumière et dure tout le temps que le recouvrement et le jambage mettent à passer sur cette lumière.

Le tiroir continuant sa marche vers la gauche, l'échappement est ouvert en *aa'*, toute la vapeur contenue dans le cylindre tend à s'écouler, mais le piston qui a une certaine vitesse acquise achève sa course à droite,

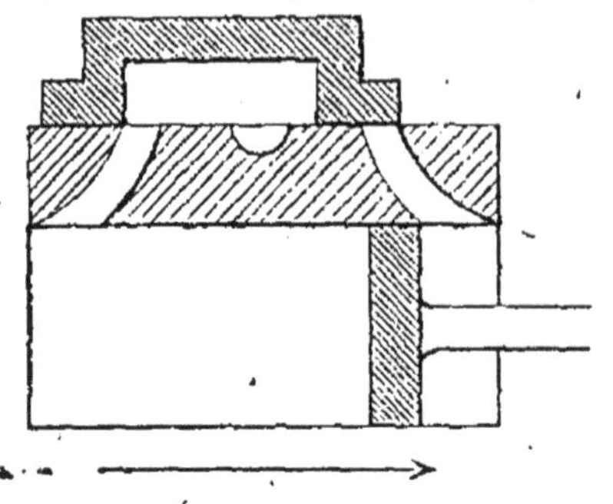

Fig. 46. Position (6).

arrive à fond de cylindre, et la lumière de droite commence à se démasquer (fig. 46).

Les fonctions s'intervertissent alors, et tout ce que nous venons d'observer sur la face de gauche se reproduit sur celle de droite; aussi ne nous préccuperonsnous pas de ce qui s'y passe, et suivrons-nous dans notre étude la vapeur qui se trouve encore de l'autre côté.

Le tiroir continuant sa course à gauche pour démasquer complètement la lumière de droite, l'échappement est complètement ouvert à gauche. Une grande quantité de vapeur s'est d'abord précipitée dehors rapidement, vu la différence de pression; mais celle qui restait a occupé tout le cylindre au fur et à mesure du départ : sa pression par conséquent a peu à peu diminué, jusqu'au moment où, égale à celle de l'atmosphère, elle n'a plus déterminé l'échappement. Le piston, en revenant, chasse alors seul

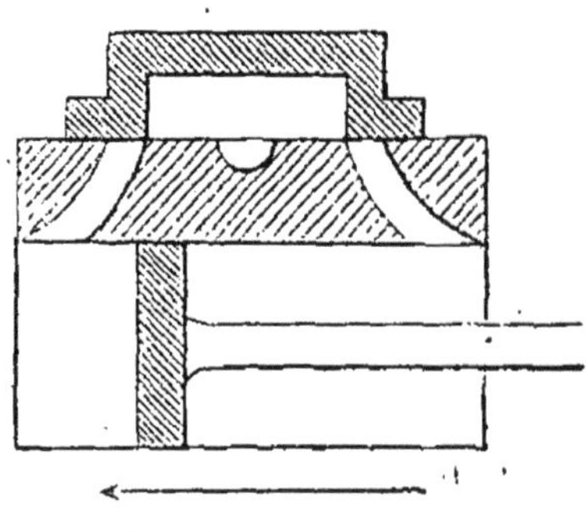

Fig. 47. Position (7).

cette vapeur, tant que le tiroir qui a atteint la limite de sa course à gauche et revient vers la droite, n'a pas retrouvé sa position centrale. On voit, en effet, par la figure 47, que l'échappement à gauche ne se trouve fermé qu'à ce moment, et que, par conséquent, toute la vapeur qui n'a pas été chassée par le piston est maintenant retenue. Ce moment correspond justement à celui où la vapeur, de l'autre côté du piston, a fini de se détendre et commence à s'échapper.

Or nous avons vu qu'il s'écoulait encore un certain temps, avant la fin de la course du piston, pendant lequel, en vertu de la vitesse acquise, le piston continuait sa marche dans le même sens. La vapeur emprisonnée à gauche et toujours refoulée, va donc être comprimée; son volume diminuant, sa pression augmentera jusqu'au moment où, retrouvant la position (2), figure 43, le tiroir, en continuant à marcher à droite, démasquera la lumière de gauche, et où le piston, de nouveau sollicité vers la droite, reprendra sa course dans cette direction. Tandis alors que sur sa face gauche se reproduiront les mêmes phénomènes que nous avons étudiés en commençant, sur sa face droite, la vapeur admise pendant la période précédente passera par toutes les phases que nous venons de décrire en dernier lieu.

Du reste, les explications qui viennent d'être longuement données sont résumées dans le tableau ci-joint, qui indique en regard du dessin de chaque position du tiroir les phénomènes qui se passent dans le cylindre, des deux côtés du piston.

Tableau des fonctions de la vapeur dans une distribution par tiroir à recouvrement.

Positions spéciales du tiroir ou du piston.	FONCTIONS DE LA VAPEUR.	
	FACE DE GAUCHE.	FACE DE DROITE.
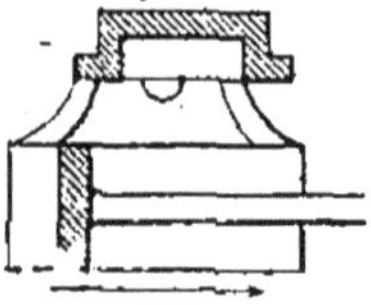 Le piston est à fond de course, à gauche.	La vapeur commence à arriver dans le cylindre. (*Commencement de l'admission.*)	La vapeur s'échappe dans l'atmosphère.
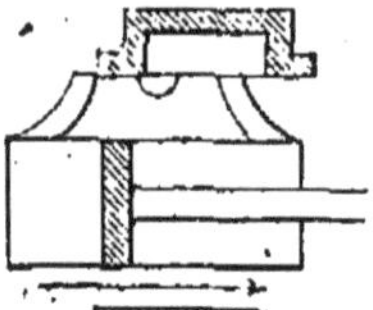 Le tiroir est arrivé à la fin de sa course, à droite.	L'admission se fait en grand.	La vapeur s'échappe en grand.
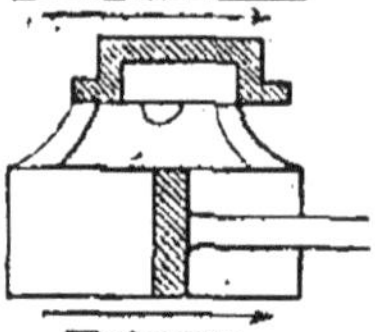	La vapeur cesse d'arriver. (*Fin de l'admission*) Elle commence à se détendre dans le cylindre.	La vapeur s'échappe.
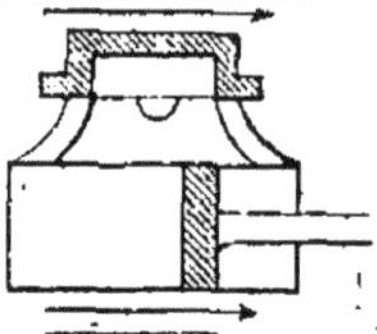 Le tiroir est au milieu de sa course.	Fin de la détente. L'échappement de la vapeur commence.	Fin de l'échappement. Commencement de la compression.
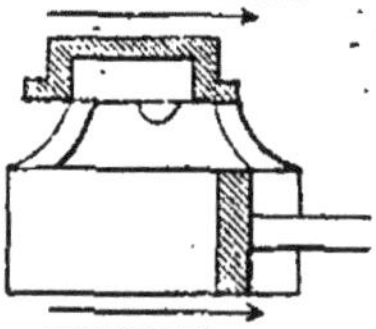 Le piston est à fond de course, à droite.	L'échappement continue.	Fin de la compression. Commencement de l'admission.
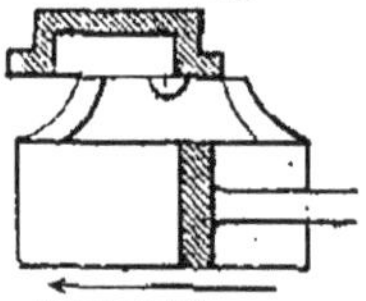 Le tiroir est arrivé à la fin de sa course, à gauche.	L'échappement se fait en grand.	L'admission se fait en grand.
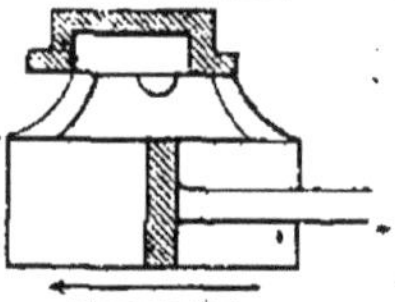	L'échappement continue.	Fin de l'admission. Commencement de la détente.
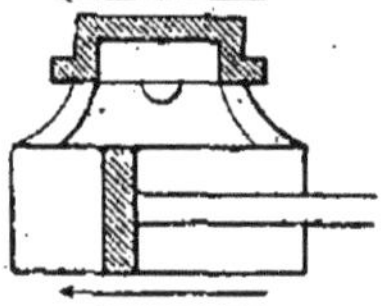 Le tiroir est au milieu de sa course.	Fin de l'échappement. Commencement de la compression.	Fin de la détente. Commencement de l'échappement.
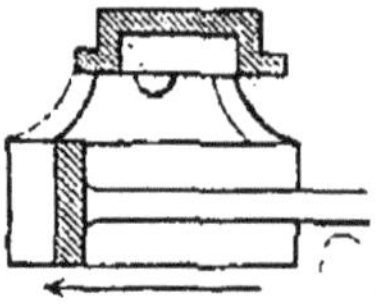 Le piston est à fond de course, à gauche.	Fin de la compression. Commencement de l'admission.	L'échappement continue.

CHAPITRE VII.

Nous venons de voir, dans le dernier chapitre, que l'introduction du recouvrement dans le tiroir en avait complètement modifié les fonctions : résumons en quelques mots les différences qui se sont accusées.

Avec un tiroir simple, appelé aussi tiroir *normal*, la vapeur admise *pendant toute la durée* de la course du piston s'échappait dès que celui-ci, arrivé à fond de course, revenait sur ses pas.

Avec un tiroir à recouvrements, introduite pendant une fraction seulement de la course, elle se détend ensuite pendant une autre, et commence à s'échapper avant que le piston ne soit arrivé à fond de course. Il se produit ce qu'on appelle *l'échappement anticipé*. L'échappement continue pendant la marche en arrière, jusqu'au moment où la vapeur restant encore dans le cylindre se trouve comprimée par le refoulement du piston, compression qui commence avant qu'il ait atteint son point de départ et se termine lorsqu'il y est revenu.

Les changements introduits sont donc :

Moindre admission de la vapeur ;

Détente de la vapeur admise ;

Échappement anticipé de cette vapeur ;

Compression d'une certaine fraction par le retour du piston.

Voyons maintenant si le mode de liaison par lequel nous avons réuni le tiroir normal à la manivelle motrice peut encore ici nous donner les diverses positions que nous avons dessinées dans les figures du chapitre précédent, et qui sont nécessaires pour que le travail de la vapeur se fasse dans de bonnes conditions.

Reprenons un tiroir normal placé dans sa position centrale (fig. 34), c'est celle qu'il doit avoir, si nous nous reportons à ce que nous avons dit plus haut, lorsque le piston est, par exemple, à fond de course à gauche, et nous savons en outre qu'à ce moment la grande manivelle motrice est horizontale, et que la petite qui conduit le tiroir est perpendiculaire et par conséquent verticale[1].

Ajoutons à ce tiroir un recouvrement a; nous savons dès lors qu'il faut, lorsque le piston est à fond de course à gauche, que le tiroir soit dans la position (2), c'est-à-dire qu'on l'ait tiré à partir de sa position centrale vers la droite de la quantité a, largeur de son recouvrement.

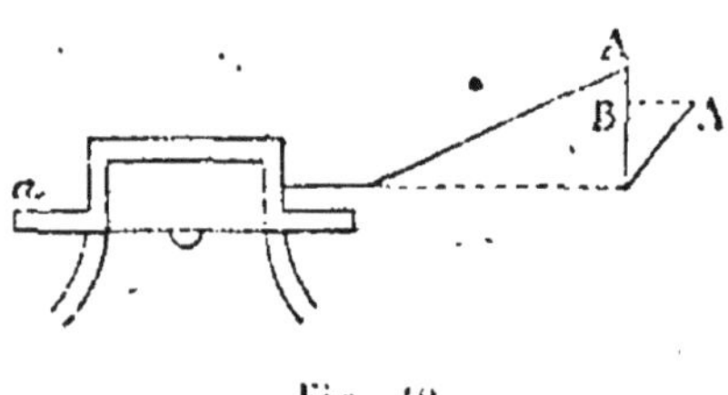

Fig. 48.

Si donc nous supposons toujours que la liaison ait lieu par une bielle et une petite manivelle, en ajoutant ce recouvrement au tiroir central, on devra, pour qu'au moment où le piston est à fond de course à gauche, il soit prêt à démasquer la lumière, tirer avec la main la petite manivelle, de façon que l'extrémité A qui, comme nous l'avons vu, se déplace de la même quantité que le tiroir, suivant l'horizontale, soit amenée vers la droite de la quantité BA', égale à la longueur du recouvrement. Elle ne doit donc plus être verticale, mais bien avoir la position OA' lorsque la grande manivelle est horizontale.

---

1. Pour bien comprendre cette leçon, avoir toujours sous les yeux le tableau du chapitre précédent.

Si donc on fait venir les deux pièces de forge ; au lieu
de les faire perpendiculaires l'une à
l'autre, on leur donnera un angle
égal à celui que la ligne OA' fait à
présent avec l'horizontale. Cet angle
s'appelle l'*angle de calage* du tiroir.

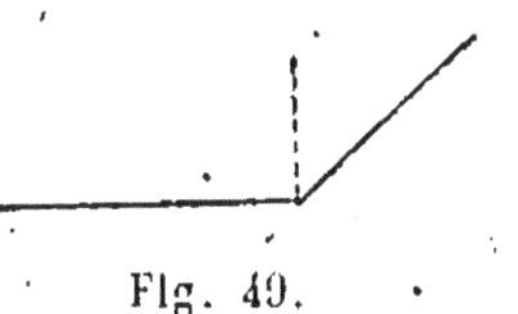

Fig. 49.

Il dépend évidemment de la longueur du recouvrement ; plus en effet A'B sera grand, plus OA' sera inclinée
par rapport à l'horizontale.

Examinons maintenant si cette seule modification dans
l'angle des deux manivelles
sera suffisante pour le bon
fonctionnement de la machine,
et reprenons le raisonnement
que nous avons déjà suivi dans
le chapitre précédent.

Les chiffres $A_1 A_2$, etc. (fig.
50), des extrémités de la petite
manivelle dans les diverses po-
sitions correspondent aux positions des tiroirs représentés par les figures 1, 2, etc., du tableau, et les chiffres
$B_1 B_2$, etc., aux positions simultanées de la grande.

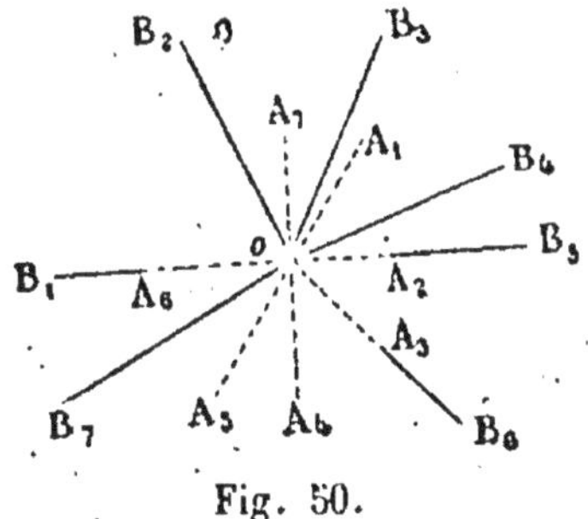

Fig. 50.

Le piston étant à fond de course à gauche, va marcher
vers la droite et la grande manivelle s'élever de gauche
à droite ; le tiroir devra être tiré dans le même sens,
pour démasquer les lumières ; or la petite manivelle tourne
avec l'autre et son extrémité entraîne le tiroir à droite.
Lorsqu'elle sera complètement couchée dans la position
A_2, celui-ci est alors à l'extrémité de sa course et doit
démasquer la lumière en grand : pour cela il suffit que la
longueur de la petite manivelle OA soit égale à la largeur
des lumières, augmentée de la longueur du recouvrement, puisque le tiroir a marché, depuis sa position centrale, de ces deux quantités[1]. La grande manivelle sera

1, Voir le tableau du chapitre précédent, en se souvenant que la

dans la position OB_2, telle que l'angle qu'elle forme avec OA_2, soit le même que celui donné par OA_1 et OB_1, puisque ces pièces, étant venues de forge, ne peuvent varier.

Le piston continuant à marcher vers la droite, le tiroir va revenir vers la gauche, et lorsqu'il aura pris la position qu'il avait au début de la course du piston, c'est-à-dire lorsqu'il sera revenu en arrière de la même quantité, l'extrémité A sera en A_3 et la manivelle en OA_3. On voit que le point A_3 est sur la même perpendiculaire que A_1, seulement au-dessous de l'horizontale, parce que la petite manivelle tourne toujours. La grande manivelle est en OB_3, et c'est à ce moment que commence la détente.

Le tiroir continue à revenir vers la gauche, et lorsqu'il a repris sa position centrale, la détente va finir; dans cette position, la petite manivelle est verticale en OA_4, puisque le tiroir est parvenu à la moitié de la course. La grande manivelle est en OB_4 et la détente a donc duré pendant tout le temps qu'elle a mis pour passer de la position OB_3 à la position OB_4.

Le mouvement du piston vers la droite se prolongeant, celui du tiroir vers la gauche continue de même, et l'échappement commence.

Lorsque le premier est arrivé à fond de course à droite, la grande manivelle est complètement couchée en OB_5, et la petite, faisant toujours le même angle avec elle, est en OA_5.

Le piston revient vers la gauche, le tiroir continue son mouvement dans le même sens, jusqu'à ce que la petite manivelle soit en OA_6; la grande est alors en OB_6.

Il est ramené maintenant à droite, tandis que le piston continue vers la gauche; lorsque la petite manivelle est redevenue verticale en OA_7, dans sa position centrale,

---

longueur de la manivelle doit être la moitié de la course du tiroir, qui maintenant s'est augmentée de la longueur du recouvrement.

l'échappement cesse et la compression commence. La grande manivelle est en OB_7. L'échappement a donc lieu depuis le moment où la grande manivelle était en OA_4, jusqu'à ce qu'elle soit en OA_7.

Enfin, la petite manivelle retrouve sa position primitive OA_1 lorsque le piston est revenu à fond de course à gauche et que, par conséquent, la grande manivelle est à nouveau horizontale.

Donc, nous pouvons établir que :

Pendant que la petite manivelle passe de la position OA_1 à la position OA_3, l'admission de la vapeur a lieu ;

Pendant qu'elle passe de OA_3 en OA_4, la vapeur se détend ;

De OA_4 à OA_7, l'échappement se fait ;

De OA_7 à OA_1, la compression a lieu.

Or, plus le recouvrement sera grand, plus, comme nous l'avons vu, OA sera inclinée sur l'horizontal, et comme OA_3 est symétrique avec OA_1, c'est-à-dire que A_3 se trouve sur la même perpendiculaire que A_1, si le recouvrement est plus grand, OA_1 se trouve en OA'_1 et OA_3 en OA'_3.

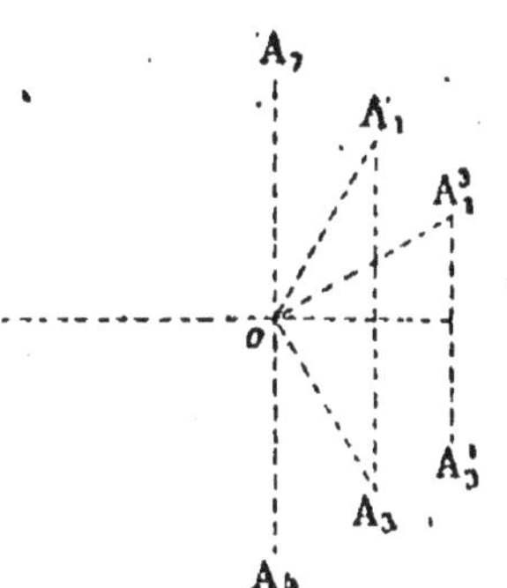

Fig. 51.

Donc la détente, qui commencera lorsque la petite manivelle est en OA_3, pour finir lorsqu'elle est verticale en OA_4, commencera maintenant lorsqu'elle est en OA'_3, pour finir toujours au même moment. Cette dernière aura donc un plus grand angle à décrire, et par conséquent la détente durera plus longtemps. Donc :

Plus le recouvrement du tiroir est grand, plus la détente est longue.

De même la compression commence lorsque la petite manivelle est verticale en OA_7, et finit lorsqu'elle est revenue à la première position OA_1.

Si donc le recouvrement est plus grand, la ligne OA, s'est inclinée et est maintenant en OA′$_1$; la petite manivelle, pour passer de OA$_7$ à OA′$_1$, a donc plus à tourner, et par conséquent la compression dure aussi plus longtemps. Donc :

Plus le recouvrement du tiroir est grand, plus la compression est longue.

Au contraire, on voit que l'admission de la vapeur commence lorsque la petite manivelle est en OA$_1$ et finit lorsqu'elle est parvenue en OA$_5$.

Si le recouvrement est plus grand, elle commence plus tard, lorsque la manivelle est en OA′$_1$, et finira plus tôt, lorsqu'elle est en OA″$_5$; elle durera donc moins longtemps. Donc :

Plus le recouvrement est grand, moins l'admission de la vapeur est longue.

Il s'agit, maintenant que nous avons déblayé le terrain, d'examiner dans quel cas il y a avantage pour nous à avoir de grands recouvrements ou à en avoir de petits, c'est-à-dire d'augmenter ou de diminuer la détente et la compression, en diminuant ou augmentant l'admission.

Nous avons expliqué dans le dernier chapitre à quoi servait la détente. Avant qu'on l'eût inventée, on était obligé, pendant toute la course du piston, de laisser arriver la vapeur dans le cylindre, et cette vapeur, qui n'avait rien perdu de sa pression, puisqu'elle avait pu se renouveler constamment (la communication avec la chaudière restant toujours ouverte), pour ne pas gêner le mouvement en arrière de ce même piston, devait s'échapper dans l'atmosphère à la pression qu'elle avait conservée. Donc, on en avait énormément dépensé, puisqu'il avait fallu remplir tout le cylindre, et en outre toute sa pression se trouvait perdue, puisque l'on était forcé de s'en débarrasser rapidement.

Avec la détente, les conditions ont changé. Cette vapeur n'est plus introduite, par exemple, que pendant les $\frac{6}{10}$ de la course du piston, et elle se détend pendant les autres $\frac{4}{10}$. Si elle a une tension de 5 atmosphères en arrivant, lorsqu'elle occupera tout le cylindre et qu'elle aura passé d'un volume de $\frac{6}{10}$ au volume total de $\frac{10}{10}$, sa pression sera les $\frac{6}{10}$ de 5 atmosphères, c'est-à-dire 3 atmosphères. Donc on n'a eu besoin, à la condition d'utiliser plus complètement sa pression, que des $\frac{6}{10}$ de la quantité primitivement employée. Le fonctionnement de la machine est par conséquent plus économique; mais sa puissance a évidemment diminué. Prenons en effet des chiffres pour fixer les idées.

Tout d'abord, la tension étant de 5 atmosphères, ou de 5 kilogrammes par centimètre carré; si on suppose la surface du piston de 300 centimètres carrés, elle exerçait un effort sur lui de 300×5, soit de 1500 kilogrammes. Son travail, c'est-à-dire le produit de son effort par le chemin que parcourt le piston, en admettant une course de $0^m,50$, était de $1500^k \times 0^m,50$, ou 750 kilogrammètres. Au contraire, imaginons qu'on l'ait seulement laissée pénétrer pendant les $\frac{6}{10}$ de la course du piston, c'est-à-dire $0^m,30$, son travail, comme elle est restée à 5 atmosphères, aura été de $1500 \times 0^m,30$, soit de 450 kilogrammètres. Au bout de ce temps, elle se détend et passe peu à peu de 5 atmosphères à 3; en moyenne[1] elle est à $3^{atm},8$; l'effort qu'elle exerce sur le piston est de $300 \times 3^k,8$, ou 1184 kilogrammes. Le travail pendant la détente, la longueur parcourue étant $0^m,20$, est de $1184 \times 0,20 = 236,8$ kilogrammètres. Le travail total est en

1. Si la pression tombait uniformément dans le cylindre, la pression moyenne entre 5 et 3 serait de 4. Mais il n'en est pas ainsi : au commencement de la détente elle baisse très rapidement pour diminuer insensiblement après. Comme nous ne pouvons aborder les calculs qui permettent de déterminer exactement le travail pendant cette période, pour en avoir une idée approchée nous appellerons *Pression moyenne de détente* celle qui, multipliée par la surface du piston et par le chemin parcouru, donne le travail calculé à l'aide des formules de mécanique.

conséquence devenu $236,8 + 686,8 = 550$ kilogrammètres au lieu de 750, chiffre que nous avons trouvé tout à l'heure.

Supposons maintenant, pour ne plus conserver aucune obscurité dans la question, qu'on augmente le recouvrement, et par conséquent la détente, en même temps qu'on diminue l'admission, qui n'a plus lieu que pendant les $\frac{4}{10}$ de la course, tandis que la détente a lieu pendant les autres $\frac{6}{10}$ [1]. La vapeur occupe en commençant $\frac{4}{10}$, elle occupe $\frac{10}{10}$ à la fin. Donc sa pression devient les $\frac{4}{10}$ de la pression initiale, soit de 2 atmosphères.

Pendant donc les 4 premiers dixièmes, cette pression étant de 5 kilogrammes, l'effort sur le piston sera toujours de 1500 kilogrammes et le travail sera de $1500^k \times 0,20 = 300$ kilogrammètres.

Pendant la détente, la pression descend de 2 à 5, la pression moyenne est, en calculant comme l'indique la note de la page précédente, de 3 atmosphères; l'effort sera donc de $3^k \times 300$, soit 900 kilogrammes. Le chemin parcouru est les $\frac{6}{10}$ de la course, soit $0^m,30$. Le travail est de $900 \times 0^m,30$, ou 270 kilogrammètres. Le travail total n'est par conséquent plus ici que de 570 kilogrammètres.

Ce calcul montre clairement que plus on augmente la détente d'une machine, plus on la fait marcher économiquement, mais plus en même temps on diminue le travail qu'elle peut fournir. Résultat capital et qui sera la base de toutes nos études à l'avenir.

De la détente dépendent donc et l'économie et la puissance de la machine.

Voyons maintenant le rôle de la compression.

---

1. On appelle degré de détente le rapport des volumes occupés par la vapeur au commencement et à la fin de la détente. Ici, par exemple, le degré de détente est : dans le premier cas, $\frac{6}{10}$, dans le second, $\frac{4}{10}$.

On dit qu'une détente est de 1/4, 1/3, etc., lorsqu'on coupe la vapeur au 1/4, au 1/3 de la course du piston. Le degré de détente est alors de 1/4, 1/3, etc.

Le piston revenant en arrière sans trouver de résistance, puisque la vapeur qu'il chasse peut librement s'échapper dans l'atmosphère, est tout à coup obligé de refouler celle qui est brusquement emprisonnée ; il faut donc qu'il dépense une partie de la force motrice à la comprimer.

Supposons que cette compression commence lorsque le piston est à 0^m,10 du fond du cylindre, et qu'elle se termine à fond de course, c'est-à-dire lorsqu'il est à 0^m,02 (nous verrons dans le prochain chapitre pourquoi on laisse cet espace libre). Le volume de la vapeur aura donc diminué de 10 à 2, c'est-à-dire sera 5 fois plus petit ; sa pression sera 5 fois plus grande, et comme elle était d'une atmosphère au commencement, lorsque la communication avec l'air libre venait de se fermer, elle sera maintenant de 5, c'est-à-dire que le petit volume de vapeur est exactement à la pression de la chaudière.

On peut donc déjà remarquer que si la compression a nécessité une certaine force de la part du piston, force qui a été perdue pour nous sur l'arbre de la manivelle, lorsqu'elle se termine, elle produit une économie de vapeur, car lors de l'ouverture des lumières et de l'arrivée de la vapeur, celle-ci n'a pas à remplir la portion du cylindre que la fraction refoulée occupe déjà.

Nous verrons dans le prochain chapitre, en parlant de l'avance à l'admission, l'importance que ce petit fait peut avoir, mais il en ressort clairement pour nous en tout cas :

Que la compression fait perdre de la force, mais non dépenser inutilement de la vapeur.

Or l'inspection des figures du tableau inséré au chapitre précédent nous montre que la compression dure, *comme la détente*, tant que les lumières sont fermées par le passage du recouvrement et du jambage du tiroir. Donc, plus le recouvrement est grand, plus la détente et la compression augmentent, et par conséquent, à une grande détente correspond toujours une grande compression.

Nous venons d'indiquer ici le grand inconvénient du tiroir à recouvrement : c'est que si l'on diminue volontairement la puissance de la machine en augmentant la détente, on la diminue en même temps involontairement par un accroissement de la compression.

C'est pour arriver à annuler cette solidarité des deux phases que les distributions à double tiroir de Meyer et de Farcot, dont nous parlerons dans un des chapitres suivants, ont été imaginées.

Remarquons cependant que l'influence mauvaise de ce refoulement de la vapeur est moins réelle qu'on ne se l'imagine. En effet, pour y remédier, on n'a, en calculant la puissance de la machine, avant de la construire, qu'à tenir compte de la perte de force qu'il cause, et ajouter l'équivalent à la force jugée primitivement nécessaire.

Comme cette compression n'entraîne pas une plus grande dépense de vapeur, la machine marchera aussi économiquement et l'on aura sur l'arbre de la manivelle la force même que l'on désirait.

Ce moyen a été prôné comme excellent.

Certains ingénieurs frappés des avantages que la compression avait pour l'avance à l'admission (nous verrons plus loin pourquoi) ont déclaré qu'au lieu de craindre une grande compression, il fallait la désirer : mais à la condition seulement d'avoir des cylindres très longs : car avec des cylindres trop courts, la vapeur se trouve comprimée quelquefois au 1/7ᵉ ou 1/8ᵉ de son volume primitif[1]; sa pression devient de sept à huit atmosphères, et il arrive alors, lorsqu'on ouvre l'orifice de la lumière, que c'est elle qui se précipite dans la chaudière dont la pression n'est que de cinq : très grave inconvénient qui peut presque occasionner un accident.

1. Il faut en effet, pour que la compression ne soit pas trop forte, que le volume occupé par la vapeur au moment où le tiroir va ouvrir la communication avec la chaudière soit suffisamment grand, et par conséquent qu'il y ait assez d'espace entre le piston et le fond du cylindre.

CHAPITRE VIII.

Étude de la machine à vapeur. (*Suite.*)
Durée des différentes phases.— Avance à l'admission.
Diagramme. — Questions accessoires.

Nous avons à dessein divisé en trois chapitres l'étude
de la machine à vapeur, de façon à montrer progressivement le fonctionnement délicat de ce merveilleux outil.
Par le premier de ces chapitres, nous avons eu une idée
sommaire du travail; le second nous a permis de nous
rendre compte des diverses phases essentielles et de leurs
influences réciproques; le troisième va grouper les quelques questions accessoires qui se rattachent à cette étude,
et dont l'explication eût rendu plus confus les points principaux qu'il fallait tout d'abord établir.

1° *Inégalité de durée des diverses périodes de travail.*
— Reprenons la figure 51, et marquons les différentes
positions de la manivelle du tiroir pour le commencement et la fin de chacune des périodes du travail, en
supposant un angle de calage égal à l'angle MOX'.

L'admission durera depuis la position OM, jusqu'à la
position OM_1.

La détente de OM_1, à OY'.

L'échappement de OY' à OY.

La compression de OY à OM.

Or, le mouvement de la machine et par conséquent de
la petite manivelle est uniforme, c'est-à-dire parcourt des
angles égaux en des temps égaux. Mais nous avons établi
que le mouvement de son extrémité M était le même que

le mouvement du tiroir et qu'en conséquence, par exemple, lorsque la manivelle décrit l'angle MOM_1, le tiroir marche à droite de mX^1 et revient de la même quantité à gauche. La simple inspection de la figure montre que pour un même angle le chemin décrit par l'extrémité M, selon l'horizontale, sera d'autant plus grand que la manivelle sera plus près de sa position verticale. Pour aller de M en X, le point M ne fera en effet que le chemin mX, et si l'on suppose que la ligne OM partage également l'angle YOX, c'est-à-dire que la mani-

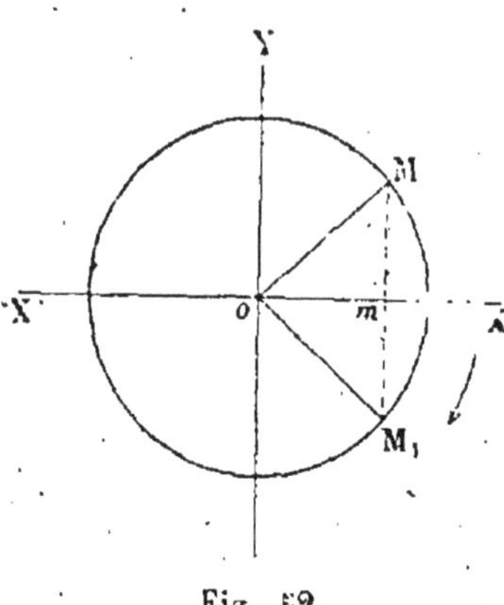

Fig. 52.

velle ait autant de temps à mettre pour aller de OY en OM que de OM en OX on voit que, pendant la première période, l'extrémité M parcourra horizontalement le chemin mO beaucoup plus grand.

En résumé, si le mouvement circulaire de la manivelle est uniforme, le mouvement horizontal de son extrémité, ou, ce qui revient au même, du tiroir ne l'est pas. Pour un angle égal décrit, il parcourt beaucoup plus de chemin et a par conséquent une vitesse bien plus grande à mesure que la manivelle se rapproche de ses positions verticales et une vitesse bien moindre à mesure qu'elle se rapproche de ses positions horizontales.

Or celle-ci atteint les positions verticales au commencement et à la fin de l'échappement. Au contraire elle se rapproche d'une de ses positions horizontales au commencement de l'admission et de la détente.

On peut donc dire, en prenant pour point de comparaison la vitesse moyenne du tiroir, que les lumières se démasquent et se masquent lentement à la vapeur, mais

1. Le point X représente le point de la circonférence sur le diamètre horizontal XX' (la lettre sur la figure est trop éloignée).

rapidement à l'échappement, si l'on admet que la ligne OM (commencement de l'admission) et par conséquent OM_1 (commencement de la détente) soient plus rapprochés de la ligne horizontale que de la ligne verticale, ce qui arrive toujours dès qu'on veut avoir une détente sérieuse).

2° *Laminage de la vapeur*. — Lorsque le tiroir commence à démasquer une lumière, la vapeur, vu sa pression, tend à filer par l'orifice qu'on lui présente et à se précipiter dans le cylindre. Mais cet orifice est pendant un certain temps (jusqu'à ce que le tiroir ait suffisamment marché) relativement très étroit, et c'est un fait constant en mécanique, que si un gaz passe d'un tuyau dans un autre à section plus étroite, cet étranglement diminue la pression du gaz, et l'on dit que cette perte est due au laminage, c'est-à-dire à la diminution de section.

Dans le cas qui nous occupe, la vapeur s'étrangle pour passer de la chambre de vapeur dans le cylindre par les lumières, et il en résulte une chute de pression très notable, d'autant plus notable que la vitesse du tiroir à ce moment est moindre et par conséquent la durée du laminage plus grande.

Cet accident[1] est très difficile à supprimer. On a imaginé, croyant à son inconvénient, des tiroirs divers qui démasquent très vite la lumière, de façon à réduire le temps pendant lequel il avait lieu ; mais toutes ces inventions présentaient de nombreux désavantages et on a été obligé d'y renoncer.

3° *Avance à l'admission*. — Si le tiroir ne commençait

---

1. Les nouvelles théories regardent au contraire le laminage de la vapeur comme un avantage dans certains cas. Il surchauffe en effet le gaz, c'est-à-dire l'élève à une température bien supérieure à celle à laquelle il a été produit par l'ébullition, et c'est un résultat de l'expérience qu'au contact des parois froides du cylindre, la vapeur surchauffée cède bien moins facilement sa chaleur que la vapeur ordinaire. On trouve donc ainsi une économie très sensible qui compense et au delà, pour les cylindres sans chemise, la perte de pression due à l'étranglement des lumières.

à démasquer la lumière que lorsque le piston est à fond de course, il faudrait un certain temps à la vapeur pour pénétrer dans le cylindre et agir sur la face de ce piston, que la vitesse du volant entraînerait seule. La machine ralentirait donc à chaque extrémité sa marche, et serait très irrégulière.

Pour empêcher cet accident, on dispose le tiroir de façon que les lumières soient déjà un peu ouvertes, lorsque le piston arrive à fond de cylindre : c'est-à-dire que, par exemple, la vapeur pénètre sur la face de gauche avant la fin de la course rétrograde. La largeur dont la lumière est découverte, lorsque le sens de la marche du piston change, s'appelle l'*avance à l'admission.*

Pour créer une avance à l'admission, on n'a simplement, en reprenant notre première figure, qu'à tirer avec la main, vers la droite, la petite manivelle (déjà amenée de la position verticale à la position OA (fig. 53), et à lui faire prendre une position telle que le tiroir ait démasqué d'une certaine quantité[1] la lumière pp'.

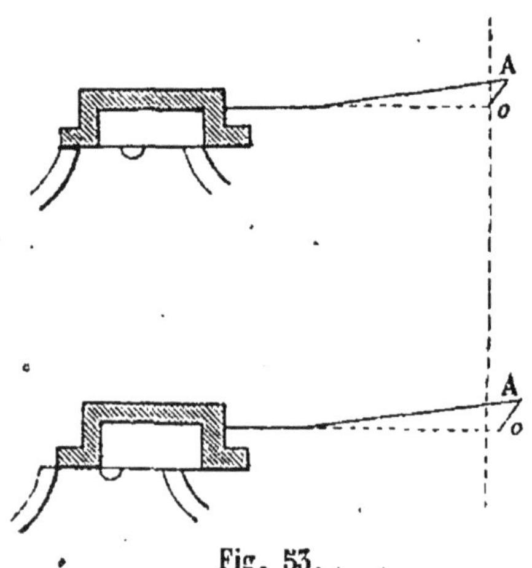

Fig. 53.

La position de la petite manivelle sera donc plus inclinée sur l'horizontale, et l'angle de calage sera augmenté par l'avance à l'admission.

Quelle est, sur le fonctionnement de la machine, l'influence de cette avance à l'admission?

Puisque le tiroir ouvre plus tôt ses lumières, il les fer-

1. La figure 53 présente une erreur de gravure. Le tiroir ne doit jamais en effet, à ce moment, démasquer complètement la lumière. On reconnaît facilement, en outre, que les deux points *o* doivent être sur le trait pointillé.

mera plus tôt : c'est-à-dire qu'au moment où commencera la détente le piston n'aura pas encore atteint la position qu'il avait tout à l'heure.

De même, si la détente a commencé plus tôt, elle finira aussi plus tôt, et l'avance à l'échappement sera par conséquent augmentée.

En résumé, toutes les périodes que nous avons décrites auront la même durée, mais seront avancées, et l'inconvénient suivant en résultera : le piston, lorsque la vapeur, au lieu de le pousser jusqu'au fond de sa course, s'échappait quelques instants avant, atteignait encore bien l'extrémité, en vertu de la vitesse acquise ; mais abandonné maintenant plus tôt par elle, il aura plus de difficulté à arriver, vu qu'en même temps, sur la face antérieure, l'avance à l'admission fera pénétrer une certaine quantité de vapeur à 5 atmosphères qu'il faudra refouler : donc moins de force et beaucoup plus de résistance à vaincre à la fin de chaque course, tels sont les résultats de l'avance à l'admission. On voit qu'ils tendent à diminuer sensiblement la puissance de la machine aux deux extrémités, que l'on a nommées à cause de cela : les *points morts.*

Les ingénieurs partisans de la compression trouvent en cette dernière un remède à ce grave inconvénient.

Si, en effet, le piston a refoulé une certaine quantité de vapeur, emprisonnée par le retour du tiroir sur les lumières, jusqu'à une pression de 5 atmosphères, par exemple, lorsqu'il est arrivé à fond de course ; qu'est-il besoin d'autre vapeur à ce moment ? elle-même, maintenant que, de l'autre côté, la communication avec l'atmosphère est ouverte et qu'aucune résistance ne peut s'exercer, va se détendre à son tour et le repousser ; elle donnera ainsi le temps au tiroir, sans avance à l'admission, d'ouvrir les lumières et de laisser pénétrer la vapeur peu à peu pendant la marche du piston.

Loin donc d'avoir besoin de tirer le tiroir à droite d'une.

certaine quantité, on peut même lui donner un léger retard à l'admission, c'est-à-dire diminuer un peu l'angle de calage, de façon que le bord du recouvrement ne soit pas encore tout à fait à l'affleurement du bord extérieur de la lumière lorsque le piston est à fond de course : la vapeur comprimée du cylindre se charge, jusqu'à ce que la lumière soit démasquée, de faire marcher la machine.

Ce raisonnement est absolument juste, à la condition toutefois, comme nous l'avons vu, d'avoir de grands cylindres, sans cela la compression est trop énergique, et ce n'est pas à 5, mais bien à 7 ou 8 atmosphères, que la vapeur se trouve amenée. Aussi s'en tient-on toujours aux cylindres courts avec une légère avance à l'admission.

4° *Recouvrement intérieur.* — Nous avons vu, dans le dernier chapitre, que l'angle de calage, et par conséquent la durée de l'admission, dépendent du recouvrement, et que, pour avoir une grande détente, on était obligé d'admettre peu de vapeur. Pour rendre l'admission et la détente indépendantes, on a imaginé d'adapter au tiroir un recouvrement intérieur (f. 54).

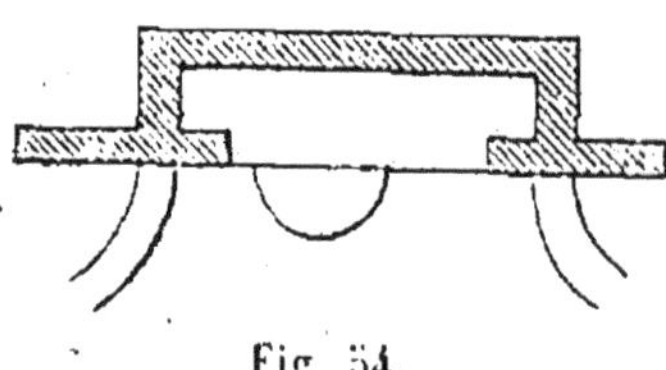

Fig. 54.

On voit de suite qu'en conservant le même angle de calage, l'admission se fait toujours au même moment, mais que la détente, au lieu de finir lorsque le tiroir est dans sa position normale et que, par conséquent, sa petite manivelle est verticale, se termine lorsque le bord de ce nouvel appendice est tangent au bord interne de la lumière de gauche, par exemple, c'est-à-dire plus tard, et que la manivelle est en OM$_2$. Elle a cependant commencé au même moment; et s'est prolongée, en diminuant, par conséquent, l'avance à l'échappement. Mais l'inconvénient de cet avantage, c'est

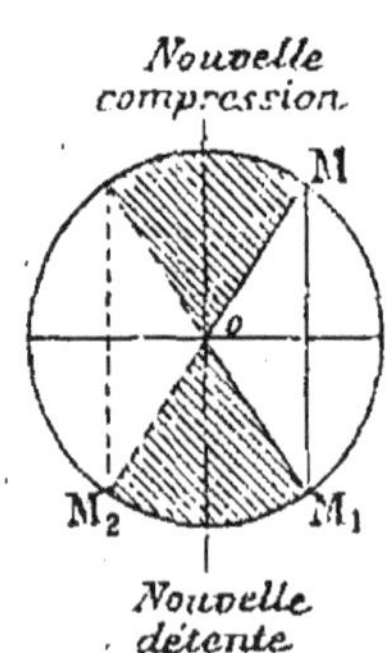

Fig. 55.

que la compression débute, elle aussi, plus tôt, lorsque le recouvrement intérieur, en revenant, est à nouveau tangent au bord interne, et dure toujours jusqu'à ce que l'admission ait à nouveau lieu. Elle est, elle aussi, prolongée.

Cette modification donne donc d'énormes compressions ; c'est ce qui l'a fait, en général, abandonner.

5° *Espace nuisible*. — Le piston ne peut arriver à fond de course jusqu'à toucher le plateau du cylindre, il obstruerait tout passage à la vapeur qui arrive par les lumières. On laisse en général une petite distance, $0^m,01$ ou $0^m,02$.

On nomme espace nuisible tout l'espace qui contient encore de la vapeur lorsque le piston est arrivé à fond de course, c'est-à-dire le jeu ménagé entre lui et le fond du cylindre pour la raison que nous venons d'expliquer, augmenté du volume de la lumière qui amène la vapeur du tiroir.

Cet espace a été ainsi nommé parce qu'il diminue le degré de détente qu'on a calculé pour la machine [1].

Pour réduire cet espace nuisible, on a cherché à redresser la longueur des lumières, et pour cela on a brisé

---

1. Il est facile, avec la moindre notion de mathématiques, de s'en rendre compte : soit V le volume de vapeur introduit, V' ce que devient cette vapeur après la détente, en supposant qu'il n'y ait pas d'espace nuisible. Le degré de détente sera alors le rapport $\dfrac{V}{V'}$. Mais si l'espace nuisible a lui-même une capacité v, on aura introduit $V + v$ de vapeur tout d'abord, et cette vapeur sera devenue $(V' + v)$ à la fin de la détente. Le degré de détente est donc $\dfrac{V + v}{V' + v}$. Nous disons que ce degré est plus grand que l'autre, ou, en somme, que la vapeur s'est moins détendue. En effet, en se rappelant que $V' > v$ et qu'en multipliant ou divisant les deux nombres par un troisième, puis en leur ajoutant une même quantité on ne change pas la valeur de l'inégalité, on a :

$$V' > V \quad \text{ou} \quad V'v > Vv \quad \text{ou} \quad V'v + VV' > Vv + VV'$$

$$V'(v + V) > V(v + V') \quad \text{ou} \quad \frac{V + v}{V' + v} > \frac{V}{V'}. \quad \text{C.Q.F.D.}$$

le tiroir en deux et on a reporté chaque fraction à une
extrémité de la boîte à vapeur, en créant, par conséquent,
deux échappements (fig. 56).

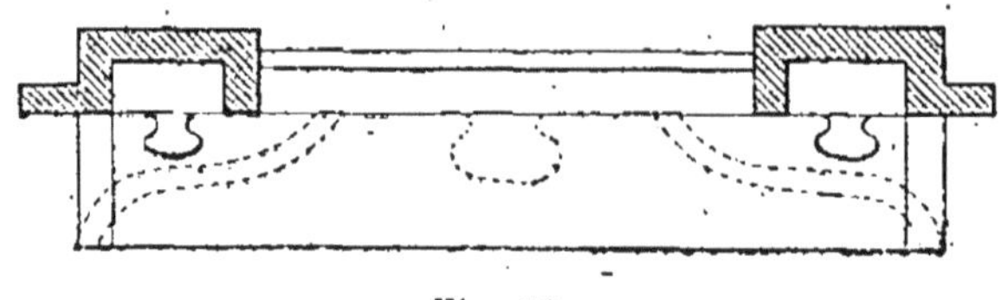

Fig. 56.

5° *Refroidissement par la détente.* — Lorsqu'après avoir
fait un trou dans le cylindre on y place un morceau de
verre, on voit, pendant toute la détente, le morceau se
couvrir de gouttelettes d'eau provenant de la condensation de la vapeur.

Ce refroidissement est dû à la cause suivante : à mesure
que le piston avance, il laisse derrière lui un espace qui
tout à l'heure était devant et se trouvait en communication avec l'atmosphère, dont il avait pris la température.
Le contact de la vapeur et de ces parois froides la condense, et il se dépose dans le cylindre une certaine
quantité d'eau qu'on est obligé d'expulser au moyen de
robinets purgeurs placés à l'extrémité[1]. On a cherché à
remédier à ce défaut qui, on le comprend, diminue sensiblement la détente du gaz, en entourant le cylindre
d'une chemise extérieure de vapeur. Cette vapeur, considérée comme perdue, se condensait lorsque la paroi
extérieure du cylindre devenait froide, et lui cédait sa
chaleur. On en distrayait ainsi une certaine quantité dont
la pression n'était pas utilisée, mais on recueillait de celle
employée dans le cylindre un bien meilleur travail.

En général, on protège du reste toute la paroi exté-

1. Une autre cause s'ajoute encore à celle-là ; la détente d'un gaz
nécessite en effet toujours une certaine quantité de chaleur qu'il
emprunte au milieu ambiant, d'où un refroidissement assez sensible
se manifeste. Mais nous ne pouvons nous étendre longuement sur
cette question délicate.

rieure du cylindre et on l'empêche de se refroidir, en l'entourant d'une enveloppe en bois ; mais le mode que nous venons d'indiquer est certainement le meilleur,

INDICATEUR DE WATT.

Il nous reste pour compléter ces notions à décrire un petit appareil à l'aide duquel on peut se rendre compte de la pression de la vapeur dans le cylindre pendant toute la course du piston et qui s'appelle du nom de son inventeur : Indicateur de Watt.

Soit un tube creux A (fig. 57) qui peut se fixer sur le cylindre de la machine, et qu'un robinet R met alors en communication avec l'intérieur. Dans ce tube est un petit piston portant un crayon D qui sort du tube par une fente longitudinale C. Ce piston est fixé en haut par un

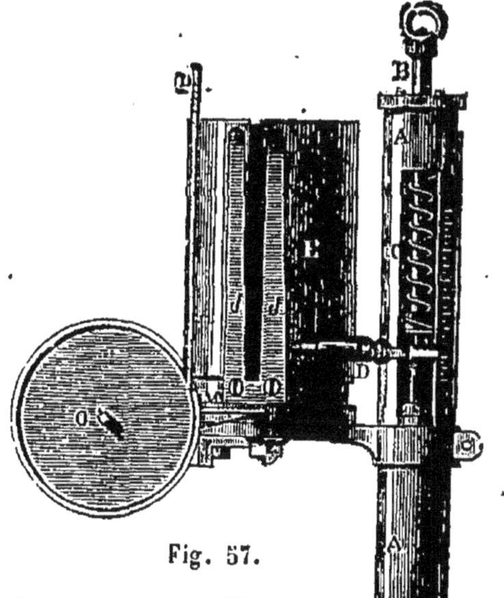

Fig. 57.

ressort à boudin que la fente permet d'apercevoir. On conçoit de suite que plus la pression dans le cylindre est forte, plus, lorsque la communication sera ouverte, le petit piston sera soulevé et le ressort comprimé. A mesure que, par suite de la détente elle baisse, le piston repoussé par le ressort descend, pour revenir au trait 1 lorsque l'inérieur du cylindre est en communication avec la pression atmosphérique, c'est-à-dire quand l'échappement se fait.

Si donc on dispose en regard du crayon un tambour en bois relié au mouvement de l'arbre de couche de telle sorte que lorsque le piston accomplit une course, le tambour fasse un tour complet, en comprimant un ressort en spirale intérieur, qui le ramène à sa position primitive lors de la course rétrograde du piston, et que sur ce tambour on place une feuille de papier, examinons ce qui va se passer.

Lorsqu'on ouvre la communication avec la chaudière, la vapeur est à 5 atmosphères, donc le petit piston D est soulevé à une certaine hauteur avec son crayon, et comme à ce même moment le tambour conduit par le piston se met en marche, pendant sa rotation le crayon appuie sa pointe sur lui et trace un trait. Tant que l'admission se fait, la vapeur reste à 5, le petit piston à la même hauteur, et le trait sur le tambour horizontal. Mais dès que la détente commence, la pression faiblit, le piston et le crayon descendent tandis que le tambour tourne toujours, la ligne tracée ne sera donc plus horizontale ; elle aura une inclinaison d'autant plus grande que la chute de pression sera plus rapide : au moment où l'échappement commence, la pression tombe brusquement à 1 atmosphère, le petit piston et le crayon descendent donc encore un peu s'ils ne sont pas arrivés au point correspondant. A ce moment la course du piston est terminée, et le tambour par l'action de son ressort en spirale revient en arrière. Le petit piston, tout le temps que dure l'échappement, reste fixe, et le crayon trace encore un trait horizontal. Mais lorsque la compression commence, il remonte peu à peu, et comme le tambour revient à son point de départ, si dans le cylindre la vapeur emprisonnée est comprimée à 5 atmosphères, la ligne montante vient se souder à la première fraction horizontale décrite en commençant par le crayon.

On enlève alors le papier placé sur le tambour, on le déroule et l'on obtient la figure 58, dans laquelle

la ligne AB correspond à l'admission,
— BD — à la détente,
— DF — à l'échappement,
— FA — à la compression,

et l'on voit que la pression à un moment quelconque est donnée par la hauteur du trait au-dessus d'une ligne GH tracée à l'avance et qui représente le zéro, la hauteur DH représentant la pression atmosphérique.

On peut se rendre compte ainsi, selon les longueurs

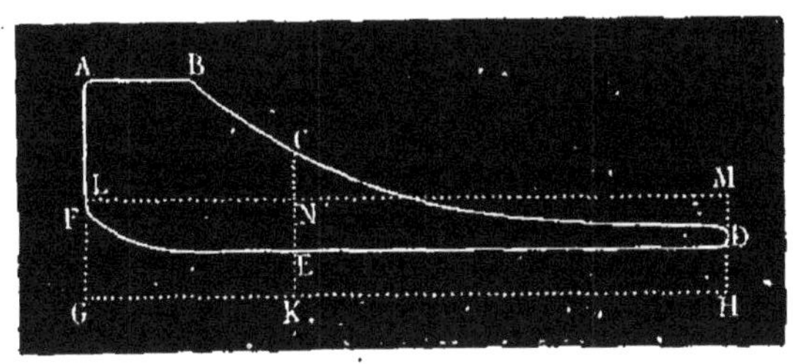

Fig. 58.

relatives de chacune des fractions de la ligne, du mode de travail de la vapeur dans le cylindre, et en comparant cette figure qu'on nomme *diagramme*, à celui d'une machine parfaite, on reconnaît les imperfections qu'il faut corriger pour augmenter la puissance de la machine que l'on a entre les mains.

CHAPITRE IX.

Organes de la machine à vapeur.

CONDENSEUR.

Après avoir décrit aussi complètement que possible le travail de la vapeur dans le cylindre, il nous faut passer en revue les organes essentiels de la machine, avant d'aborder l'étude des différents types employés dans l'industrie.

Nous avons jusqu'ici admis que la vapeur qui s'échappait après avoir poussé le piston, se rendait dans l'atmosphère, et nous avons reconnu qu'elle devait avoir une pression un peu plus élevée que la pression atmosphérique pour pouvoir passer du cylindre à l'air libre. Or, si nous supposons qu'une machine soit installée dans une chambre où l'on ait fait le vide, la vapeur à la fin de son travail n'aura plus besoin d'avoir une tension aussi forte, et la moindre suffira pour la chasser hors du cylindre, puisqu'elle ne rencontre aucune résistance de la part du milieu. On peut dire en résumé que pour que l'échappement ait lieu, il suffit que sa pression soit légèrement supérieure à celle du gaz dans lequel on la rejette.

C'est sur ce principe qu'est fondé le *condenseur*.

Soit une bâche à eau A (fig. 59), remplie jusqu'à un certain niveau ; au-dessus de cette bâche vient déboucher le tuyau d'échappement B de la vapeur qui se confond

avant son arrivée avec un tuyau correspondant à un corps
de pompe C. L'eau élevée par le corps de pompe, se mê-
lant à la vapeur qui arrive de la chaudière, la condense
en presque totalité, dès son entrée dans la bâche; et
comme nous savons que la vapeur condensée occupe un
volume 1700 fois plus petit que celui qu'elle avait primitivement, le vide se fait partiellement et la pression de l'atmosphère du condenseur diminue. Elle est
donc toujours sensiblement au-dessous de la pression
atmosphérique, le moteur, pour s'y rendre du cylindre, n'a plus maintenant qu'à vaincre une partie de la

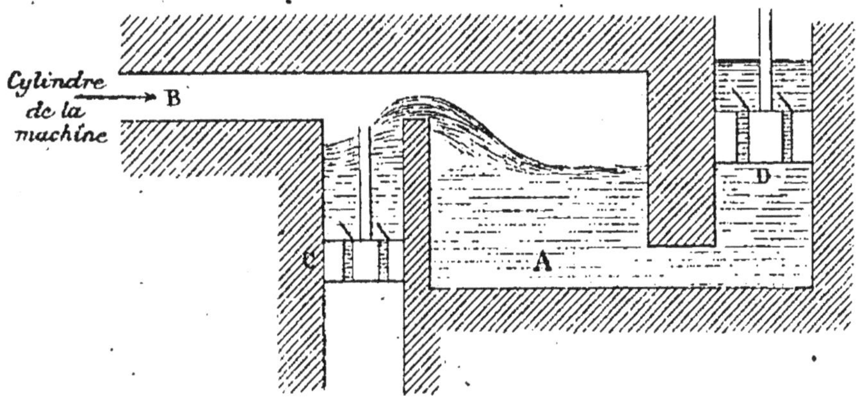

Fig. 59.

résistance que l'air atmosphérique lui opposait; on peut
donc diminuer sa pression à la sortie et au lieu d'être
obligé de l'admettre sous le piston à 5 atmosphères, pour
qu'avec une détente de $1/5^e$ il soit au moment de l'é-
chappement encore à 1 atmosphère, on n'aura besoin
d'élever sa pression qu'à 1 kilogramme, par exemple, et
de l'envoyer dans le condenseur à $0^k,2$, si la pression du
condenseur n'est elle-même que de $0^k,1$.

On voit de suite l'avantage que présente cet organe
très important. Il a fait classer les machines en deux
catégories : les machines à haute et à basse pression.

Dans les machines à haute pression, on n'installe pas

de condenseur (nous allons voir plus loin l'économie qui en résulte) et on introduit la vapeur à une pression telle, qu'une fois détendue dans le cylindre, elle ait encore une pression plus élevée que celle de l'atmosphère.

Dans celles à basse pression, on fait le vide aussi parfait que possible dans la chambre au moyen d'une bonne condensation, et on introduit la vapeur dans le cylindre à une faible pression. Lorsqu'elle s'échappe, après s'être détendue de la même façon que l'autre, sa pression est encore supérieure à celle du condenseur.

Les machines à haute pression sont toujours plus puissantes que celles à basse pression[1], mais ces dernières sont plus économiques dans certains cas.

Remarquons en effet que dans l'appareil il faut une certaine quantité d'eau nouvelle, car si on laissait séjourner toujours la même, elle s'échaufferait rapidement, et n'aurait bientôt plus une température suffisamment basse pour opérer la condensation. C'est donc une dépense assez considérable d'eau que nécessite le fonctionnement du condenseur. On a calculé qu'il en fallait en moyenne 30 kilogrammes pour condenser 1 kilogramme de vapeur et l'amener à la température ordinaire d'un condenseur qui est de 35°. — La pression dans l'appareil est alors à peu près de $0^k,1$.

Or une machine marchant à une détente de 3/10 (c'est-à-dire qu'on coupe la vapeur aux 3/10 de la course du piston) et ayant un cylindre de $0^m,50$ de diamètre sur 1^m10 de long faisant 60 tours à la minute, à une pression de 5 atmosphères, livre au condenseur par minute 30 kilogrammes de vapeur.

Les pompes doivent donc fournir 900 litres d'eau dans le même temps.

On voit que selon la position de la machine (à proxi-

---

1. Dans la marine, on construit des machines excessivement fortes (900 chevaux), et pour atteindre facilement une telle puissance, on les fait à haute pression et à condensation.

mité ou non d'une alimentation d'eau), il sera plus ou moins avantageux d'établir un condenseur. C'est un simple examen de la facilité avec laquelle on peut se procurer cette eau, et de son abondance, qui déterminera le choix du mécanicien. Remarquons en terminant que cette eau qui doit toujours être renouvelée, est enlevée au fur et à mesure par une pompe D, appelée pompe à air, qui en envoie une partie aux chaudières pour les alimenter. Elle est donc déjà chauffée à 35°, lorsqu'elle y arrive, et on économise ainsi tout le charbon qui serait nécessaire pour l'amener à cette température.

Si l'eau à injecter dans le condenseur était prise à un niveau relativement peu inférieur à celui-ci, on n'aurait pas besoin de la pompe alimentaire, et le vide l'aspirerait seul au moyen d'un tuyau plongeant dans le puits. En admettant un vide de $0^k,2$ dans le condenseur, on reconnaît que la différence avec la pression atmosphérique équivaut à une colonne d'eau d'une hauteur égale à $\frac{8}{10}$ de $10^m,50$ (voir le chapitre II), soit à peu près 8 mètres, et comme il faut tenir compte des fuites, du frottement, etc., l'on ne pourrait, sans pompe alimentaire, élever l'eau jusqu'au condenseur que si son niveau au puits n'était que de 5 mètres en contre-bas.

Le type de condenseur que nous venons de décrire est le type par injection. Dans les machines marines, on en a utilisé un autre : *le Condenseur par surfaces*, bien moins bon que le précédent, mais qui seul, dans ce cas-là, doit être employé.

L'eau de mer, en effet, ne peut alimenter les chaudières, elle contient d'énormes quantités de sel qui par l'ébullition se déposeraient sur la tôle de la chaudière et formeraient rapidement une croûte épaisse de tartre. Or le navire ne peut se surchager en emportant la masse d'eau nécessaire pour son approvisionnement pendant la traversée, il faut donc que ce soit toujours la même que l'on emploie, et sans cependant la condenser par injection d'eau de mer.

Pour cela on emploie un appareil spécial dans lequel la vapeur circule à travers un nombre infini de tuyaux

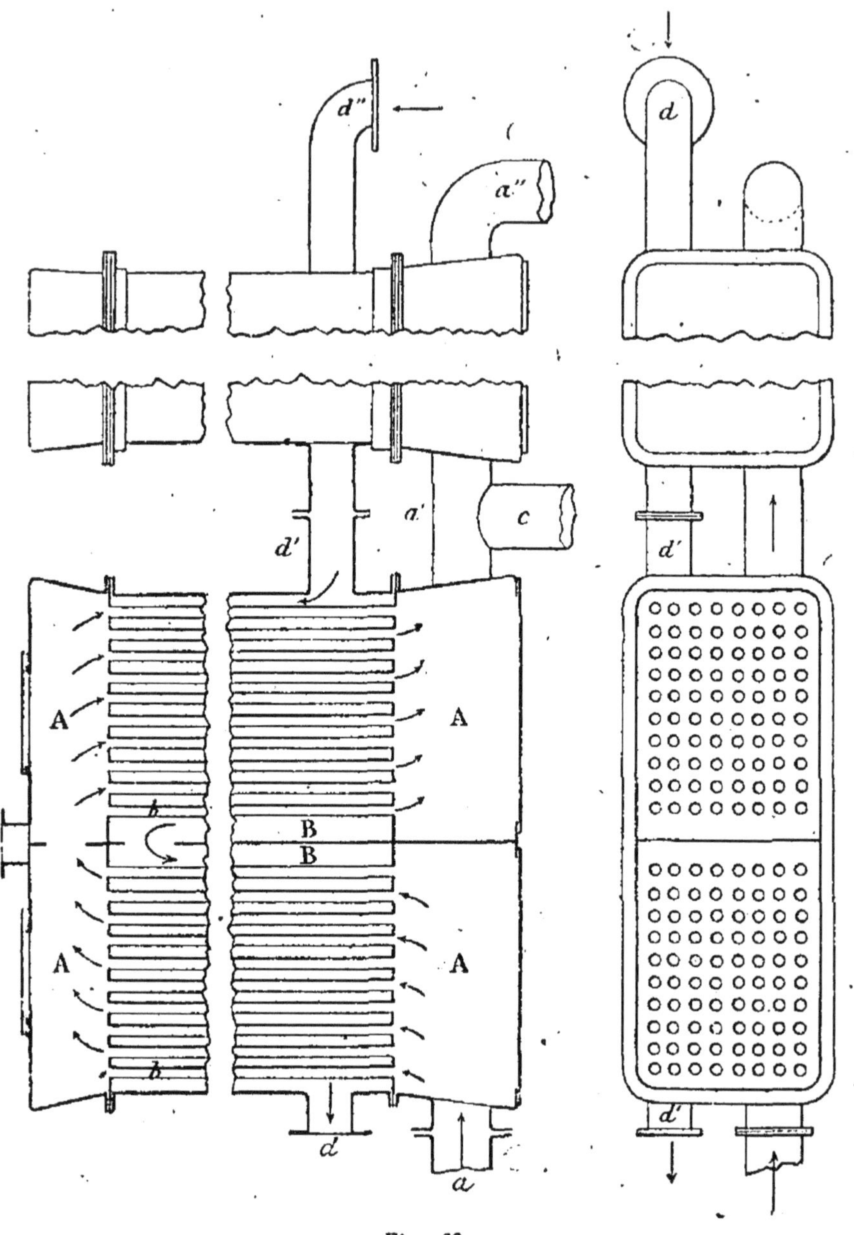

Fig. 60.

que l'eau salée enveloppe extérieurement. C'est, en somme, par analogie à ce que nous avons dit des chaudières, un condenseur tubulé. La figure 60 en fera comprendre aisément le système. Par un tuyau a, la vapeur arrive du cylindre dans le condenseur et circule dans les tubes $b\,b$ qui remplissent la chambre A et que baigne l'eau de mer. En partie liquéfiée, elle passe par le tuyau a' de la première caisse dans une seconde qui est représentée à moitié coupée dans la figure et qui est semblable à la précédente. Après cette seconde condensation, elle arrive par le tuyau a'' à la pompe à air qui la refoule dans la chaudière. L'eau de mer injectée par une autre pompe arrive par le tuyau d'' dans la seconde caisse, dont elle entoure extérieurement les tubes, passe ensuite par le tuyau d' dans la première et s'écoule par d. Sa marche est, on le voit, en sens contraire de celle de la vapeur.

RÉGULATEUR.

Si nous considérons le travail d'une machine à vapeur, donnant la force motrice à tout un atelier de construction, pendant une journée, par exemple : comme il arrivera à de fréquents moments qu'une machine-outil ou l'autre sera au repos, la force absorbée par cette machine restera alors sans emploi, et si plusieurs sont arrêtées à la fois, la fraction de force disponible deviendra assez importante. La machine ayant été calculée et marchant de façon à vaincre toutes les résistances, lorsqu'elles s'exercent ensemble, se trouvera donc momentanément allégée et sa vitesse, augmentera : on dit alors qu'elle s'emporte. Pour éviter cet inconvénient, on adapte un petit appareil nommé *Régulateur*.

Le régulateur, qu'on appelle aussi *Régulateur à force centrifuge*, se compose de deux boules pleines, situées aux extrémités d'un V renversé (fig. 61). Le sommet de ce V est supporté par un arbre vertical au moyen d'un manchon, qui lui permet de tourner autour. Aux milieux des branches du V sont articulées les extrémités d'un autre V, qui

est absolument semblable au premier, et pris de la même
façon par un manchon le long de l'arbre. Au second
manchon B est articulé un levier, dont l'extrémité com-

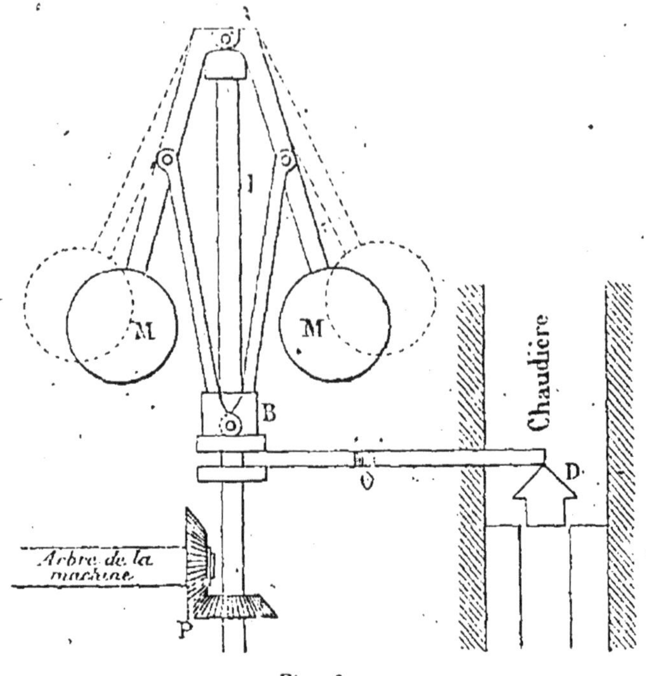

Fig. 61.

mande une soupape placée dans le conduit de vapeur qui
va de la chaudière au cylindre. Le levier peut tourner
autour de O de façon que baissant en B il soulève la soupape et réciproquement.

Voyons maintenant comment fonctionne l'appareil.

Lorsque l'on fait tourner une fronde autour de soi plus
le mouvement de rotation est rapide, plus la corde se tend,
et plus la pierre est sollicitée à s'écarter du centre :

Cette force bien connue en mécanique qui s'exerce sur
tous les corps animés d'un mouvement circulaire s'appelle
la force centrifuge. Or, ici l'arbre I tourne au moyen du
double engrenage P qui le réunit à l'arbre de la machine;
en tournant il entraine les boules dans son mouvement.
Ces boules sont donc soumises à l'action de la force centri-

fuge, qui cherche à les éloigner du centre : comme les bras du V supérieur peuvent osciller autour du point A, elles tendent à prendre la position marquée en pointillé. Dans cette position, elles ont écarté les branches du V inférieur, dont le manchon B peut glisser le long de l'arbre, et forcé ce manchon à monter, d'où à manœuvrer le levier BO, ce qui fait légèrement descendre la soupape sur son siège.

Si donc on dispose tout d'abord le régulateur de façon qu'avec une marche habituelle, qu'on se donne (30, 40, 50 tours de manivelle à la minute), les boules soient suffisamment écartées de l'arbre vertical, pour que le manchon B ait convenablement ouvert la soupape, on voit que si la machine commence à s'emporter, c'est-à-dire à faire plus de tours à la minute, le régulateur tournera plus vite ; les boules ayant un mouvement circulaire plus rapide seront sollicitées par une force centrifuge plus grande, elles feront prendre au V supérieur une position plus écartée, le manchon B de l'autre montera donc, et la soupape se refermera légèrement. Si la soupape se referme, il entre moins de vapeur dans le cylindre, et par conséquent la force de la machine diminue, elle reprendra donc peu à peu sa marche normale.

Au contraire que les résistances à vaincre soient plus fortes, la machine ralentit, le régulateur aussi, la force centrifuge qui tient les boules écartées diminue avec la vitesse, les boules se rapprochent de l'arbre, le V supérieur se ferme, ainsi que le second, ce qui fait descendre le manchon B, et par conséquent ouvrir un peu plus la soupape. La vapeur trouvant alors un plus grand passage, arrivera en plus grande quantité, et la puissance de la machine augmentera, elle reprendra donc sa marche normale.

On le voit, le régulateur a un nom bien appliqué puisqu'il régularise la marche et empêche les emportements comme les ralentissements, lorsque la force à vaincre diminue ou augmente.

VOLANT.

Nous venons de voir tout à l'heure qu'il y avait nécessairement dans le travail d'une machine des moments où sa vitesse pouvait diminuer ou augmenter ; et dans le chapitre précédent nous nous sommes préoccupés des *points morts*, c'est-à-dire des extrémités de course du piston auxquelles, pour des raisons qu'il serait trop long d'examiner encore ici, la vitesse du piston ralentissait sensiblement. Il y a donc en tout cas, même si la marche de la machine reste constamment normale, deux moments par tour complet de la manivelle où sa vitesse diminue. Pour atténuer autant que possible ce ralentissement, on installe sur l'arbre de couche un *volant.*

On sait que plus un corps a dé masse, plus il est difficile de le mettre en mouvement, mais plus il est difficile aussi de l'arrêter. Si donc une force lui communique une vitesse d'autant plus faible qu'il a une masse plus forte, d'un autre côté une résistance quelconque domine d'autant moins cette vitesse.

Or sur l'arbre de la machine, plaçons un énorme disque circulaire en fonte, évidé en son intérieur et présentant l'aspect général d'une roue avec sa jante et ses rayons. Pour donner à cette roue qu'on appelle volant un mouvement circulaire égal à celui de l'arbre de couche (30, 40 tours à la minute), il faudra une force supplémentaire dont on augmentera la puissance de la machine en la calculant.

Que maintenant aux points morts elle faiblisse, c'est-à-dire que les résistances soient trop grandes pour la puissance de l'appareil, ces résistances vont tendre à ralentir la marche, mais d'autant moins que le volant sera plus gros et qu'il lui sera plus facile, sans diminuer sensiblement dé vitesse, de faire franchir ces points morts. En résumé, ce volant est comme un réservoir de force ; tant que la

machine a sa puissance normale, il en emmagasine pour
la rendre dès que cette puissance tend à décroître. Il empêche donc, lui aussi, la machine de s'emporter. Qu'elle
trouve en effet, devant elle moins de résistance et qu'elle
tende par conséquent à accélérer son mouvement, il lui
faut entraîner plus vite cette grosse masse; qu'elle faiblisse au contraire, et pour vaincre les obstacles qui
s'opposent momentanément à sa marche, elle empruntera
au volant une fraction de la vitesse qu'elle lui a pour
ainsi dire confiée.

Plus donc la machine sera exposée à ces brusques
changements, plus le volant devra être lourd, et pour
que la marche ne soit pas rendue plus lente par cet
énorme poids à mettre en mouvement, on en tiendra
compte dans le calcul de la machine.

COLLIER D'EXCENTRIQUE.

Lorsque nous avons considéré la manière dont se
transmettait le mouvement du piston au tiroir, nous avons
admis que c'était au moyen d'une petite manivelle semblable à la grande et calée sur le même arbre. A vrai

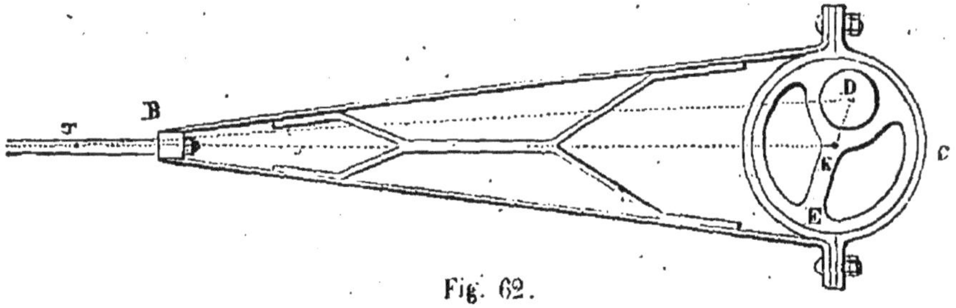

Fig. 62.

dire, la chose est très possible et se faisait couramment
autrefois.

Aujourd'hui, on préfère remplacer cette manivelle par
un *excentrique à collier*.

Supposons un disque plein dont le centre soit en K

(fig. 62), et faisons tourner ce disque autour d'un point D. Il prendra alors le nom d'*excentrique*, et on appellera *excentricité* la distance DK qui sépare le centre de l'excentrique du centre du mouvement.

Or, la *pratique* démontre que si, autour de ce disque, nous plaçons un collier dans lequel il puisse glisser, et que nous embrassions ce collier par deux barres appelées *barres d'excentriques*, le point où ces deux barres se rencontrent a le même mouvement, quand l'excentrique tourne autour de D, que s'il était mû par la manivelle DK et une bielle KB. Si donc on prend l'excentricité DK égale à la petite manivelle que nous avons tout d'abord considérée, le point B, extrémité de la tige du tiroir, aura le même mouvement que celui déterminé dans les leçons précédentes et on pourra supprimer la bielle et la manivelle qui le conduisaient.

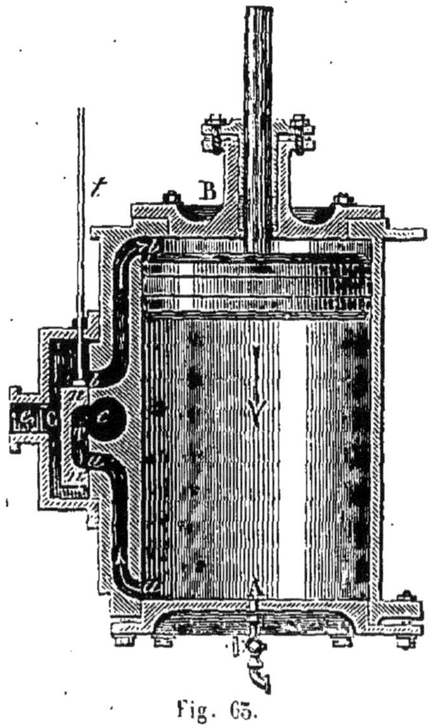

Fig. 63.

CYLINDRE A VAPEUR.

Il nous reste peu de chose à dire sur le cylindre à vapeur. C'est une pièce en fonte qui porte, venue avec elle, la table du tiroir T, les lumières *a* et *b* et l'échappement *c*. Aux deux extrémités sont deux couvercles en fonte A et B appliqués au moyen de boulons, et dont la jointure est rendue étanche par du minium. Le couvercle d'avant porte une amorce cylindrique pour laisser passer la tige du piston. Le diamètre intérieur de cette amorce est plus fort que celui de la tige, et l'on garnit l'interstice par de l'étoupe grasse qui diminue le frottement et empêche les surfaces de gripper. Cette étoupe est maintenue par un couvercle ou *presse-étoupe* se boulonnant sur l'amorce et pénétrant intérieurement, de façon à comprimer la garniture. La figure 63 indique du reste exactement les dispositions adoptées.

On remplace souvent l'étoupe, actuellement, par un mélange d'étain et d'antimoine appelé *mélange d'anti-friction*, meilleur comme lubrifiant, et qui dure plus long-temps.

TIROIR.

Sur la table ou glace du cylindre se meut le tiroir, dont la figure 64 indique la forme en perspective, et qu'un

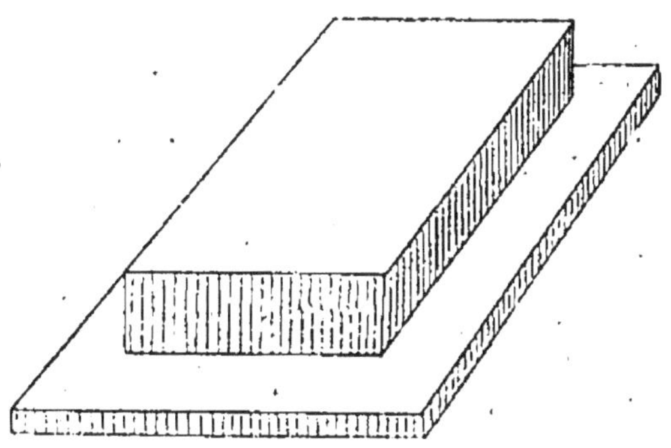

Fig. 64.

cadre en fer embrasse à la partie supérieure. Ce cadre porte vissée une tige, qui traverse la boîte à vapeur au moyen d'un autre presse-étoupe, et est reliée à l'excentrique de conduite du tiroir. Quelquefois, on adapte, au côté opposé du cadre, une autre tige qui pénètre dans une gaîne ajustée *ad hoc* sur le couvercle de la boîte à vapeur, et qui sert simplement de guide au mouvement du tiroir.

Le couvercle de la boîte à vapeur porte un orifice *e* où vient aboutir le tuyau d'arrivée de la vapeur. Quant à l'échappement, il se fait par un autre tuyau appliqué contre l'embouchure de la cavité *c*, pratiquée dans la fonte du cylindre.

PISTON.

Le piston est formé de deux disques en fonte MN et AB, de diamètre légèrement plus faible que le diamètre intérieur du cylindre (fig. 65). Ils sont reliés ensemble par

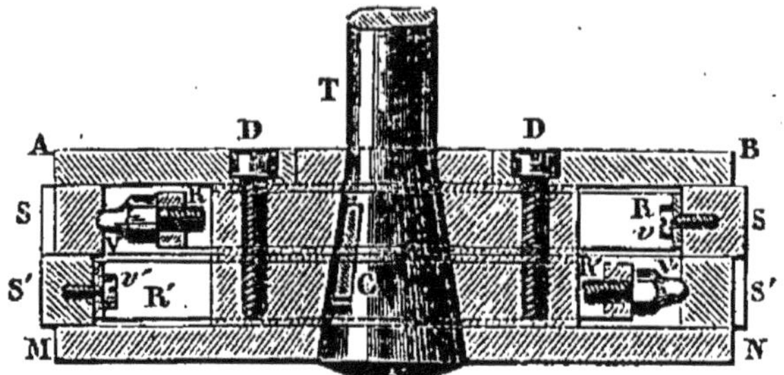

Fig. 65.

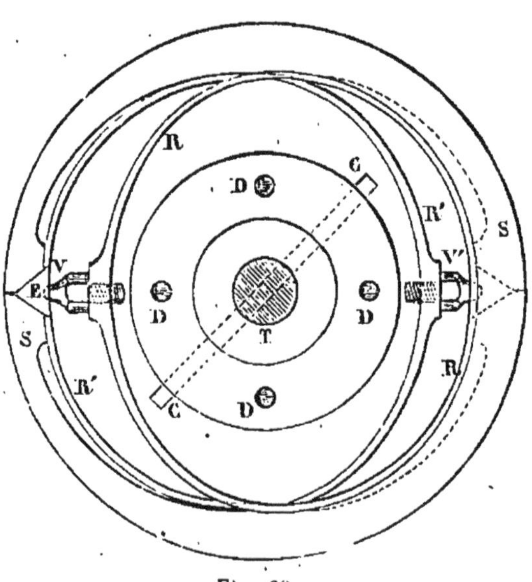

Fig. 66.

quatre boulons D, et entre eux se trouvent deux pièces en acier S et S', appelées segments, qui viennent s'appliquer exactement sur la surface interne du cylindre, de façon à établir un contact jointif. Pour cela, ces segments, qui sont circulaires, sont fendus à un endroit et taillés intérieurement en biseau. Deux coins E et E', qui sont poussés par des ressorts intérieurs R et R', appuient sur les extrémités des segments, et les chassent en dehors contre le cylindre. L'ensemble est traversé par la tige T, dont la tête conique s'insère dans le piston et est retenue au moyen d'une clavette.

Dans le piston suédois (fig. 67), le plus employé, les deux disques sont réunis et ne forment qu'une pièce, sur la sur-

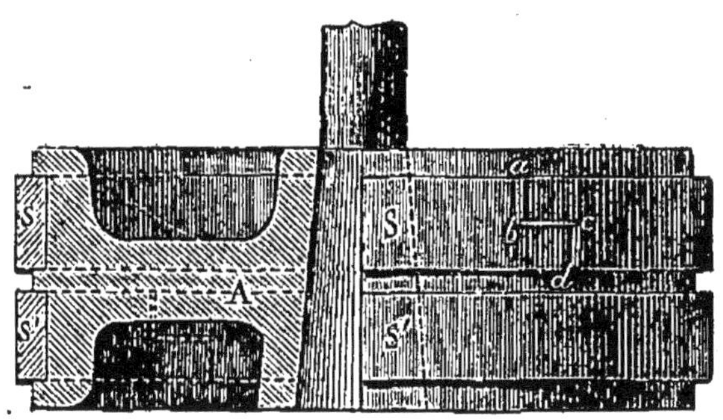

Fig. 67.

face latérale de laquelle on creuse deux rainures circulaires. Dans ces rainures se logent des segments en acier S et S', fendus en zigzag suivant la ligne *abcd*, et qui tendent à s'écarter et, par conséquent, à s'appuyer sur la paroi. On voit que ce système est beaucoup plus simple que le précédent; malheureusement, peu à peu les segments perdent leur élasticité, ne s'appliquent plus exactement, et le contact n'est plus jointif.

BIELLE, MANIVELLE ET GLISSIÈRES.

La bielle (fig. 68), qui joint la tige du piston à la manivelle, est en fer forgé ; elle est articulée à ses extrémités, de façon à pouvoir faire avec les deux autres pièces des angles variables.

L'articulation avec la tige présente cette particularité, qu'elle se fait en général par l'intermédiaire d'un bloc de fer B appelé glissière, dont les faces supérieure et inférieure forment rainures. On fixe la tige à un fourreau préparé exprès dans la glissière, et la bielle à un axe au centre de la pièce, puis on serre cette pièce entre deux flasques horizontales, EE, attachées, d'un côté au cylindre, de l'autre à un montant, et qui remplissent les rainures. La glissière ne peut donc prendre qu'un mouvement de va-et-vient rectiligne et ne peut s'écarter à droite ou à gauche, retenue qu'elle est par les joues des rainures.

La manivelle est fixée invariablement, au moyen d'une

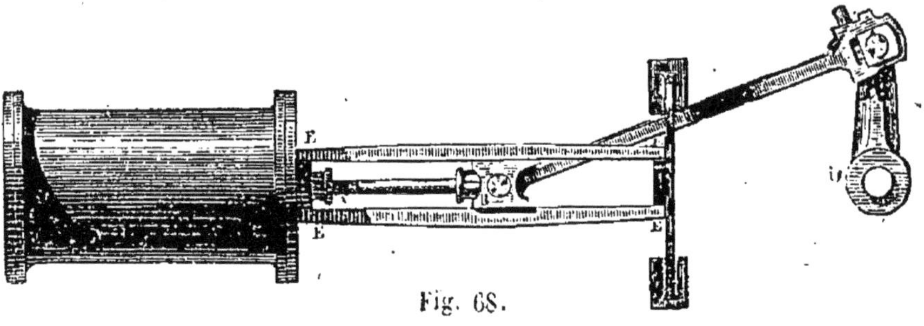

Fig. 68.

clavette, sur l'arbre moteur ou *arbre de couche* D, et porte à son autre extrémité un petit arbre cylindrique ou *bouton*, parallèle à D; c'est à ce bouton que vient s'articuler la bielle.

L'arbre de couche tourne dans des paliers formés d'une partie inférieure BB (fig. 69), appelée corps, boulonnée sur le bâti de la machine, et d'un chapeau C portant un godet graisseur et boulonné sur le corps. Entre ces deux pièces se trouve un coussinet en bronze, A, alésé avec le plus grand soin, et séparé par un trait de scie en deux parties. Le diamètre intérieur du coussinet est le même que celui de l'arbre de couche qui doit tourner dedans, et dont la force, à cet endroit, est toujours légèrement réduite. (On appelle *tourillon* cette partie de l'arbre de couche, de diamètre inférieur, qui repose sur les coussinets.)

Les coussinets ont pour mission d'empêcher toute dé-

viation de l'arbre dans son mouvement circulaire, d'assurer le graissage, et, par conséquent, de faire disparaître
les frottements. On en place, en général, un à chaque
extrémité; mais si l'arbre est trop long, on en dispose un
certain nombre dans l'intervalle, pour que la portée entre
ces supports ne soit jamais très grande.

Lorsque la manivelle est extérieure au dernier coussinet, on conçoit que son mouvement circulaire puisse
s'exécuter sans obstacle; mais on reconnaît de suite que
cette disposition est tout à fait défectueuse, car l'effort

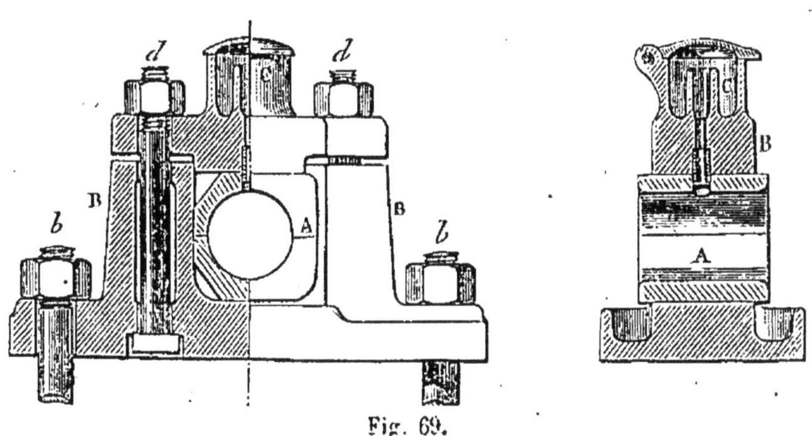

Fig. 69.

exercé sur l'arbre moteur, pour vaincre la résistance, se
fait en porte-à-faux. On cherche donc, en général, à mettre
la manivelle motrice juste au centre de l'arbre, entre
deux coussinets. Mais alors le système que nous avons indiqué doit être modifié, car si l'arbre s'étendait cylindri-
quement sur toute sa longueur, la bielle ne pourrait
passer, quand elle s'abaisse au-dessous de lui.

Pour comprendre le système adopté, imaginons qu'on
brise l'arbre de couche en son milieu, et qu'on rétablisse
le système primitif avec chacun des deux tronçons, en
supposant les deux nouveaux arbres indépendants, et la
bielle se reliant aux deux manivelles extérieures, l'une à
sa droite, l'autre à sa gauche.

Il suffira, pour cela (fig. 69), que le bouton de la pre-

mière manivelle se prolonge au delà de cette bielle et
devienne le bouton de la seconde.

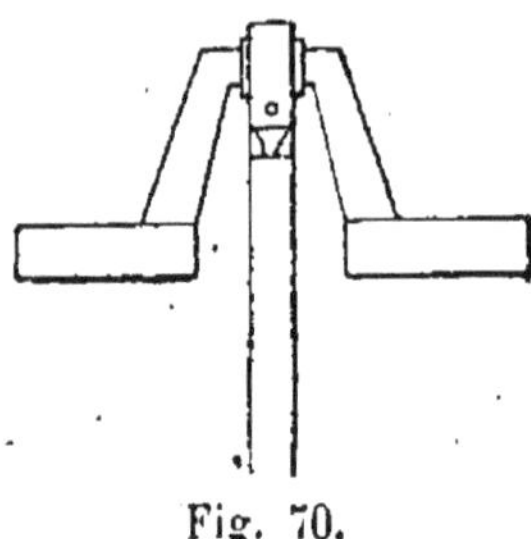

Fig. 70.

On aura ainsi un système complet de
deux arbres, entraînés par la même
bielle, au moyen de deux manivelles
extérieures, cas où le mouvement
ne rencontre pas d'obstacle. Qu'on
augmente maintenant le diamètre
du bouton de façon à lui donner
seulement un diamètre légèrement inférieur à celui de
l'arbre de couche ; qu'on fasse d'une seule pièce : ce dernier, les deux manivelles et le double bouton (la bielle
lui est alors attachée au moyen d'un système à chapeau
semblable à celui que nous venons d'indiquer pour les

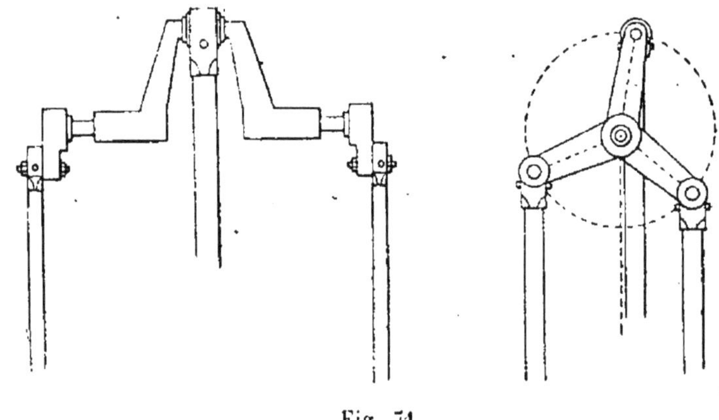

Fig. 71.

paliers); et l'on aura l'*arbre coudé* ou *vilebrequin*, employé actuellement dans toutes les machines (fig. 70).

Un arbre suffisamment long peut porter ainsi, d'une
seule pièce, plusieurs paires de manivelles et plusieurs
doubles boutons. Dans les machines marines à trois cylindres, l'arbre de couche porte un coude et deux manivelles extérieures, ces manivelles faisant entre elles des
angles égaux à deux tiers d'angle droit (fig. 71).

CHAPITRE X.

Détente variable. — Coulisses de Stephenson et de Gooch.

Nous nous sommes rendu compte, dans les chapitres précédents, que du degré de détente dépend la puissance de la machine; et que, si on veut pouvoir augmenter ou diminuer à volonté le travail de cette machine, il faut qu'il soit facile d'en faire varier la détente, c'est-à-dire de couper plus ou moins tôt l'admission de la vapeur dans le cylindre.

C'est ce qu'a pour but l'organe appelé *coulisse*, et inventé par le célèbre ingénieur anglais Stephenson.

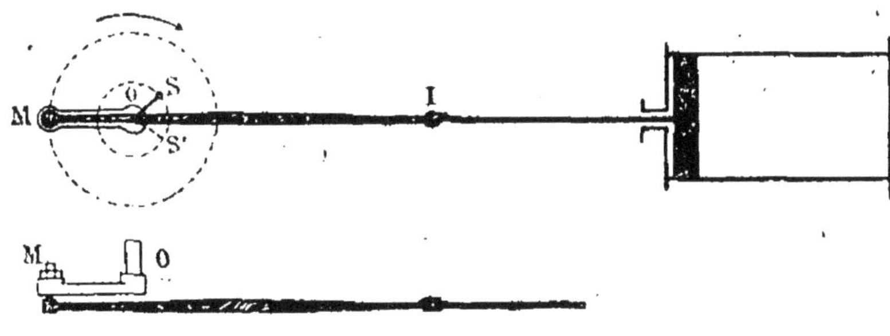

Fig. 72.

Reprenons, pour les explications qui vont suivre, l'hypothèse d'un tiroir à recouvrement, conduit, comme le piston, par une bielle et une petite manivelle, bien qu'en réalité ce soit toujours une excentrique à collier qui, ainsi que nous l'avons vu, tienne lieu de ce système.

Supposons une machine en marche, un piston à fond de course à gauche, ainsi que l'indique la figure 72, et la bielle IM recouvrant par conséquent la manivelle OM. Le tiroir doit avoir déjà légèrement démasqué la lumière de gauche (fig. 73), et la petite manivelle doit être en OS, l'angle SOM étant l'angle de calage. Si nous fixons en O une autre manivelle de même longueur que OS, mais disposée suivant OS', c'est-à-dire symétriquement par rapport à MO, et que, pendant la marche, nous détachions la

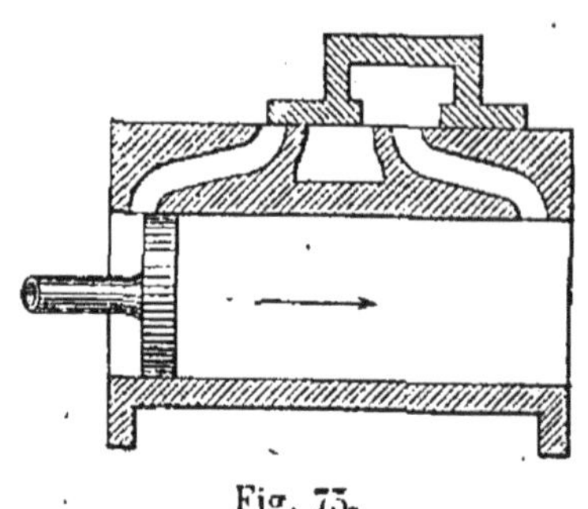

Fig. 73.

bielle du tiroir pour l'attacher au point S', le mouvement du tiroir sera brusquement interverti ; c'est-à-dire que, la grande manivelle continuant à tourner dans le sens de la flèche, celui-ci au lieu d'être poussé de gauche à droite par la manivelle OS, et de démasquer la lumière de gauche à la vapeur, sera tiré de droite à gauche par

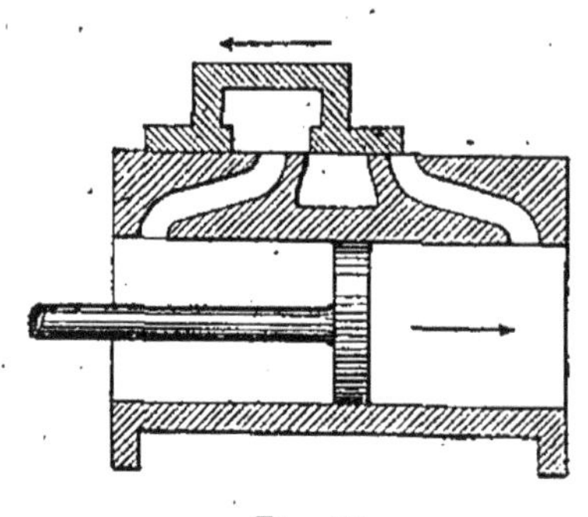

Fig. 74.

OS' et refermera cette lumière (fig. 73). Le piston, emporté par le volant de gauche à droite, puisque la grande manivelle tourne dans ce sens, ne recevant plus de vapeur sur sa face de gauche, et étant obligé, sur sa face de droite, de refouler toute celle qui arrive (fig. 74) (vu le mouvement de recul du tiroir et l'ou-

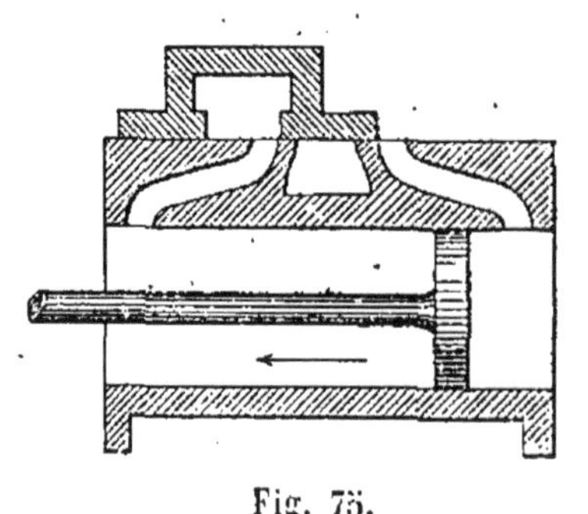

Fig. 75.

verture progressive de la lumière de droite à l'admission), sera bien vite arrêté (fig. 75). A partir de ce moment, la vapeur introduite sur la face de droite, et dont la pression a déterminé la fin du mouvement, repoussera le piston en arrière, et la grande manivelle tournera en sens inverse. La petite manivelle OS′ reviendra alors sur ses pas, le tiroir sera de nouveau rappelé à droite, et, tout étant alors rentré dans l'ordre accoutumé, les phases ordinaires se reproduiront. On se retrouve donc en présence du fonctionnement régulier que nous avons décrit dans les leçons précédentes; seulement, comme nous venons de le voir, le mouvement de la machine est renversé et la grande manivelle, au lieu de tourner de gauche à droite tourne de droite à gauche.

Il est donc bien établi que : faire passer l'extrémité de la bielle de la petite manivelle OS à la manivelle symétrique OS′, c'est changer simplement le sens de la marche de la machine : aussi la première s'appelle-t-elle manivelle de *marche avant*, la seconde, manivelle de *marche arrière*.

Considérons donc maintenant deux petites manivelles

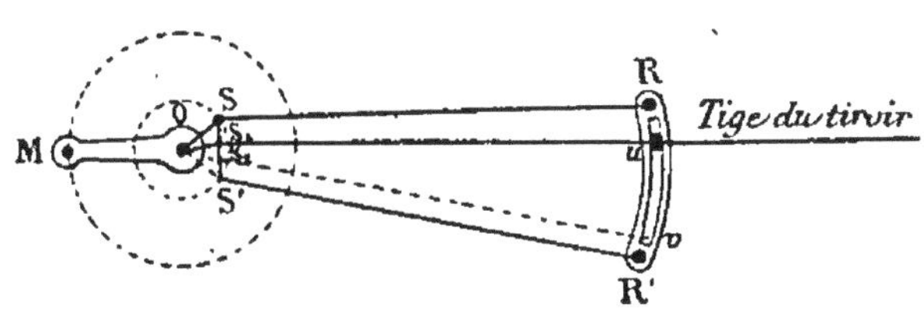

Fig. 76.

OS et OS′ calées sur l'arbre de couche, de telle sorte que leurs angles de calage soient les mêmes (fig. 76). Des deux extrémités S et S′ partent deux bielles semblables à celles qui relient les tiges de pistons. Ces deux bielles sont réunies entre elles à leur autre extrémité par une pièce en fer forgé, courbée et évidée en son milieu, comme l'indique la figure 77. Cette pièce courbée se nomme la coulisse, et, dans son évidement, se trouve pris le bouton de la tige du tiroir, que l'on nomme *coulisseau*.

7.

Lorsque le coulisseau est au fond de la coulisse, en R,
la tige prend le mouvement
de OS que lui transmet la
bielle SR, et l'on se trouve
par conséquent en présence
du système primitif : manivelle, bielle et tige ; de
même en R′, elle prend le
mouvement identique et de
sens inverse de OS′ que lui
transmet la bielle S′R′. Remarquons de suite que,

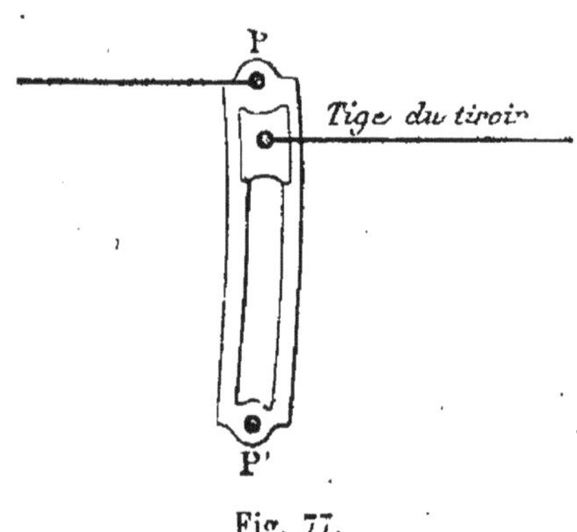

Fig. 77.

comme le tiroir a un mouvement rectiligne, et que, par
conséquent, l'extrémité de la tige ne peut se déplacer
dans la coulisse, c'est celle-ci qui, au moyen d'un système
que nous expliquerons plus loin, s'abaisse ou se relève.

La figure 78 montre en effet, une coulisse dans laquelle

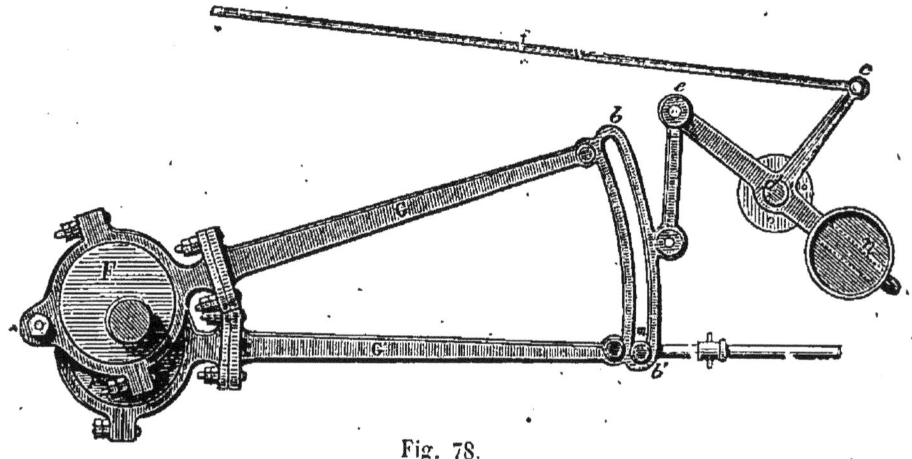

Fig. 78.

les excentriques à colliers et leurs barres ont remplacé les
manivelles et les bielles supposées pour la démonstration,
et où l'on voit d'une façon évidente que le mouvement
du tiroir donné par *l'excentrique de marche arrière* est
identiquement la même que si la coulisse n'existait pas.
On reconnait facilement en outre qu'au moyen d'un

système quelconque on n'a qu'à abaisser la coulisse pour que l'encoche *b* vienne embrasser le coulisseau, et que l'*excentrique de marche avant* donne au tiroir le même mouvement en avant que si la coulisse n'existait pas.

Ces explications, comme toutes celles qui résultent de positions diverses d'une ou plusieurs pièces ont toujours un premier aspect confus.

Pour les bien comprendre, il s'agit seulement :

1° De se représenter l'ensemble du système : manivelles, bielle, coulisse, coulisseau, tige du tiroir, tiroir et lumières ;

2° De prendre cet ensemble aux divers moments de la course du piston, comme nous l'avons fait dans les leçons précédentes, le coulisseau étant toujours à une extrémité de la coulisse ;

3° Dans chacune de ces positions de supposer qu'on renverse la marche du tiroir ; c'est-à-dire, qu'on le tire à gauche s'il était en train d'être poussé à droite, ou inversement, et de regarder ce qui se passe alors dans le cylindre sur les deux faces du piston, en déterminant de quel côté il y a échappement, de quel autre il y a admission ;

4° Enfin de tenir compte que le piston, ayant une certaine vitesse dans un sens, ne perd pas brusquement cette vitesse lorsqu'on renverse la marche du tiroir, et continue son mouvement, pendant un instant, comme s'il n'était rien arrivé, mais en ralentissant peu à peu jusqu'à ce qu'il soit arrêté et sollicité en sens inverse.

Cherchons maintenant quelle sera l'influence du système sur la course du coulisseau lorsque celui-ci, au lieu d'être à fond de coulisse, occupe une position intermédiaire entre ces deux positions extrêmes ; pour cela, reprenons la figure hypothétique des deux manivelles et des deux bielles, et supposons le bouton de la tige en U.

Si l'on décroche la bielle S'R' et qu'on tienne à la
main l'extrémité R' de

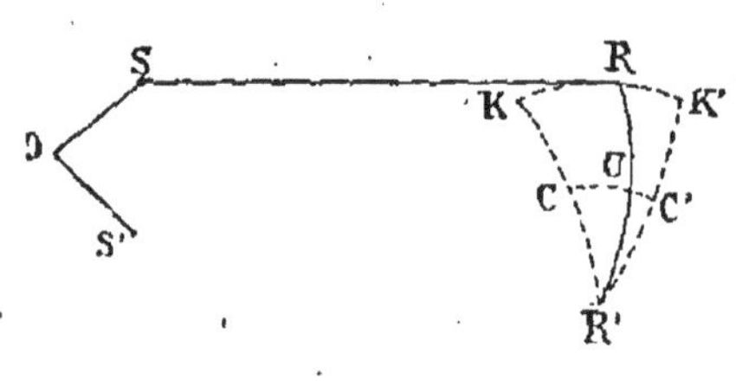

Fig. 79.

la coulisse, pendant que
la manivelle OS tourne
la coulisse décrit un
arc de cercle autour
de ce point, et l'extré-
mité R parcourt le même
chemin que le tiroir ordinairement, puisqu'elle est directement réunie à la manivelle par la bielle et que nous
avons vu le coulisseau manœuvrer au point R, comme s'il
n'y avait pas de coulisse.

Ce dernier qui est en U, c'est-à-dire beaucoup plus près
de l'extrémité fixe R', décrira nécessairement autour de
R' un arc de cercle plus petit, puisque sa distance au
centre est moindre. Au lieu donc d'avoir la même course
que l'extrémité, c'est-à-dire la courbe KK', il ne parcourra
que CC', et plus, il se rapprochera de R', plus son oscillation sera petite : si enfin il était au fond de la coulisse il
ne bougerait pas.

Que de même on remette la bielle S' R' en place,

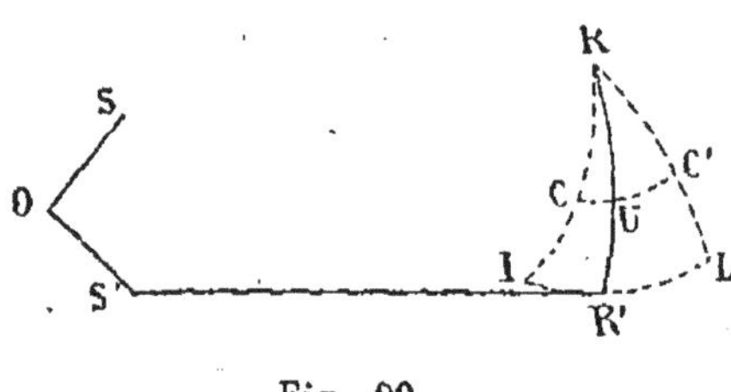

Fig. 80.

tout en décrochant la
bielle SR, puis, qu'on
fasse tourner la ma-
nivelle OS', en tenant
à la main l'extrémité
R, le point R' décrira
un arc de cercle, et,
selon sa position dans la coulisse, la course du coulisseau pendant un tour complet de la manivelle sera plus
ou moins grande.

Replaçons maintenant tout le système dans l'état primitif, et faisons tourner la grande manivelle. Entraînée
par la bielle SR, la coulisse tendra à tourner autour de
l'extrémité R' ; tirée par la bielle S'R', elle tend à tourner autour de R, et bien que les deux petites manivelles

OS et OS′ soient identiques, comme elles ne parcourent pas des arcs de cercles symétriques par rapport à l'horizontale, c'est à-dire que les déplacements de leurs extrémités suivant cette droite ne sont pas égaux (voir chapitre VIII), la bielle SR pousse à droite la coulisse d'une quantité légèrement plus faible que celle dont la bielle S′R′ la tire à gauche ; la coulisse s'inclinera donc en se rapprochant de l'arbre : mais les manivelles étant très petites, et par conséquent la course entière du tiroir aussi, cette différence sera à peine accentuée et nous pouvons admettre sans erreur trop grande que, les déplacements horizontaux étant égaux, les arcs de circonférence décrits par les extrémités R et R′ sont égaux, et que la coulisse oscille autour du centre A sans que celui-ci ait besoin d'être fixé.

Si donc le coulisseau se promène dans la coulisse, nous savons qu'en R il donne au tiroir la course du point R, c'est-à-dire l'arc KK′ ; à mesure qu'il se rapproche de A, comme la coulisse maintenant tourne autour de son centre, le cercle qu'il décrit a un rayon plus petit, et par conséquent le tiroir, au lieu de marcher de la quantité KK′, ne parcourt plus que, par exemple, un chemin CC′. Si enfin le coulisseau est au point A, comme ce point ne bouge pas, le tiroir reste en place. Au dessous de ce point et, à mesure que le coulisseau s'en éloigne, son oscillation augmente ; seulement comme c'est la petite manivelle OS′ qui commande cette partie de la coulisse, le mouvement du tiroir s'inverse, et, ainsi que nous l'avons vu, la machine renverse sa marche. Les courses du tiroir dans cette marche en arrière seront donc d'autant

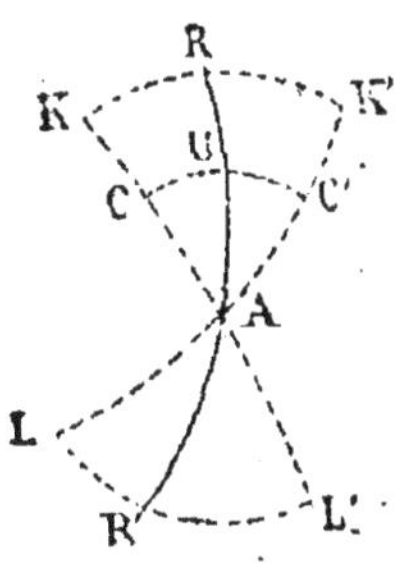

Fig. 81.

plus grandes que le coulisseau sera plus loin du centre, et en R′ le déplacement sera le même que s'il était en R, mais la marche aura changé de sens.

Cherchons maintenant, lorsque le coulisseau au lieu d'être à une des deux extrémités R ou R' est à un endroit quelconque de la coulisse, c'est-à-dire lorsqu'il n'a plus qu'un mouvement de va-et-vient réduit, ainsi que le tiroir qui lui est réuni par une tige rigide, quelle perturbation nous aurons apportée à la distribution de la vapeur.

Un théorème de mécanique, qu'il serait trop long de démontrer ici, énonce que, si l'on joint par une ligne droite les deux extrémités S et S' des petites manivelles OS et OS', lorsqu'elles sont dans la position de la figure 82 ; que l'on mène par le point quelconque, u, où se trouve

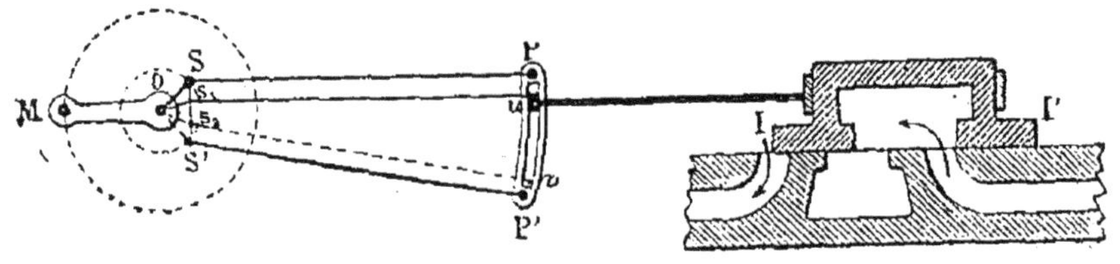

Fig. 82.

le coulisseau, une parallèle à la bielle la plus rapprochée, et qu'on joigne le point O au point S_1, rencontre de cette ligne et de SS', le mouvement du coulisseau pendant une double oscillation de la coulisse est le même que s'il était directement conduit par la manivelle OS_1, et la bielle $S_1 u$. — En nous reportant à ce que nous avons dit au commencement des chapitres VI et VII, nous pouvons conclure :

1° Que la course du tiroir est alors égale au double de la manivelle OS_1 ;

2° Que l'angle de calage augmente à mesure que le coulisseau descend de R au centre de la coulisse.

Il résulte de cette seconde observation que l'avance à l'admission, c'est-à-dire la quantité dont les lumières sont ouvertes au point mort, augmente quand le coulisseau se

déplace : inconvénient assez grand, d'après ce que nous
avons dit à la fin du chapitre vi.

Lorsque le coulisseau est en R (fig. 81), le tiroir oscille
à droite et à gauche de la double longueur de la manivelle OS, et, par conséquent, puisque tout a été calculé
pour cela, les bords I et I′ viennent alternativement démasquer complètement les lumières.

Mais que le coulisseau soit en U, sa course ne sera plus
que le double de la manivelle OS_1, plus petite que OS ; au
lieu donc de suivre l'arc KK′ il ne parcourra que l'arc CC′
dans le même temps ; et, comme le tout a été calculé pour
que, lorsqu'il aurait marché de RK, il eût complètement
démasqué la lumière de gauche, il n'ira donc plus maintenant jusqu'à son extrémité de droite. Lorsque la coulisse
sera aussi inclinée que possible, c'est-à-dire en K′L (la
petite manivelle OS_1 étant alors horizontale)[1], le tiroir
sera dans la position indiquée par la figure 83. Or
comme la coulisse revient alors
vers la gauche et tire par
conséquent le tiroir dans cette
direction, la lumière va se fermer de plus en plus.

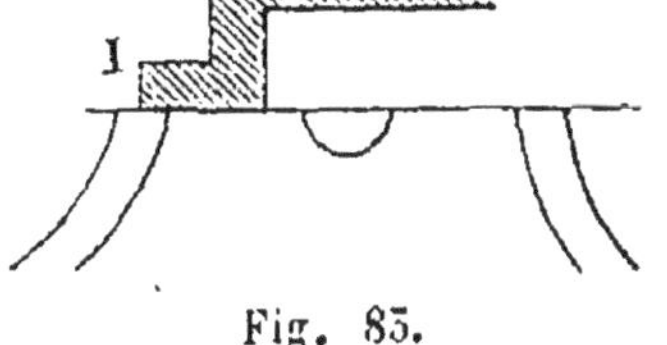

Fig. 83.

Donc : rapprocher le cou-
lisseau du centre A de la cou-
lisse, diminue la course du tiroir et réduit l'ouverture
maxima de la lumière.

En outre, le tiroir ayant une vitesse moindre mettra

---

1. A vrai dire, lorsque OS_1 est horizontal, OS ne l'est pas encore et
par conséquent il s'écoulera un instant pendant lequel cette première
manivelle revenant en arrière devrait tirer la coulisse à gauche, tandis
que OS la pousse à droite. Nous nous sommes rendu compte de ce
phénomène en commençant, lorsque nous avons montré que la coulisse n'oscille pas rigoureusement autour de son centre. — Mais,
comme le mouvement qu'elle prend est fort peu de chose, on peut le
négliger et admettre par conséquent que, lorsque le coulisseau est en
U, il arrive à fond de course exactement en même temps que l'extrémité P de la coulisse.

plus de temps pour passer sur la lumière, et comme la détente dure tant que le recouvrement et le jambage recouvrent cette lumière, elle se prolongera[1].

Donc : rapprocher le coulisseau du centre A de la coulisse augmente la détente de la machine, c'est-à-dire en diminue la puissance.

Si on amène le coulisseau en A, le tiroir ne bouge plus. Nous allons voir plus loin qu'à ce moment il faut absolument qu'il soit dans sa position normale ; la vapeur ne passera donc ni d'un côté ni de l'autre, et la machine s'arrêtera.

Ce point A est ce qu'on appelle le point mort de la coulisse.

Si l'on fait varier maintenant la position du coulisseau au-dessous de ce point A, le tiroir se déplace plus ou moins à partir de sa position normale, en intervertissant son mouvement.

Donc en résumé :

Lorsque le coulisseau prend toutes les positions possibles, dans la partie supérieure de la coulisse, depuis A jusqu'à R, il fait varier la détente, et la puissance de la machine augmente de zéro jusqu'à la puissance maxima pour laquelle elle a été calculée

Lorsque le coulisseau prend toutes les positions possibles, dans la partie inférieure de la coulisse, depuis A jusqu'à R', il renverse tout d'abord la marche de la machine, et règle cette marche renversée de la même manière que s'il occupait la position correspondante dans la partie de la coulisse au-dessus de A.

Il est facile de démontrer maintenant qu'au point A le tiroir est nécessairement dans sa position normale. Au point R, en effet, le coulisseau et, par conséquent, le ti-

---

1. On peut, en outre, voir facilement qu'elle commence plus tôt, puisque l'angle de calage de OS_1 étant plus grand que celui de OS, OS_1 atteint plus vite sa position symétrique au dessous de l'horizontale, position qui correspond au commencement de la détente.

roir, parcourt l'arc KK′, le milieu R de cet arc représente
donc la position normale du tiroir,
puisqu'on sait qu'elle occupe le milieu de la course. De même, le coulisseau étant à un point quelconque
U, l'arc CC′ représente la course du
tiroir ; le milieu de cet arc, donnera
donc la position normale dans cette
nouvelle course ; et, en général, le milieu de tous les arcs décrits par le
coulisseau, manœuvrant dans la coulisse, indiquera la position normale
du tiroir. Donc au point A, où l'arc se confond avec son

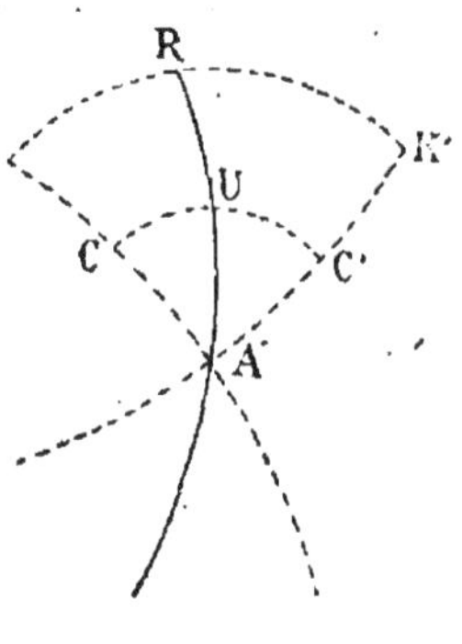

Fig. 84.

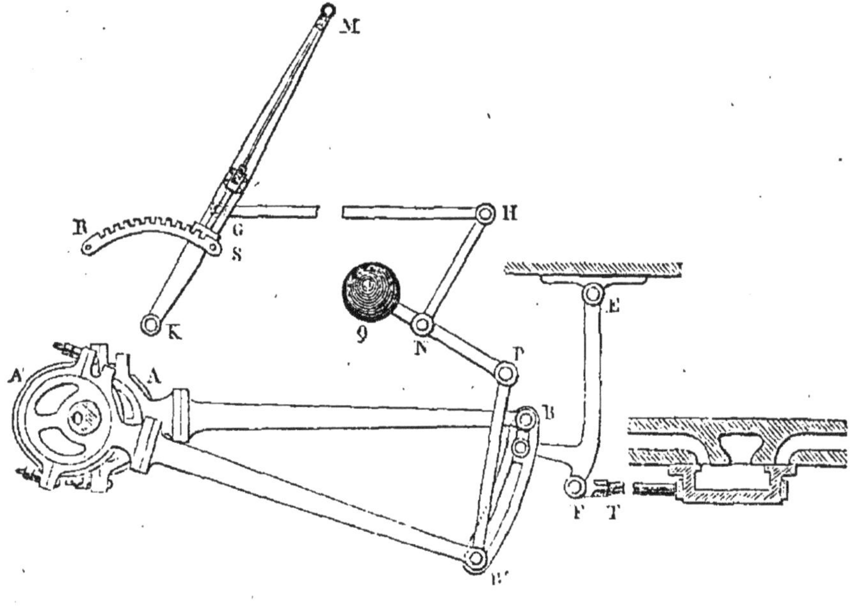

Fig. 85.

milieu, et où le coulisseau ne bouge pas, le tiroir a bien
cette position et couvre exactement les lumières.

Rendons-nous compte maintenant du mécanisme qui
permet de faire varier la position de ce coulisseau, ou
plutôt, comme nous l'avons vu, de la coulisse, puisque
celui-ci est nécessairement fixe.

Elle porte (fig. 86) en un de ses points un axe auquel est articulée une bielle B'P, la reliant à un levier brisé HNP. De ce levier la tête H est actionnée, au moyen d'une tige GH, par une barre KM tournant autour du point K.

Le mécanicien, en agissant sur cette manivelle, fait avancer ou reculer le point H, et, par conséquent, abaisse ou relève l'extrémité P, et la coulisse tout entière, qui décrit dans son mouvement un cercle autour de O. Le coulisseau peut donc prendre dans cette coulisse toutes les positions qu'il convient de lui donner, sans qu'il ait à bouger.

Pour assurer la manivelle KM et l'empêcher d'osciller d'elle-même, un arc de cercle SR, le long duquel manœuvre cette manivelle, porte des crans où vient se loger un doigt, fixé à KM, et qu'on ne déclanche qu'avec un certain effort. Malgré cela, ce genre de relevage présente de nombreux inconvénients, au point de vue de la sécurité du mécanicien, qui peut, s'il n'y prend garde, recevoir le levier en pleine poitrine, et qui est obligé d'exercer un très grand effort pour vaincre le frottement du tiroir que la pression appuie contre la face du cylindre.

Aussi préfère-t-on maintenant le changement de marche à vis (fig. 87), qui ne diffère du précédent qu'en ce que la tige GH aboutit à l'extrémité d'un second levier AB tournant autour du point O et dont l'autre extrémité porte un écrou A que traverse une vis V. — Le mécanicien, en agissant sur la poignée C, et en faisant tourner cette vis qui ne peut ni avancer ni reculer, comme le montre la figure, force l'écrou à se promener et, par conséquent, le levier AB à osciller, de la même manière que tout à l'heure, à la main, la manivelle KM[1] ; seulement la

---

1. Nous verrons, en effet, au chapitre xviii (transformations de mouvement), la description de ce phénomène en étudiant le système : Vis et écrou.

manœuvre est ici beaucoup moins dangereuse et pénible.

Tel est dans son principe la coulisse de Stephenson : elle est journellement employée, surtout dans les locomotives, dont il faut à tout instant accélérer, ralentir, arrêter ou renverser la marche.

On voit qu'au moyen d'une simple vis et sans beaucoup d'efforts le mécanicien arrive à ce résultat.

Dans la pratique, nous l'avons déjà dit, on remplace

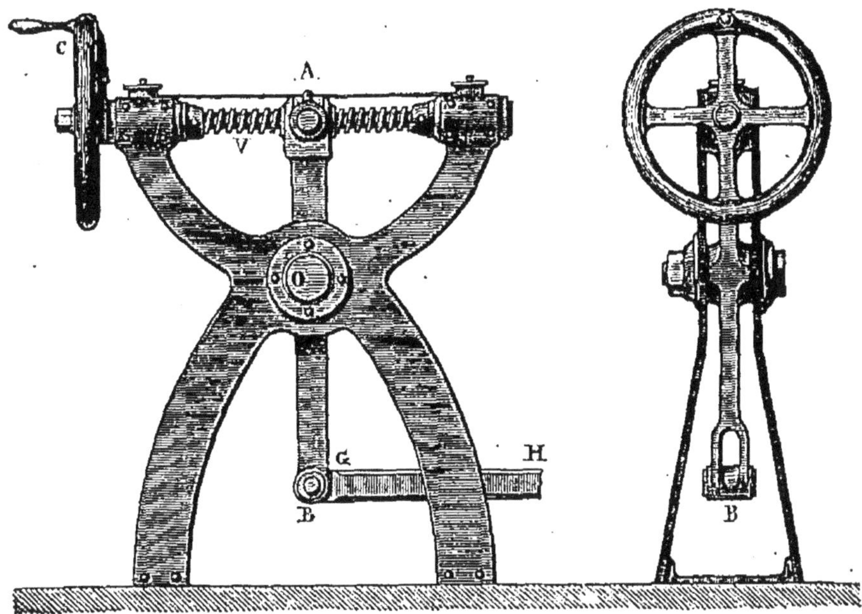

Fig. 86.

les petites manivelles OS et OS′ et leurs bielles par des excentriques circulaires à collier ayant pour excentricités les longueurs égales OS et OS′. Chaque excentrique prend identiquement la place du système bielle et manivelle ; on n'a donc qu'à disposer les centres M et M′, par rapport à la position horizontale de la grande manivelle, comme les points S et S′ de nos figures. On relie ensuite les barres d'excentrique aux extrémités correspondantes de la coulisse par des articulations semblables à celles des bielles ordinaires.

COULISSE DE GOOCH.

Une autre coulisse, assez semblable à la précédente, et aussi employée, est celle de Gooch.

Dans cette dernière, c'est le coulisseau qui est mobile. Seulement, comme il ne peut entraîner avec lui le tiroir, dont le mouvement est toujours guidé de la même façon, on articule la tige en un point p, et on retourne la coulisse de façon que sa courbure soit du côté de p. On

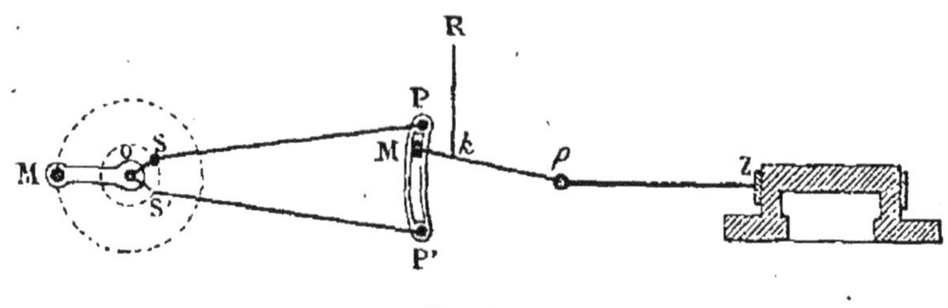

Fig. 87.

donne, en outre, comme rayon à la coulisse, la longueur de la bielle brisée Mp.

Avec ce système, la partie pM conduit le tiroir comme si la tige était toujours rectiligne et l'on change la position du point M dans la coulisse, en tirant simplement la bielle kR. Ce point M, en effet, peut décrire un cercle autour du point p et, comme la coulisse est aussi un cercle, ayant pour centre ce point, le coulisseau parcourra l'évidement sans que la tige pZ soit dérangée.

On arrivera donc au même résultat que tout à l'heure, mais en n'ayant qu'à manœuvrer une tige, au lieu du système entier des bielles et de la coulisse.

CHAPITRE XI.

Distributions à double tiroir.

Lorsque nous avons décrit en détail les fonctions de la vapeur dans la machine, nous avons insisté sur ce fait que la compression, lorsque le piston revenait sur ses pas, dépendait du degré de détente auquel cette vapeur avait été soumise pendant la première course (voir les chapitres vii et viii) ; ce qui veut dire, en somme, qu'avec un tiroir normal à recouvrement, plus la détente sera grande, plus la compression sera grande aussi.

Nous avons montré en passant, du reste, que beaucoup d'ingénieurs ne considéraient pas comme un inconvénient cette compression prolongée, et nous avons indiqué sommairement leurs raisons.

Mais, si pour une machine, dont le cran de détente est toujours le même, une grande compression peut être admise, parce que, lors de la construction de la machine, on prend ses précautions en conséquence, il n'en est plus de même dès que l'on commande cette détente au moyen de la coulisse de Stephenson et qu'on la fait varier à la volonté du mécanicien.

Que ce dernier, en effet, rapproche le coulisseau du point mort de la coulisse (voir le chapitre x), et qu'il augmente en conséquence la détente, la compression, augmentant progressivement en même temps, diminuera, au delà des prévisions, la puissance de la machine déjà si fort amoindrie [1] ; il en résulte qu'avec ce système non seulement le point mort, mais ses environs déterminent une telle compression que la machine ne peut vaincre aucune résistance : on ne peut donc jamais la mettre à ces crans de détente, et l'économie qu'ils pourraient en certains cas réaliser est complètement perdue.

Les distributions à double tiroir remédient à ce grave inconvénient, en rendant la compression de la vapeur indépendante de la détente.

DISTRIBUTION MEYER.

La figure 88, qui représente cette distribution, indique les différents organes qui la composent.

Une coulisse de Stephenson ordinaire, BD, actionne un

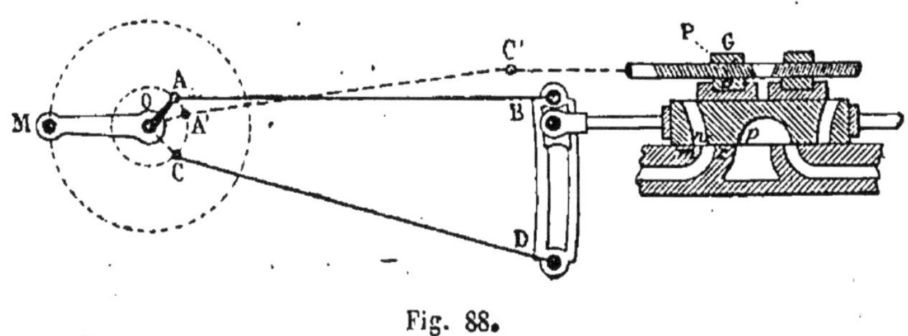

Fig. 88.

tiroir à recouvrement : seulement ce tiroir est percé de deux ouvertures, qui, lorsqu'il est arrivé à ses positions extrêmes, sont la continuation des lumières du cylindre. Sur lui peuvent glisser deux blocs pleins, traversés par une tige, filetée de droite à gauche dans l'un et de gauche à droite dans l'autre, de façon que si l'on tourne la vis à la main, à chaque tour complet les deux blocs, faisant office d'écrous, se rapprochent l'un de l'autre ou

---

1. Comme nous l'avons vu page 125, la compression, ainsi que la détente, n'augmente que parce que, la vitesse du tiroir diminuant lorsque le coulisseau se rapproche du centre, le recouvrement met plus longtemps à passer sur la lumière.

s'éloignent d'une quantité égale au double du pas (voir chap. xviii.)

Cette vis est réunie au moyen d'une bielle à une troisième manivelle OA′.

(Remarquons en passant que les manivelles dans la pratique sont encore remplacées par des excentriques à collier, mais, pour la simplicité de la démonstration, nous les supposons toujours, le résultat étant, comme on sait, le même.)

Dans la position actuelle, le piston est à fond de course à gauche, et va revenir vers la droite ; l'ouverture *m n* de la lumière de gauche, qui laisse passage à la vapeur, est donc ce que nous avons appelé l'*avance à l'admission*.

Le piston marchant vers la droite, et les manivelles tournant dans le sens de la flèche OA (fig. 88), qui conduit la tige du tiroir, va s'incliner sur l'horizontale, en la poussant vers la droite, et par conséquent en démasquant de plus en plus la lumière. La vapeur affluera donc sur la face gauche du piston. En même temps les blocs

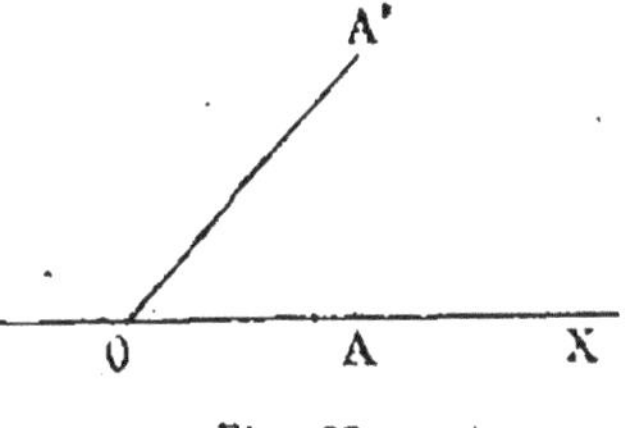

Fig. 89.

poussés par la manivelle OA′ marchent, eux aussi, vers la droite ; et lorsque cette manivelle OA′ atteindra sa position horizontale OX (fig. 89), ils seront à bout de course à droite. A ce moment, la manivelle OA aura comme OA′ tourné de l'angle A′OX, puisqu'elles sont toutes deux calées sur l'arbre, et ne sera pas encore complètement couchée.

La lumière du tiroir n'aura donc pas encore atteint sa position extrême au-dessus de la lumière du cylindre, et il faudra que la manivelle OA tourne encore d'un angle égal à AOA′ (fig. 88), pour qu'elle y arrive.

Pendant que le tiroir continuera donc à être poussé vers la droite, les blocs rappelés par la manivelle OA′ qui a passé sous l'horizontale et revient vers la gauche, chemineront de droite à gauche en sens contraire du tiroir, jusqu'à ce que OA ait atteint sa position horizontale.

Ils glisseront donc sur sa face supérieure, et, si on a calculé à dessein la distance qui sépare le bord extérieur du bloc de gauche du bord extérieur de la lumière du tiroir, le bloc G pourra venir dans ce mouvement recouvrir exactement cette lumière et empêcher la vapeur d'y pénétrer plus longtemps. Le moteur sera donc emprisonné dans le cylindre, et la détente commencera.

On voit ainsi, de suite, qu'elle est arrivée plus tôt que dans le cas du tiroir ordinaire, puisque c'est quand la manivelle OA est couchée sur l'horizontale qu'on l'obtient, tandis qu'autrement il faut, non seulement que le tiroir ait atteint sa position extrême, mais encore qu'il soit revenu vers la gauche jusqu'à ce que le bord t affleure le bord S de la lumière du cylindre (fig. 90).

Voilà donc la détente commencée. Les deux manivelles maintenant tirent le tiroir et le bloc vers la gauche, jus-

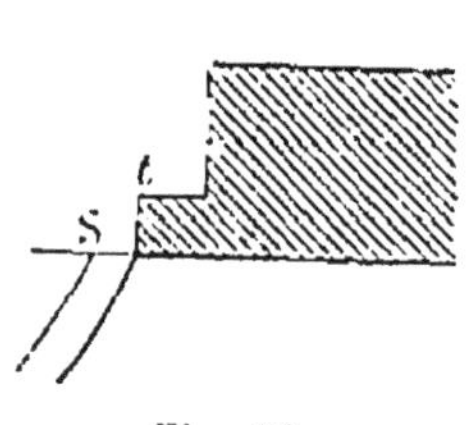

Fig. 90.

qu'à ce que la petite manivelle OA′ qui précède l'autre ait atteint la position horizontale opposée; à dater de ce moment, elle repousse les blocs vers la droite, pendant que le tiroir continue son mouvement vers la gauche, tant que OA n'est pas horizontale. Les blocs qui ont donc encore, durant un certain temps, une marche inverse de celle du tiroir, glissent sur sa surface supérieure, et celui de gauche démasque la lumière qu'il était venu obstruer.

La manivelle OA ayant franchi l'horizontale, le tiroir reviendra vers la droite lui aussi, et nous retrouvons l'ensemble, lorsqu'elles sont toutes deux en OA et OA′, dans la position où nous l'avons considéré tout d'abord.

Rendons-nous compte maintenant de l'influence de ce double tiroir sur la distribution de la vapeur.

Tant que cette vapeur peut librement passer, par la lumière du tiroir et celle du cylindre, de la boîte à vapeur sur la face gauche du piston, l'admission a lieu. Donc, si le bloc a démasqué l'orifice du haut (et il l'a toujours fait, nous l'avons vu, lorsque le piston revient de gauche à droite), dès que le bord *n* affleure le bord *m* (fig. 88), la vapeur pénètre ; et à mesure que le tiroir marche vers la droite, la lumière du cylindre lui ouvre un passage de plus en plus grand. Lorsqu'il est à fond de course à droite, les deux lumières sont l'une sur l'autre, et l'admission maxima. Elle continuerait, le tiroir revenant sur ses pas, jusqu'à ce que le point *n* soit de retour au-dessus du bord *m*, si le bloc n'avait fermé l'orifice supérieur de la lumière du tiroir, dès que celui-ci est à fond de course à droite (fig. 91). La détente a donc anticipé, et elle continue (puis-que cette lumière reste constamment fermée) jusqu'à ce que le bord *p* vienne affleurer le bord *z* de la lu-mière du cylindre (fig. 88), moment

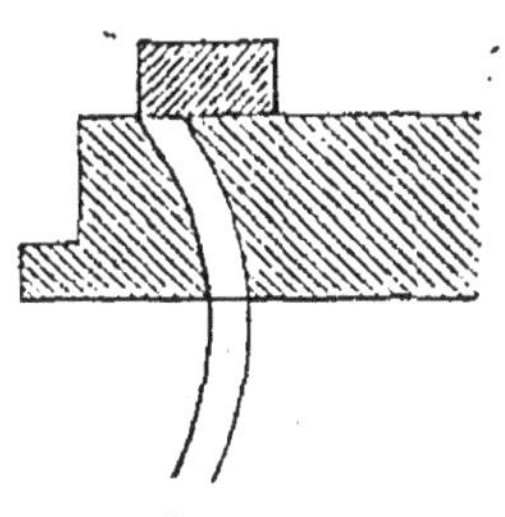

Fig 91.

habituel où l'*échappement* lui succède. Au lieu donc de faire durer cette période depuis que *n* est au-dessus de *m* jusqu'à ce que *p* soit au-dessus de *z*, le bloc supérieur avance son début, sans avancer sa fin, et par conséquent l'augmente.

L'échappement continuera jusqu'à ce que le tiroir ayant atteint son extrémité de course de gauche, et re-venant vers la droite, le bord *p* soit à nouveau au-dessus de *z*, et à ce moment la *compression* commencera.

Elle aura lieu tant que le tiroir recouvrira la lumière, c'est-à-dire jusqu'à ce que le bord *n* soit venu au-dessus de *m*. Si on se rappelle que, depuis que le sens de la marche du tiroir a changé, le bloc a repris sa position primitive et démasqué l'orifice supérieur de la lumière, on voit que la vapeur peut librement passer à ce moment dans le cylindre et que l'admission recommence.

En résumé, la détente dure depuis le moment où le bloc couvre l'orifice supérieur, jusqu'à ce que le bord p soit en face de z.

La compression débute quand le bord p est en face de z, et finit quand n est en face de m.

Elle est donc toujours la même et n'est plus égale à la détente.

Pour cette dernière, si on la veut faire varier, on rapproche plus ou moins le bloc du bord de l'orifice; il est évident, en effet, que, moins il aura de chemin à parcourir pour fermer la lumière du tiroir, plus vite, lorsqu'il va en sens inverse, il y sera arrivé, et plus vite aussi par conséquent la vapeur sera emprisonnée. Pour rapprocher ou éloigner les blocs de leur lumière respective on fait tourner la tige qui les réunit tous deux. Ils font l'office d'écrous et avancent ou reculent plus ou moins [1].

La vis tourne au moyen d'un mécanisme qui se com-

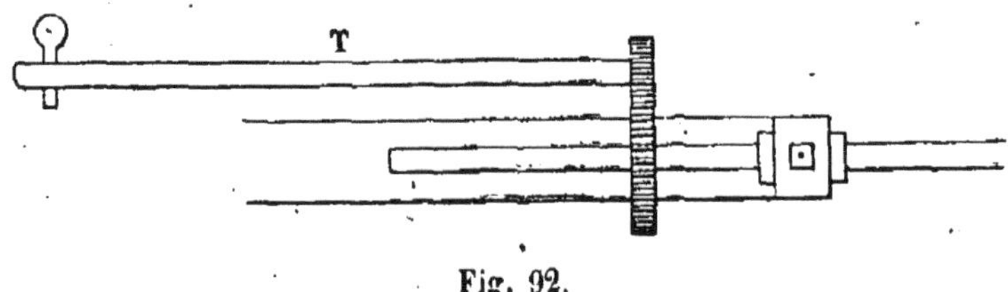

Fig. 92.

pose d'une tige supplémentaire T (fig. 92), à l'extrémité

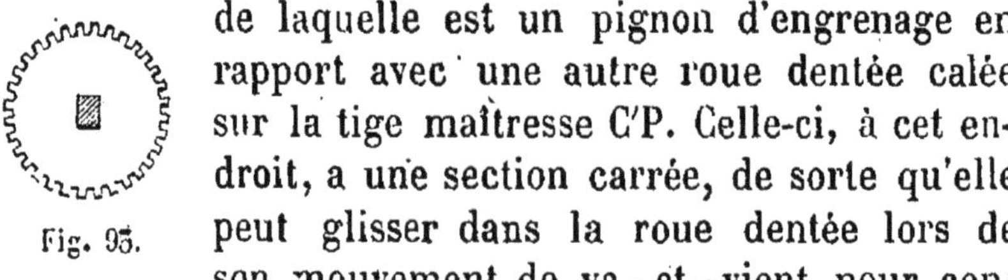

de laquelle est un pignon d'engrenage en rapport avec une autre roue dentée calée sur la tige maîtresse C'P. Celle-ci, à cet endroit, a une section carrée, de sorte qu'elle peut glisser dans la roue dentée lors de son mouvement de va - et - vient pour conduire les blocs, et que la moindre rotation de l'engre-

Fig. 93.

duire les blocs, et que la moindre rotation de l'engre-

1. Nous verrons, en effet, comme nous l'avons dit, en étudiant plus loin la vis en détail, que lorsqu'elle tourne sans pouvoir avancer ni reculer, l'écrou qu'elle porte est obligé de prendre le mouvement

nage la fait tourner avec lui (fig. 93). La figure 94, qui montre l'attache de la barre d'excentrique et de la tige C'P, indique le dispositif pour laisser échapper cette roue

Fig. 94.

d'engrenage. La tige supérieure et le pignon qui engrène avec la roue n'ont pas été représentés pour ne pas compliquer la figure.

Ce que nous venons de dire pour un bloc, s'applique exactement à l'autre, si l'on considère la lumière de droite, la face de droite du piston, et les positions horizontales inverses des manivelles, comme on peut s'en rendre compte, du reste, en répétant le raisonnement que nous avons fait pour les différentes phases de la marche de la machine.

Le double tiroir de Meyer permet, on le voit, de varier la détente à volonté, en rapprochant plus ou moins les blocs des orifices intérieurs de leurs lumières respectives, et maintient malgré cela la compression toujours la même. Donc elle rend cette dernière indépendante de la détente.

La coulisse de Stephenson qu'elle emploie, ne sert qu'à renverser la marche de la machine; ce qui veut dire que le coulisseau est toujours au fond, en haut ou en bas. Dans les machines fixes où on n'a jamais besoin de renverser la marche, on supprime complètement cet organe embarrassant.

DISTRIBUTION FARCOT.

La distribution Farcot remplit le même but que celle

rectiligne, et se transporte parallèlement à elle, selon le sens du pas de la vis et le sens de la rotation qu'on lui imprime. (Ch. xviii.)

de M. Meyer, elle rend aussi la compression indépendante
de la détente (fig. 95).

C'est encore un tiroir ordinaire, percé de deux lu-

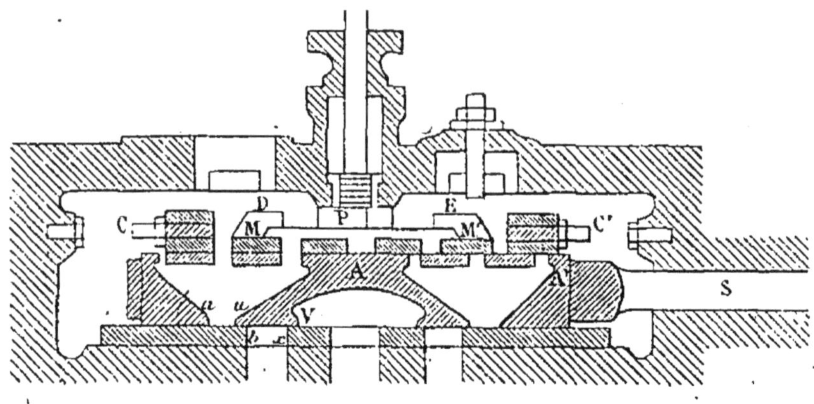

Fig. 95.

mières, et qui est représenté en AA'; les deux lumières sont évasées en haut, et fermées par des lames

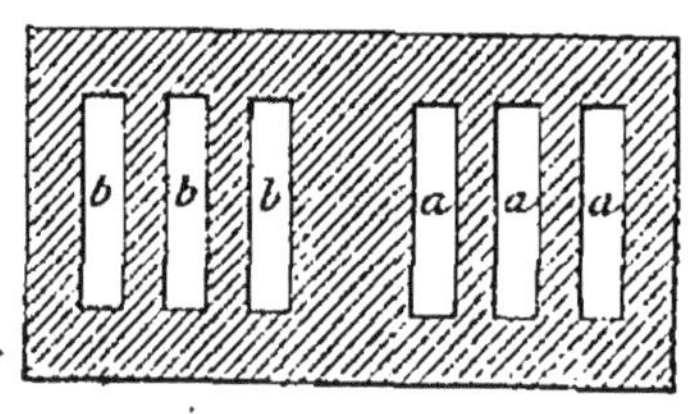

Fig. 96.

légèrement espacées entre
elles, comme l'indique la figure 96 ; la vapeur file donc
entre les interstices des lames
pour pénétrer dans les lumières.

Sur ce tiroir en est un autre
plat et à claire voie lui aussi,
appelé la *tuile*, qui présente à ses extrémités deux taquets

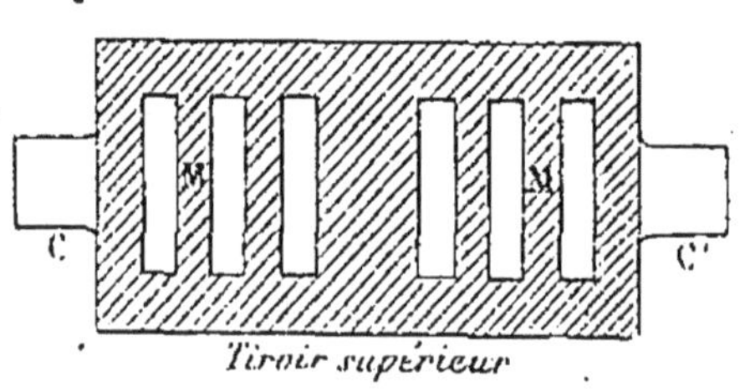

Fig. 97.

C et C'. Au-dessus des
lames M et M' de ce
tiroir, et fixés sur elles
sont deux butoirs ou
arrêts D et E.

La tuile, que la pres-
sion de la vapeur pour-
rait même seule main-
tenir, est appliquée sur le tiroir par des ressorts, et
comme elle n'est commandée par aucune excentrique ou

manivelle, elle n'a par conséquent pas de mouvement
propre, et ne se meut qu'entraînée par lui.

Ceci posé, supposons que le tiroir, conduit comme à
l'ordinaire par une excentrique que l'on n'a pas représentée, marche de gauche à droite ; il entraîne la tuile,
et la vapeur pénètre dans ses lumières par les interstices
qui se correspondent ; de là, dès que le bord u arrive
au-dessus du bord b de la lumière de gauche du cylindre
(fig. 95), elle se rend sur le piston. Celui-ci est, à ce
moment, à fond de course à gauche, et à mesure que le
tiroir AA' marche vers la droite, la lumière de gauche
s'ouvre de plus en plus.

Tout à coup l'arrêt D vient buter contre une came fixe
P, représentée en plan dans la figure 98. Comme cet arrêt
est rivé à la tuile, celle-ci est en même temps arrêtée.
Mais le tiroir que rien n'empêche de marcher, continue
son mouvement, poussé par l'excentrique, en glissant dessous les lames de cette tuile, qui ferment peu à peu ses
lumières (la figure 95 montre à droite cette seconde position). Lorsqu'elles les ont recouvertes, la vapeur est
coupée, et commence à se détendre.

Le tiroir finit sa course de gauche à droite, puis revient sur ses pas, et, comme la tuile, dans cette direction inverse, peut le suivre, il l'entraîne avec lui sans
que les lames aient découvert les orifices ; la détente
continue donc, jusqu'à ce que le bord V du tiroir soit
arrivé en face du bord x de la lumière, auquel moment
l'échappement commence.

Le tiroir achevant sa course vers la gauche, le taquet C qui dépasse maintenant, viendra buter contre
le fond de la boîte à vapeur, et arrêtera à nouveau la
tuile, tandis que le tiroir glissera sous elle de la
même quantité que tout à l'heure, mais en sens inverse : les lames démasqueront donc les orifices
qu'elles cachaient, et l'ensemble reprendra la position
indiquée figure 95. A ce moment la course vers la

gauche sera terminée et l'ensemble reviendra sur ses pas.

La compression commencera lorsque le bord V affleurera le bord x de la lumière et finira lorsque le bord u sera en face du bord b; puisqu'alors la vapeur qui remplit déjà la lumière de AA′, les interstices des lames étant démasqués depuis longtemps, passera dans la lumière du cylindre et pénétrera sur la face gauche du piston. Elle est donc toujours d'égale durée, et ne dépend plus de la détente.

Celle-ci s'est étendue depuis le moment où les lames de la tuile ont fermé les orifices du tiroir inférieur, jusqu'à ce que le bord V soit arrivé au-dessus de x.

Il suffit donc, pour l'augmenter, de fermer plus ou moins tôt les orifices du tiroir AA′, c'est-à-dire d'arrêter plus ou moins tôt la tuile, ou, ce qui revient au même, l'arrêt D ou E qui est fixé sur elle. Nous avons vu que cette tuile est en tout cas revenue dans sa position primitive avant que la compression ait lieu.

Pour faire obstacle à l'arrêt D, on se sert d'une came excentrée (fig. 98), mobile autour de son centre au moyen d'un axe dont la poignée est hors de la boîte à vapeur. On conçoit que, selon qu'on la tourne plus ou moins, puisqu'elle est excentrée, elle rencontre plus ou moins tôt le taquet du tiroir supérieur, ferme, par conséquent, plus ou moins tôt les orifices, et augmente plus ou moins la détente.

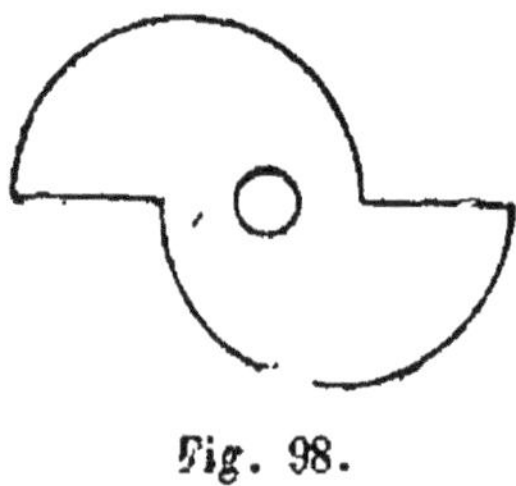

Fig. 98.

Ce que nous venons de dire pour un arrêt, se répéterait identiquement pour l'autre, et l'on verrait ainsi que la lumière de droite du tiroir se ferme et s'ouvre de la même manière que l'autre.

Les détentes à double tiroir Farcot ont beaucoup d'avantages et n'ont qu'un inconvénient, c'est le nombre des pièces et leur complication. Elles sont, du reste, très employées. On les a perfectionnées, dans certaines machines fixes, en les rendant automotrices. A cet effet le régulateur n'agit plus sur une soupape de la conduite de vapeur (voir chapitre ix), mais sur l'arbre de la came. On dispose alors cette dernière de telle sorte que, lorsque la machine ralentit, la seule action du régulateur fasse tourner l'axe et la came, et arrête le tiroir supérieur plus tard : la détente est donc diminuée, et par conséquent la dépense de vapeur et en même temps la puissance de la machine augmentées. L'effet du régulateur est inverse dans le cas contraire où la machine accélère son mouvement.

CHAPITRE XII.

Des divers types de machines fixes. — Considérations générales sur les machines. — Machines horizontales et verticales à un seul cylindre. — Machines à deux cylindres. — Machines diverses.

CONSIDÉRATIONS GÉNÉRALES SUR LES MACHINES.

Nous avons jusqu'ici envisagé séparément les organes de la machine à vapeur; il nous reste à compléter cette étude en passant en revue les divers types de machines. Mais avant d'aborder cette description, quelques considérations générales sur leur travail sont nécessaires.

Nous avons vu au commencement de ce volume, qu'on mesurait une force quelconque par le nombre de kilogrammètres qu'elle fournissait *à la seconde*, et que pour simplifier les calculs on avait appelé *cheval-vapeur* un travail égal à 75 kilogrammètres par seconde.

Les machines à vapeur ont une puissance très variable qui s'étend depuis 1 à 2 chevaux jusqu'à 200 et plus; mais quelle que soit cette puissance, l'agencement des pièces est le même dans chaque type, et nous n'aurons par conséquent pas à nous en préoccuper. Il peut cependant être intéressant, pour fixer définitivement les idées, de se rendre compte comment on établit approximativement le travail d'une machine dont on connaît les éléments essentiels.

Tout d'abord, il est évident que lorsque sa marche est régulière, le travail de la résistance à vaincre est constamment égal au travail que le moteur lui imprime, car si par moment il était plus fort, elle ralentirait; s'il était plus faible, elle accélérerait. En calculant, par conséquent, le nombre de kilogrammètres fournis par la vapeur dans la marche normale, on a le travail de la résistance vaincue.

Soit donc une machine faisant 50 tours à la minute, et ayant un cylindre de $0^m,96$ de long, sur $0^m,60$ de dia-mètre (ce qui donne pour le piston une surface de 3000 centimètres carrés). Négligeons l'espace nuisible des lu-mières, et supposons[1] :

1° Que le piston s'arrête à 0,03 du plateau du cylindre à chaque fond de course ;

2° Que l'on coupe la vapeur lorsqu'il est à $0^m,43$ du fond ;

3° Que l'échappement anticipé ait lieu lorsqu'il a en-core $0^m,07$ à parcourir (et, comme il doit s'arrêter à 0,03, lorsqu'il est par conséquent à $0^m,10$ du plateau) ;

4° Que la compression commence, lorsqu'il est distant de $0^m,25$ de l'extrémité de sa course arrière ;

5° Que l'avance à l'admission débute lorsqu'il est à $0^m,05$ du plateau, ou, par conséquent, à 0,02 de la fin de sa course ;

Et cherchons le travail disponible par seconde sur l'arbre de couche de cette machine.

Nous allons pour cela calculer le travail de la vapeur dans chacune des phases que nous avons longuement décrites aux précédents chapitres.

1° *Admission.* — La vapeur arrive de la chaudière à 5 kil., sa pression sur le piston sera donc de 5×3000 soit 15000 kil., La course de ce piston pendant l'admis-sion est de $0^m,43 - 0^m.03$ (puisqu'au commencement il est distant du plateau de $0^m.03$), soit donc $0^m,40$. Le travail pendant l'admission sera donc :

$$15000^k \times 0^m,40 \text{ ou } 6000 \text{ kilogrammètres.}$$

2° *Détente.* — Le travail durant cette période sera le produit de la pression moyenne dans le cylindre, multi-

1. Suivre toutes ces données sur le tableau de la fin du chapitre vi.

pliée par la surface du piston, et par le chemin parcouru, pendant la détente[1].

Cette pression est de $3^{at},465$, le chemin parcouru pendant la détente est égal à la fin de la course du piston, moins $0^m,07$, puisqu'il lui reste encore à parcourir cet espace pendant l'échappement anticipé. Or, la longueur du cylindre est de $0^m,96$, le piston laisse à chaque extrémité un espace nuisible de $0^m,03$, sa course réelle est donc $0^m,90$; il avait déjà parcouru, au moment où la détente a commencé $0^m,40$, et il a encore $0^m,07$ à parcourir lorsqu'elle finit, sa course durant cette période est donc de $0^m,43$[2].

Le travail de la détente sera donc :

$$3^k,465 \times 3000 \times 0,43 = 4470 \text{ kilogrammètres.}$$

5° *Échappement anticipé.*—Quand le piston est à $0^m,90$ du fond du cylindre, l'échappement anticipé commence.

Or il est très difficile de savoir exactement comment la vapeur agit sur le piston pendant cette période; mais nous pouvons arriver à une approximation suffisante, en prenant une moyenne entre deux hypothèses extrêmes. Supposons tout d'abord que la vapeur, qui, à la fin de la détente, est à une pression de $2^k,5$, tombe brusquement à la pression atmosphérique, dès que l'échappement est ouvert, ce qui ne peut évidemment pas arriver. Le travail de cette vapeur, moindre alors que le travail réel cherché, sera (jusqu'à ce que le piston soit arrivé au fond de sa course) de

$$1^k \times 3000 \times 0^m,07 \text{ soit } 210 \text{ kilogrammètres.}$$

Si maintenant on admet qu'au contraire la pression reste pendant tout l'échappement anticipé la même qu'au

1. Voir pour l'explication de l'expression « *pression moyenne de détente* » la note de la page 83.

2. Remarquons que la vapeur occupe au commencement de la détente $0^m,03 + 0^m,40 = 0^m,43$, à la fin $0^m,43 + 0^m,43 = 0^m,86$, ou le double. Sa pression à ce moment est donc la moitié de ce qu'elle était au début, ou de $2^{at},5$.

commencement de cette période, c'est-à-dire de $2^k,5$ par centimètre carré, il est évident qu'on obtiendra une valeur de travail plus forte que la réalité, car un tel phénomène n'est pas possible, lorsque la communication avec l'atmosphère est ouverte, et cette valeur serait dans ce cas de

$$2^k,5 \times 3000 \times 0^m,07 = 525 \text{ kilogrammètres.}$$

Prenons la moyenne entre ces deux chiffres : nous sommes à peu près sûrs de ne pas nous écarter beaucoup de la vérité, et nous avons comme valeur du travail

$$\frac{525 + 210}{2} \text{ ou } 367 \text{ kilogrammètres.}$$

La vapeur a maintenant produit tout son travail moteur, et ce qui reste dans le cylindre va exercer, au mouvement inverse du piston, une résistance dont nous devons tenir compte, car elle diminue d'autant le travail moteur qui s'exerce sur l'autre face, et qui est identique à celui que nous venons de calculer.

Retrancher ce travail résistant de la somme de tous les kilogrammètres obtenus pendant la première course reviendra, par conséquent, à retrancher le travail résistant qui, pendant toute la marche en avant, s'est exercé sur l'autre face du piston, et dont nous ne nous sommes pas encore préoccupés. Nous allons donc le calculer en distinguant les dernières périodes.

4° *Échappement.* — L'échappement dure pendant la course entière, jusqu'à la compression, or nous avons supposé que celle-ci commençait quand le piston n'était plus qu'à 0^m25 du fond du cylindre ; il durera donc pendant

$$0^m,93 - 0^m,25 = 0^m,68$$

car le piston a laissé de l'autre côté aussi 3 centimètres entre lui et le plateau. Comme la pression de la vapeur est d'une atmosphère, soit de 1 kilogramme, elle opposera un travail résistant égal à

$$1^k \times 3000 \times 0,68 = 2040 \text{ kilogrammes.}$$

5° *Compression.* — Le travail nécessaire pour comprimer une certaine quantité de vapeur et l'amener de la pression atmosphérique à une pression quintuple, est le même que celui produit par cette vapeur en se détendant depuis 5ᵏ jusqu'à 1ᵏ. — Cette propriété essentielle des gaz nous permet de calculer facilement le travail depensé pendant la période de compression.

Si on appelle encore *pression moyenne de compression*, celle qui, multipliée par la surface du piston et par le chemin parcouru, donne le même travail que les formules exactes de mathématiques (voir la note de la page 83), on trouve que, dans le cas présent, cette pression est de 2ᵏ, et comme le chemin parcouru est de 0ᵐ,20 (car l'avance à l'admission devant encore avoir lieu pendant 0ᵐ,02, et le piston s'arrêter à 0ᵐ,03 du fond du cylindre, la compression ne dure que sur une longueur de 0ᵐ,20), on a

$$2^k \times 3000 \times 0^m,20 = 1200^{kgm}.$$

comme travail résistant dû à cette période [1].

6º *Admission anticipée.* — Quand l'admission est ouverte, le piston est encore obligé, pendant 0ᵐ,02, de refouler la vapeur qui arrive de la chaudière à une pression de 5ᵏ, et le travail résistant qu'elle lui oppose est de

$$5 \times 3000 \times 0^m,02 = 300 \text{ kilogrammètres.}$$

Récapitulons maintenant tous ces travaux, et dressons le tableau suivant :

1º Travail moteur pour une course de piston :

Admission	6,000
Détente	4,470
Échappement anticipé	367
Total.	10,837ᵏᵍᵐ

2º Travail résistant s'opposant au travail moteur :

Échappement	2,040
Compression	1,200
Admission anticipée	300
Total.	3,540ᵏᵍᵐ

La différence entre le travail moteur et le travail résistant est donc, par course de piston, de 7,297ᵏᵍᵐ.

---

1. Remarquons encore que le volume occupé par la vapeur au

Donc pour un tour complet de la manivelle motrice, c'est-à-dire pour deux courses de piston, elle sera de 14,594 kilogrammètres soit 14,600. La machine faisant 50 tours à la minute donnera :

$$14600 \times 50 = 730000 \text{ kilogrammètres.}$$

ou

$$\frac{730000}{75} = 9733 \text{ chevaux.}$$

Or si sa puissance par minute est de 9733 chevaux, par seconde elle sera de :

$$\frac{9733}{60} = 162,$$

soit donc de 162 chevaux.

Mais cette valeur du travail théorique de la vapeur ne se transmet pas tout entière à l'arbre de couche. Le frottement du piston dans le cylindre, du tiroir contre la glace, le jeu que prennent peu à peu les diverses pièces, en absorbent une certaine quantité. On admet généralement qu'il s'en perd 10 % à 15 %. Le rendement[1] est donc de 0,9 à 0,85. Si nous adoptons le chiffre le plus favorable, la machine calculée développera, par conséquent, l'arbre de couche un travail égal à

$$\frac{9}{10} \times 162 = 146 \text{ chevaux.}$$

Pour nous rendre compte de l'économie de la machine à vapeur, ce qu'il nous importe surtout de connaître,

commencement de la compression est de $0^m,25$; à la fin de $0^m,05$: la pression deviendra donc quintuple, et, comme elle était de 1^k au départ, elle sera égale à la pression de la chaudière lorsque la lumière s'ouvrira à la vapeur.

1. On appelle *rendement d'une machine* le rapport entre le travail que le moteur devrait théoriquement produire par seconde dans cette machine et celui qu'on recueille réellement sur l'arbre de couche. — Nous renvoyons à la note A de l'appendice, sur l'équivalent mécanique de la chaleur, pour la détermination exacte du rendement des machines à vapeur.

c'est le poids de charbon brûlé dans la chaudière par cheval-vapeur disponible sur l'arbre de couche.

De nombreuses expériences ont été faites, et l'on conçoit que les résultats puissent varier à l'infini selon le type plus ou moins perfectionné de la chaudière et de la machine. Actuellement, les types à deux cylindres, système Compound, alimentés par des générateurs tubulaires ou tubulés (systèmes Belleville ou Field), ne consomment pas plus de 1 kilogramme *par cheval et par heure.*

Abordons maintenant la description des diverses machines en indiquant rapidement la disposition de leurs organes, et les différences de travail du moteur dans chacune d'elles.

On distingue :

1° les machines à un seul cylindre et à distribution par tiroir :

    Horizontales ;

    Verticales : à balancier ;

               à traction directe ;

    Oscillantes ;

2° Les machines à un seul cylindre et
    à distribution par soupapes ;

      —   robinets ;

3° Les machines à deux cylindres :

    Horizontales ;

    Verticales ;

4° Les machines à plusieurs cylindres indépendants (machines marines en général).

MACHINES HORIZONTALES A UN SEUL CYLINDRE.

Les machines horizontales à un seul cylindre avec distribution par tiroir sont pour le moment les plus répandues. Nous avons vu les objections que l'on faisait à l'emploi du tiroir : malgré tous les défauts qu'on signalait en les exagérant, ce mode de distribution de la vapeur est resté universellement employé, parce qu'il est le plus simple.

Dans le type représenté par la figure 99, la distribution est à tiroir simple, et la machine à détente fixe. Le mouvement de la tige du piston est guidé par deux glissières A et B. Celui de la tige du tiroir par un support C. La

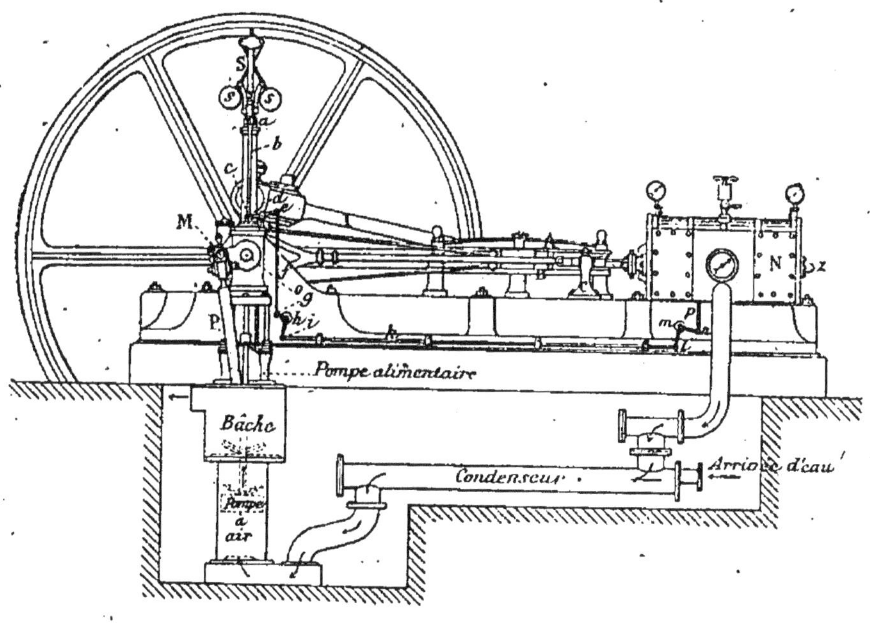

Fig. 99.

bielle I est assemblée, comme nous l'avons vu, avec la manivelle et la tige du piston. L'arbre de couche o actionne directement au moyen d'une petite manivelle oM placée à son extrémité, et d'une bielle MP, la tige du piston de la pompe à air qui aspire l'eau et l'air du condenseur, et les rejette dans la bâche. Le dessin du condenseur représente très nettement l'arrivée de la vapeur sortant du cylindre et celle de l'eau. On peut encore reconnaître sur la figure le régulateur S dont l'engrenage moteur ne se voit pas, mais qui, au moyen : 1° du

manchon *a*, de la tringle *b*, du levier *cde*, tournant autour
de *d* ; 2° de la tringle *f*, du levier coudé *g h i*, tournant autour de *h* ; 5° de la tringle *k*, du levier *l m n*, tournant autour de *m*, enfin de la quatrième tringle *p*, ferme ou ouvre
l'orifice d'arrivée de la vapeur dans la boîte à vapeur M,
et par conséquent, ainsi que nous l'avons exposé, règle
la marche.

Les machines horizontales diffèrent peu du type représenté ci-contre. Elles sont rarement à détente variable,
car leur puissance, lorsqu'elles sont fixes, généralement reste la même. Si cependant, pour une cause ou
pour une autre, on a besoin d'être maître de leur tra-

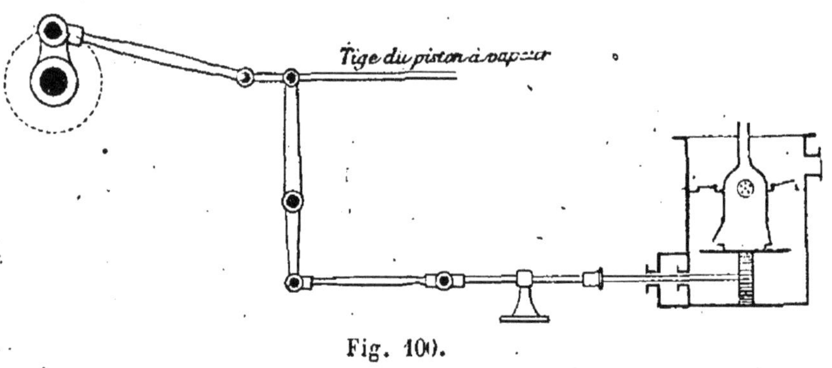

Fig. 100.

vail, on y adapte une coulisse de Stephenson, comme
nous le verrons du reste en étudiant un peu plus loin les
locomotives.

Pour avoir une économie de vapeur, on installe quelquefois un double tiroir Meyer ; en ce cas les deux
excentriques sont à côté l'un de l'autre sur l'arbre de
couche, les tiges des tiroirs parallèles, et les tiroirs l'un
derrière l'autre, respectivement placés comme l'indique
la figure 88, mais sur le prolongement de leur excentrique. Pour empêcher les tiges d'être déviées de l'horizontale par le poids des tiroirs et de leurs cadres, on les
prolonge de l'autre côté du cadre, et on les fait glisser
dans un fourreau sur lequel elles appuient, et dont on
peut voir l'extrémité en *z* sur la figure 99.

Le condenseur peut être horizontal ou vertical, et la pompe à air par conséquent verticale ou horizontale. Dans ce cas, le mouvement de cette pompe est donné par la tige du piston elle-même, à laquelle elle est réunie par un levier tournant autour d'un de ses points (fig. 100).

L'avantage des machines horizontales c'est que leur masse tout entière repose sur un bâti en fonte·solide, et que, par conséquent, on peut les faire marcher à grande vitesse sans .qu'on ait à craindre trop de vibrations ou d'ébranlements, la tendance actuelle étant d'augmenter la vitesse normale de la machine [1].

Leur seul inconvénient est de nécessiter beaucoup de place!

MACHINES VERTICALES A BALANCIER.

La machine verticale à balancier ou machine de Watt est la première qui ait régulièrement fonctionné.

Son tiroir présente une disposition particulière : c'est un fourreau creux ayant toute la longueur du cylindre, et portant à ses extrémités deux patins qui glissent sur la table, et deux garnitures d'étoupes, qui établissent des cloisons étanches entre le fond de la boîte à vapeur et le dos du tiroir. — La figure 101 montre, sans qu'il soit besoin d'entrer dans des explications diffuses, que la vapeur qui arrive par le tuyau muni d'une valve régulatrice, peut envelopper complètement le tiroir comme l'indiquent les hachures espacées, et est retenue à droite et à gauche par l'étoupe et les patins. Au. contraire les deux extrémités de la boîte à vapeur communiquent entre elles par l'intérieur du tiroir qui est creux, et l'une d'elles porte le tuyau d'échappement. L'admission et l'échappe-

---

1. Les nouvelles machines horizontales marchent ordinairement à 80 et 100 tours à la minute, ce qui correspond à une vitesse moyenne du piston de $1^m,50$ à $1^m,40$ à la seconde. On dépasse quelquefois de beaucoup ces données.

ment sont donc ici inversés, c'est-à-dire que la vapeur au lieu d'arriver, comme dans le tiroir à recouvrement à droite et à gauche, et de s'échapper par le centre, arrive centralement, et s'échappe à droite et à gauche.

Les figures 101 et 102 montrent ce jeu. Dans la première,

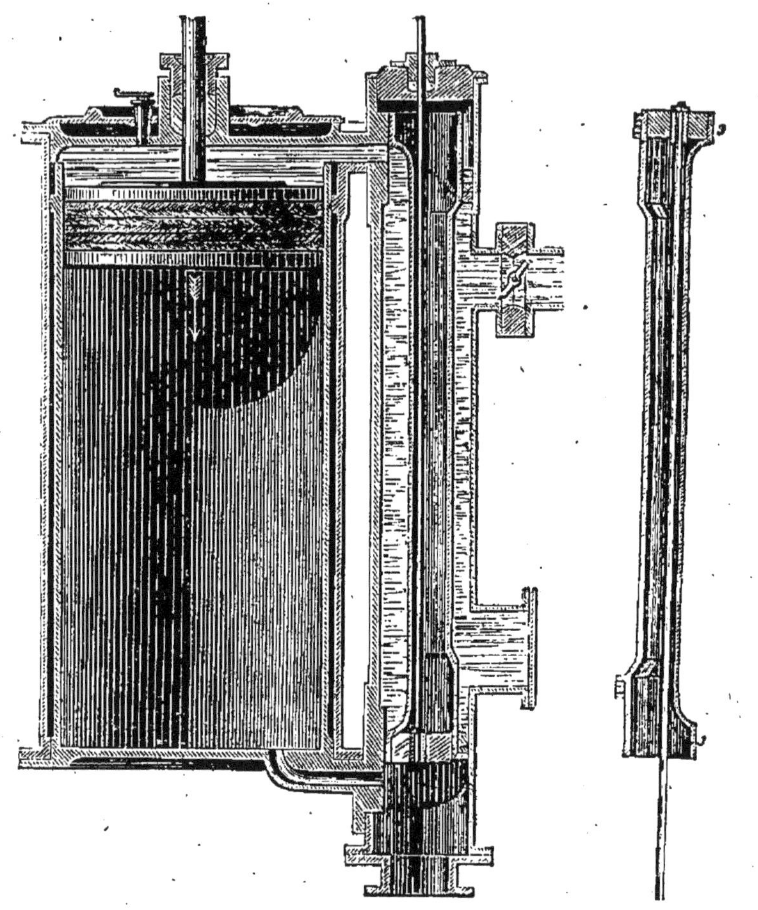

Fig. 101.

le piston étant en haut à fond de course, le tiroir a démasqué la lumière du haut, et la vapeur afflue sur la face supérieure du piston, tandis que la lumière inférieure en communication avec l'échappement, permet à celle qui remplit le cylindre de se rendre au condenseur.

Dans la seconde, au contraire, le piston est arrivé au

bas de sa course et remonte ; la lumière supérieure communique par l'intérieur du tiroir avec l'échappement, tandis que l'autre est maintenant en relation avec le tuyau d'admission de vapeur.

Cette nouvelle disposition du tiroir ne change que peu

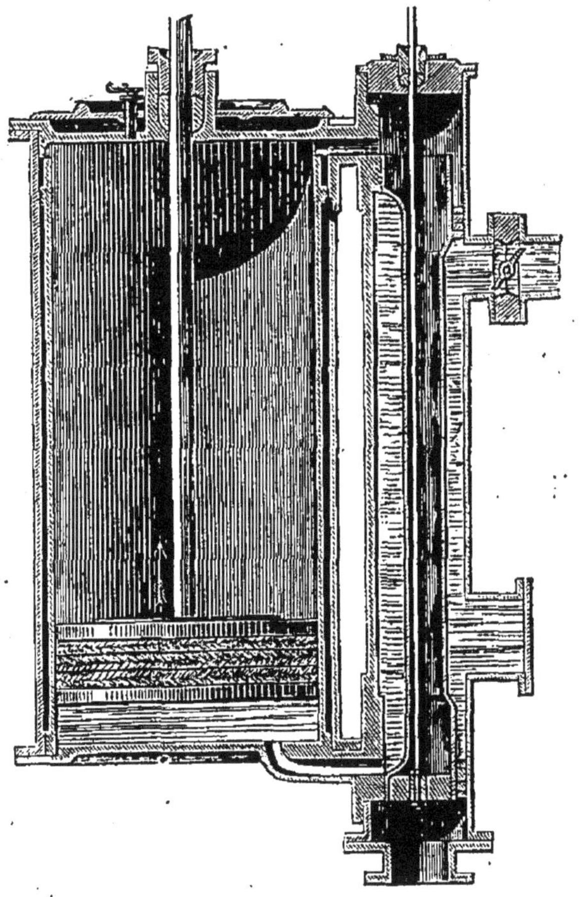

Fig. 102.

de choses à l'ensemble. Remarquons cependant que ce sont les bords internes des lumières qui jouent le rôle important pour l'admission, et les bords externes pour l'échappement, inversement encore à ce qui se passe dans un tiroir normal à recouvrement).

De plus, à chaque commencement de course, et jusqu'à

ce que la lumière soit complètement démasquée, le piston et le tiroir dans une machine horizontale cheminent parallèlement. Dans une machine verticale à balancier, bien que le mouvement du tiroir ne change pas d'amplitude, à chaque point mort il est inverse de celui du piston. La figure montre en effet que ce dernier descendant, l'autre est obligé de monter (pour démasquer complètement la lumière) de la même quantité qu'un tiroir normal aurait à descendre, si on suppose que la largeur des lumières soit la même, et que l'épaisseur du patin soit égale à celle du jambage et du recouvrement d'un tiroir normal.

Ce type de tiroir, très employé aussi pour la distribution de la vapeur dans les marteaux-pilons se nomme le *tiroir à coquille*. Nous examinerons tout à l'heure en détail comment on lui communique le mouvement qu'il doit avoir.

Le cylindre étant vertical, si on voulait adopter le même mode de liaison des pièces essentielles, tige, bielle et manivelle, l'arbre de couche et le volant seraient à une grande hauteur, ce qui nécessiterait un bâti très robuste (et par conséquent très coûteux), pour éviter de trop fortes trépidations. La surveillance et le graissage seraient en outre difficiles. On préfère donc renvoyer le mouvement au moyen d'un balancier, et placer le volant et l'arbre sur le bâti même de la machine, au niveau du sol.

Cette disposition très ingénieuse, qui est due à Watt, consiste à réunir la tige du piston (nous allons voir plus loin comment) à l'extrémité d'un levier DF (fig. 105), appelé balancier, tournant autour de son centre E, et dont l'autre extrémité est reliée par une bielle FG, à la manivelle que le bâti cache en partie dans la figure, et qui entraîne en tournant l'arbre de couche K, sur lequel est monté le volant L.

Pendant la course du piston, le balancier oscille autour de son centre, et en s'infléchissant transmet à la manivelle un mouvement de rotation continu. La figure 105 montre du reste l'attache de la bielle et de la manivelle, et cette manivelle, HK.

Une première difficulté se présente ici à résoudre. Nous avons dit dans le dernier chapitre que le mouve-

Fig. 103.

ment de la tige du piston était, à sa sortie du cylindre, guidé par un presse-étoupe qui assurait une course rectiligne. Or le balancier décrit un arc de cercle autour du point E, et s'il est réuni à la tige, il faut que celle-ci puisse s'infléchir, ce que le presse-étoupe ne lui permet pas. L'extrémité du balancier devrait donc nécessairement, comme une manivelle ordinaire, être par l'intermédiaire d'une bielle reliée à la tige, mais alors la machine aurait une hauteur considérable. Watt a résolu le problème en imaginant le mécanisme appelé *Parallélogramme*, qui établit entre la tige et le balancier une liaison telle que ce dernier peut osciller, sans que le mouvement de la tige cesse d'être rectiligne.

Ce parallélogramme se compose d'une barre ED (fig. 104), dont l'extrémité E est fixée sur une des colonnes du bâti de la machine, et l'autre D réunie par une seconde barre DC, au milieu C du demi-balancier OA. Deux autres tiges AB, égale à DC, et BD égale à la longueur AC, articulées en A, B et D, forment avec AC et CD une figure appelée en

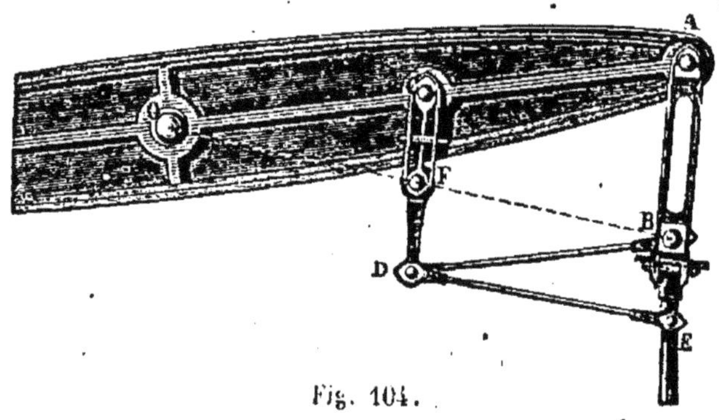

Fig. 104.

géométrie un parallélogramme. Le calcul démontre aisément, et on trouvera cette démonstration à la fin du volume[1], que l'extrémité B du parallélogramme décrit une ligne droite lorsque le balancier OA oscille autour de son centre O; si donc au point B on articule la tête de la tige du piston, celui-ci dans son mouvement entraînera librement le balancier, sans contrarier son oscillation. Le calcul prouve en outre que, si en un point quelconque de la partie AC du balancier on attache une bielle égale et parallèle à CD et articulée à la bielle BD, et si on prend le point exact où cette bielle est coupée par la ligne droite qui va de l'extrémité B du parallélo-

1. Note E de l'appendice.

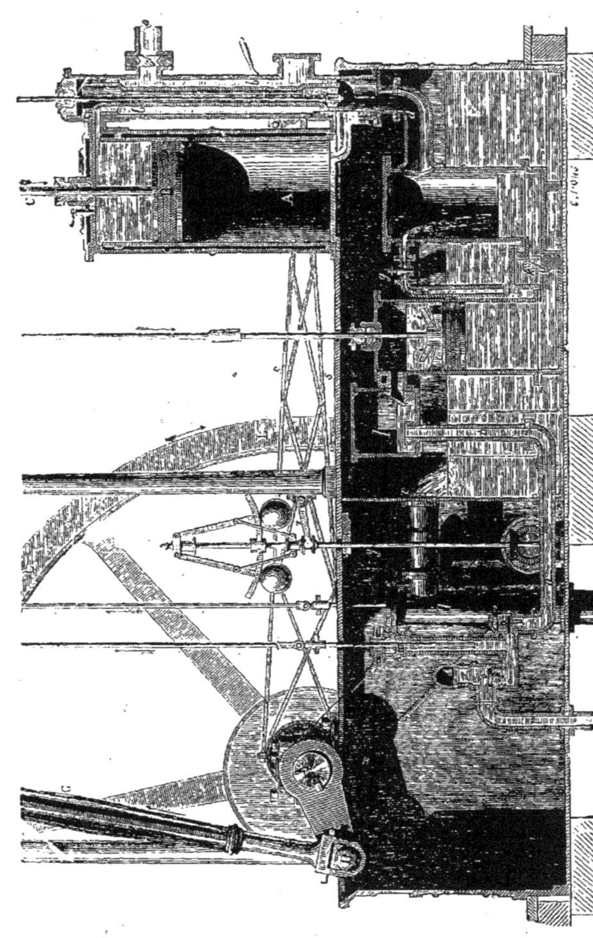

Fig. 124.

gramme au centre O d'oscillation, ce point, lorsque le système est en mouvement, parcourt encore une ligne droite, et la tige qu'on y fixerait aurait de même un mouvement rectiligne.

On voit donc qu'au moyen de ce mécanisme, on peut installer autant de tiges guidées que l'on veut. D'ordinaire, celle du piston est seule, mais dans les machines à deux cylindres, ainsi que nous le verrons plus loin, on installe sur le même parallélogramme deux articulations disposées comme nous l'indiquons.

Examinons maintenant en détail la machine pour nous rendre compte de son agencement général. Répétons tout d'abord que le travail de la vapeur dans le cylindre n'a pas changé et que les mêmes phases se reproduisent, influencées de la même façon par les dimensions du tiroir. A ce tiroir, le mouvement est donné par l'excentrique à collier Q (fig. 106), calée sur l'arbre de couche ; cette excentrique transmet, au moyen de ses barres SS, à la tige qui leur fait suite, un mouvement de va-et-vient horizontal, et elle a été calculée, comme nous l'avons vu dans le chapitre vii, pour que le mouvement de cette barre ait une amplitude égale à celle que doit avoir verticalement le tiroir. La tige porte une encoche dans laquelle se meut l'extrémité t d'un levier $v\,u\,t$, dont l'autre extrémité v est fixée à la tige du tiroir, ou à une autre qui lui est invariablement liée. Lors donc que la barre d'excentrique se meut horizontalement, le levier $v\,u\,t$ oscille autour de

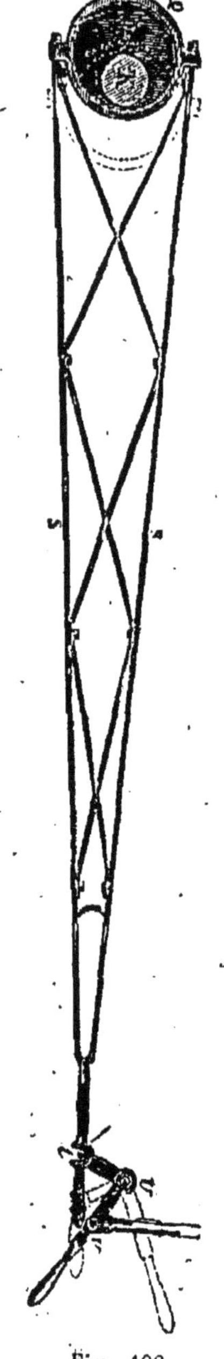

Fig. 106.

son centre u, comme l'indique le pointillé, et imprime au tiroir, avec la même vitesse, puisque ses bras sont égaux, le mouvement vertical correspondant. L'excentrique est naturellement calée de telle sorte sur l'arbre de couche, que, le piston étant à fond de course en haut ou en bas, une des deux lumières soit démasquée d'une quantité égale à l'avance à l'admission, et, par conséquent, l'angle de calage est identique à celui qu'aurait un tiroir normal de mêmes dimensions pour une même avance à l'admission.

Les figures 101 et 102 permettent de juger de l'ensemble de la machine, et de ses moindres détails. Il est facile, en effet, de suivre la courroie x qui relie l'arbre moteur à un arbre secondaire donnant, au moyen d'un engrenage, la rotation au régulateur, dont le manchon z ouvre plus ou moins la valve du conduit d'arrivée de vapeur a. Le mécanisme qui transmet le mouvement du régulateur à la valve n'aurait pu être représenté sur la figure sans la rendre confuse.

Au-dessous du bâti se trouve le condenseur.

La vapeur, s'échappant du cylindre par le conduit d, arrive dans la bâche e, où une pluie d'eau froide la condense. Cette eau froide sort d'un bassin qui enveloppe les autres bâches, et où elle est envoyée par la pompe q à travers le tuyau r. La pompe q est directement attelée sur le balancier au moyen d'une bielle. Comme elle est très basse, et que sa tige a peu de longueur, on peut employer ce moyen de connexion, que nous avons été obligé de rejeter tout à l'heure pour le piston.

Le mélange d'eau et de vapeur condensée sort de la bâche e par la soupape k, et est aspirée par la pompe à air h qui l'élève jusqu'à une seconde bâche l. C'est dans cette bâche que la prend la pompe m pour la refouler dans la chaudière de la machine. On voit, en suivant la figure qui représente très clairement la disposition de ces pièces, que l'appareil de condensation se compose en définitive de :

1° Une bâche où la vapeur se mélange à l'eau et se condense ;

2° Un réservoir où la première pompe envoie l'eau nécessaire à la condensation ;

3° Une bâche où la pompe à air élève le mélange sortant du condenseur et d'où une troisième pompe, dite pompe alimentaire, le puise pour l'envoyer à la chaudière.

L'avantage des machines verticales, c'est qu'étant toutes en hauteur, elles occupent bien moins de place, elles peuvent donc facilement atteindre de grandes puissances : elles sont en outre extrèmement régulières comme marche, à cause de la masse même des pièces en mouvement, dont l'effet est ajouté à celui du volant. Leur inconvénient, c'est qu'elles nécessitent un plus grand nombre de pièces, coûtent par conséquent beaucoup plus cher, et sont plus difficiles à mettre en mouvement et à arrêter, l'inertie de l'ensemble étant plus forte. Elles sont actuellement bien moins employées qu'autrefois, et détrônées presque partout par les machines horizontales, excepté lorsque le défaut de place exige impérieusement leur installation, ou qu'une extrême régularité de marche est nécessaire.

MACHINES VERTICALES A TRACTION DIRECTE.

Nous avons expliqué pourquoi dans les machines verticales on ne pouvait disposer leur arbre de couche au-dessus du sol, et comment on remédiait à cet inconvénient par l'emploi du balancier.

Il ressort de ces explications que, pour les petites machines, on peut sans danger adopter le système à traction directe, c'est-à-dire : un cylindre vertical, un arbre de couche élevé, réuni au piston par une bielle et une manivelle.

La figure 107 présente un type de ces machines vu de face et de côté.

L'arbre est fixé solidement au mur et à un bâti en fonte. La tige du piston, guidée par deux montants actionne au moyen d'une bielle et d'une manivelle le volant

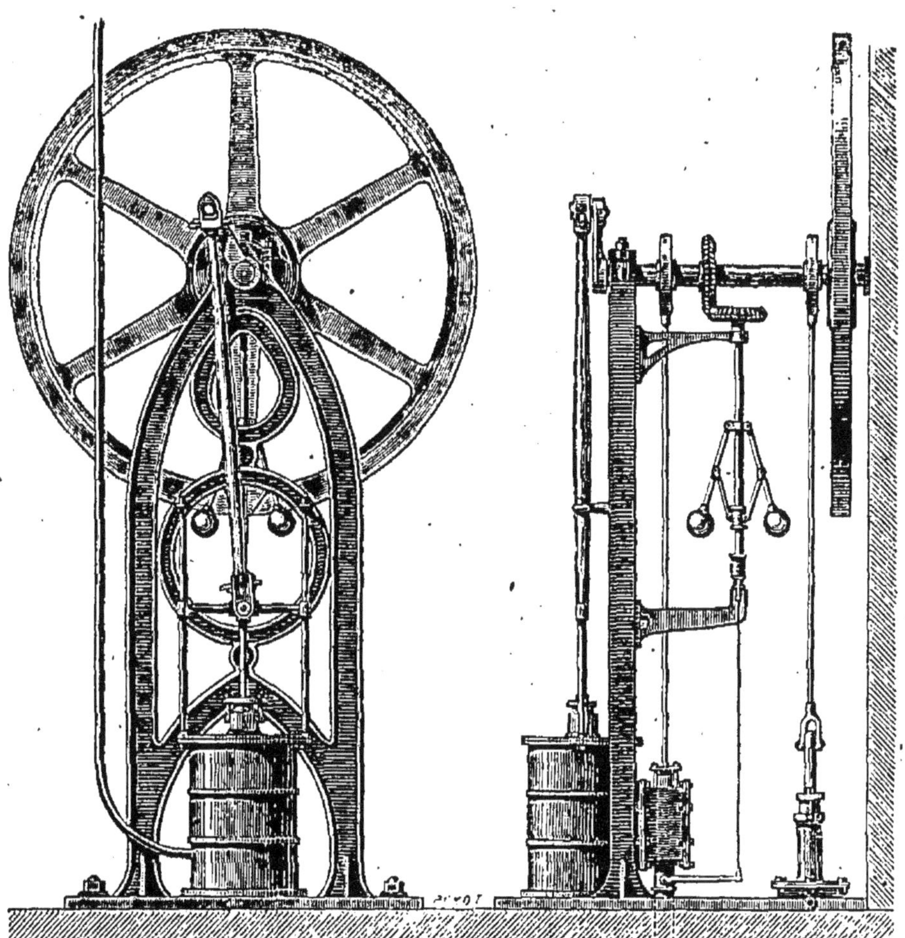

Fig. 107.

moteur. On voit que pour se rendre compte de l'ensemble on n'a qu'à supposer une machine horizontale redressée. Une excentrique conduit directement le tiroir, et une seconde, la tige du piston de la pompe alimentaire qui donne l'eau à la chaudière.

Depuis quelques années, les constructeurs, pour conserver le type vertical à traction directe, et pouvoir l'appliquer aux machines puissantes, ont imaginé de placer le cylindre en haut, solidement fixé sur un bâti de fonte porté par des colonnes, et d'adopter la disposition que nous venons de décrire, mais renversée, l'arbre de couche reposant sur le sol. Ces machines ont pris le nom de *machines-pilons*, par analogie, dans la disposition du cylindre à vapeur, avec les marteaux-pilons. Les figures 118 et 119 en reproduisent un type appliqué aux machines à deux cylindres que nous étudions plus loin. On voit que, grâce à cette installation, les parties en mouvement peuvent être solidement guidées, et par conséquent les vibrations fortement diminuées.

Quoi qu'il en soit, même avec ce perfectionnement, les machines verticales à traction directe ne doivent pas être employées, lorsqu'elles dépassent une certaine puissance : elles sont en effet entachées d'un vice de construction originel. Le poids du piston, de sa tige et de la bielle, qui représente un grand nombre de kilogrammes, produit des perturbations sensibles à chaque course ascendante et descendante : opposant une résistance à la vapeur en montant, s'ajoutant au contraire à son action en descendant. La marche ne peut donc pas être régulière, sans un très fort volant, et encore n'arrive-t-on jamais à éviter, avec ces changements brusques de puissance, les fatigues de pièces qui à la longue amènent les ruptures [1].

1. On comprend facilement en effet que si l'adjonction d'un fort volant permet au travail transmis d'être sensiblement régulier, elle influe au contraire d'une façon désastreuse sur la fatigue des pièces placées entre le volant et le piston. Plus, en effet, la masse en sera lourde, moins facilement on accélérera sa vitesse, et la tige du piston, la bielle et la manivelle entraînées plus rapidement à la descente éprouveront des chocs assez sensibles, puisqu'elles ne pourront communiquer aisément cet accroissement de vitesse au reste du système en mouvement.

Les machines à balancier n'ont pas cet inconvènient car le poids de la bielle qui s'attache à la manivelle, équilibre constamment le poids du piston et de la tige.

MACHINES A CYLINDRE OSCILLANT.

Ce genre de machines a été imaginé pour réduire la longueur du bâti en supprimant la bielle. Inventées en Angleterre, elles ont été introduites en France par M. Cavé dont elles ont pris le nom.

Lorsque nous avons étudié la position de la manivelle pour chaque point de la course du piston, nous avons reconnu que la bielle, qui aux deux points morts était horizontale, s'inclinait progressivement pendant la première moitié de chaque demi-circonférence décrite par la manivelle, et atteignait son inclinaison maxima lorsque cette dernière était verticale (fig. 109). Si donc on veut la supprimer et réunir directement la manivelle à la tige du piston,

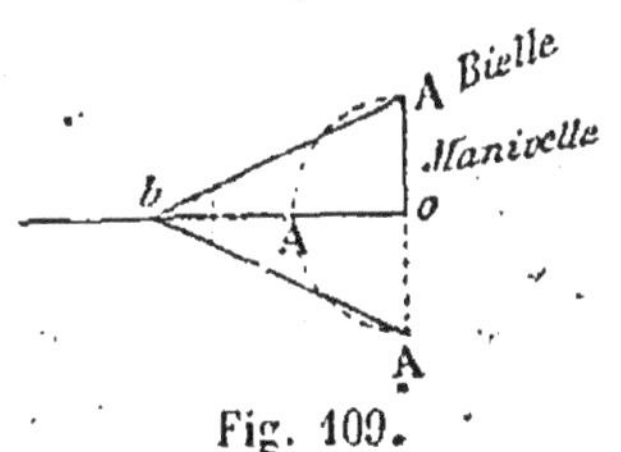

Fig. 109.

Fig. 108.

il faut que celle-ci puisse s'incliner suivant les mêmes angles que la bielle d'une machine ordinaire, et, comme elle est guidée dans son mouvement rectiligne, et ne peut qu'avancer ou reculer, il faut que le cylindre lui-même prenne successivement par rapport à l'horizontale les diverses inclinaisons de cette bielle.

Pour cela il est porté par deux tourillons qui tournent dans des paliers semblables à ceux des arbres de couche. Des guides E et F implantés sur son couvercle assurent, ainsi que le presse-étoupe, le mouvement de la tige B qui s'articule directement à la manivelle DC (fig. 108). — On conçoit facilement qu'avec un tel système, tandis que le piston manœuvre dans le cylindre, ce dernier prenne, par rapport à l'horizontale, la position qu'aurait la bielle, et qui correspond à l'angle de la manivelle avec l'horizontale; il oscille donc autour de son centre.

Pour pouvoir effectuer la distribution, il faut que les tourillons soient creux. Par l'un d'eux (fig. 110) qui est fixé, non au cylindre lui-même, mais à la boîte à vapeur, le moteur arrive. Il s'échappe comme à l'ordinaire par l'orifice central, fait le tour du cylindre, dont la chemise est, à cet effet, creuse, et vient sortir par l'autre tourillon.

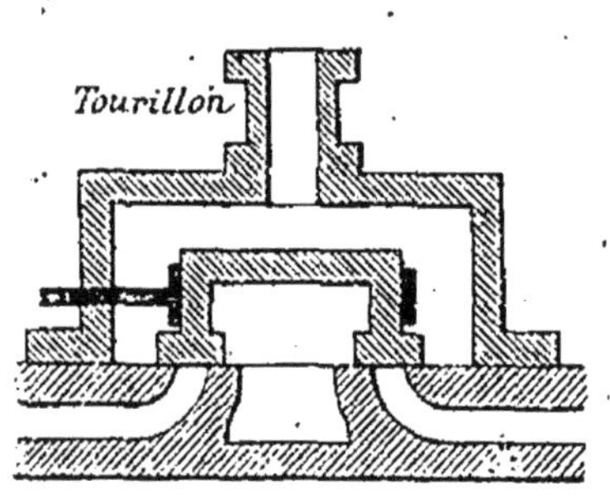

Fig. 110.

Le mouvement du tiroir est le même que dans une machine à bielle, et l'excentrique est calée sur l'arbre de la même façon. Seulement, comme elle est naturellement fixe, puisque l'arbre l'est aussi, et que le tiroir plaqué sur le cylindre oscille avec lui, il faut adopter une disposition qui, sans altérer en rien son mouvement, par rapport à la glace du cylindre, permette cependant l'oscillation du système.

Pour cela, on brise la barre d'excentrique et on installe une coulisse dont la courbure est celle de la circonférence décrite par l'extrémité de la tige du tiroir quand le cylindre oscille autour de son tourillon O. Dans cette coulisse est pris un bouton et la figure 111 montre que la

mouvement de l'excentrique est transmis intégralement
au tiroir, quelle que soit la position du bouton dans la
coulisse, position qui varie à chaque instant avec la rotation du cylindre autour de son axe.

Ce type de machines, qui a été très en faveur à un

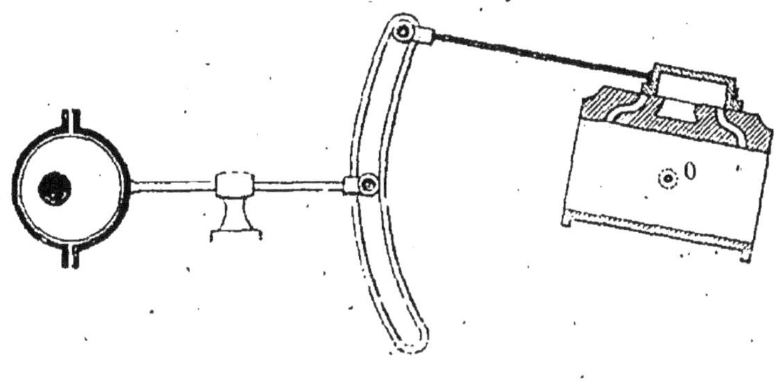

Fig. 111.

moment, est presque universellement abandonné à l'heure
qu'il est, car toutes les pièces prennent facilement de
l'usure: en outre, il ne convient qu'aux machines de
faible puissance, car on ne pourrait sans danger faire
osciller un trop lourd cylindre.

MACHINES A UN SEUL CYLINDRE AVEC DISTRIBUTION SANS TIROIR.

Les inconvénients du tiroir ont été longuement expli-
qués, et nous avons à ce sujet indiqué sommairement
que les nouvelles théories scientifiques réduisaient à néant
les reproches qui lui étaient faits depuis longtemps, à
savoir :

1° De fermer ou d'ouvrir les lumières trop lentement, ce
qui cause une perte de force par suite du laminage de la
vapeur ;

2° De rendre la détente dépendante de la compression,
(défaut qu'on peut éviter par une distribution à double
tiroir, si tant est qu'on le craigne).

On a donc essayé plusieurs fois d'autres modes de distribution qui annulassent ces inconvénients, et comme le champ était vaste, l'invention s'est donné libre carrière. On peut ramener cependant tous les systèmes proposés à deux types généraux : les distributions par soupapes et les distributions par robinets.

DISTRIBUTIONS PAR SOUPAPES.

Ces machines, qui ont pris actuellement le nom de l'ingénieur américain Corliss, sont connues depuis longtemps : un Français, M. Audemarre, en avait, un des premiers, construit un modèle trop peu apprécié, malgré son ingéniosité et les résultats qu'il a permis d'atteindre. Ses machines, installées par la Société des mines de Blanzy (Saône-et-Loire), fonctionnent depuis une quinzaine d'années, à l'entière satisfaction du service.

Le principe du type est des plus simples. Quatre soupapes sont disposées aux coins du cylindre, en communication deux à deux avec l'admission de vapeur ou avec l'échappement. Alors que le tiroir devrait démasquer la lumière de gauche, par un mécanisme quelconque la soupape de gauche (1) s'ouvre, et laisse la vapeur pénétrer dans le cylindre. Au moment où la détente doit commencer, elle retombe sur son siège et interrompt la communication. Lorsque le piston est à fond de course, la soupape de gauche (2) se lève pour donner à la vapeur accès sur l'autre face du piston. En même temps la soupape de droite (3) s'ouvre, pour que celle qui vient de se détendre puisse s'échapper. On voit que ce jeu est iden-

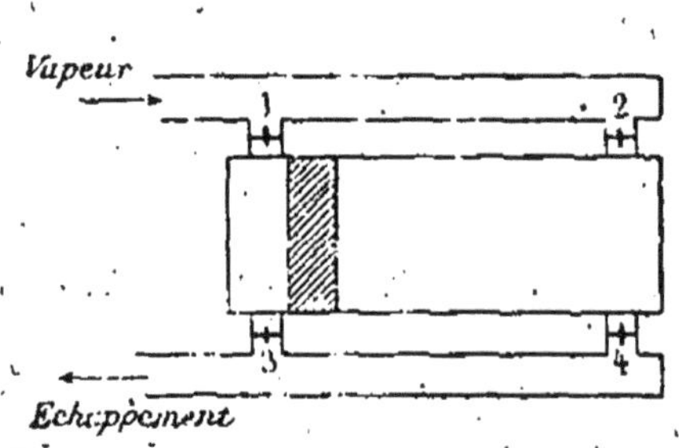

Fig. 112.

tique à celui du tiroir et qu'on peut ainsi à volonté augmenter ou diminuer les phases du travail du moteur, en avançant ou reculant la levée de chaque soupape.

Ces machines ne peuvent donc différer entre elles que par les mécanismes qui soulèvent ou abaissent les soupapes au moment voulu. Nous décrirons le dispositif Audemarre qui est peut-être le plus ingénieux et le moins compliqué.

Le tuyau d'admission, si nous considérons une soupape de gauche, arrive au-dessus, en A (fig. 113). Le siège de la soupape C porte à son extrémité inférieure une tubulure L, où s'adapte le tuyau qui conduit la vapeur au cylindre, et une petite tubulure K, où l'on peut loger un presse-étoupe, et dans laquelle glisse à frottement doux la tige P de la soupape B. Cette tige vient à son extrémité reposer sur une came tournant autour d'un axe o, qui se prolonge tout le long du cylindre et engrène avec l'arbre

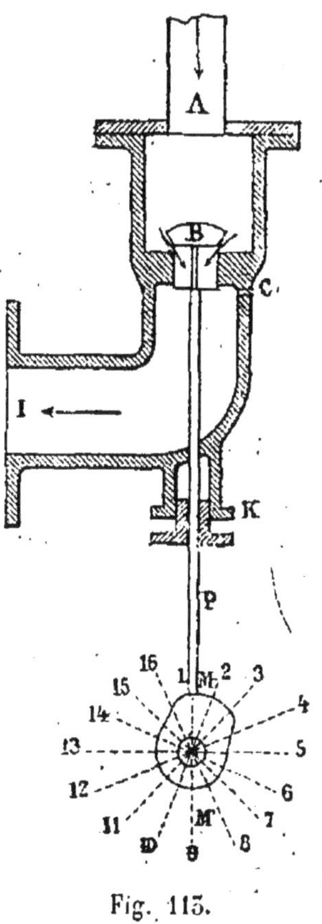

Fig. 113.

de couche, dont la rotation continue lui est ainsi communiquée (fig. 114). On conçoit donc aisément que, à mesure que l'arbre tourne, la came soulève la tige P et par conséquent ouvre la soupape. Lorsque le point M sera arrivé en haut, la levée de la soupape sera maxima; elle se maintiendra ainsi tant que la came en tournant soutiendra à la même hauteur l'extrémité de la tige; et variera, chaque fois qu'une nouvelle inflexion de la courbure de cette came, en réduisant son rayon, diminuera, par conséquent, la longueur dont elle est obligée de soulever la tige pour passer dessous.

Le même arbre *o* porte au-dessous de l'autre soupape d'admission la même came, mais inversement calée, de telle sorte qu'une soupape soit ouverte quand la seconde est fermée et réciproquement. Les deux soupapes d'é-chappement D et D′ sont manœu-vrées à gauche par l'autre tige de la même manière.

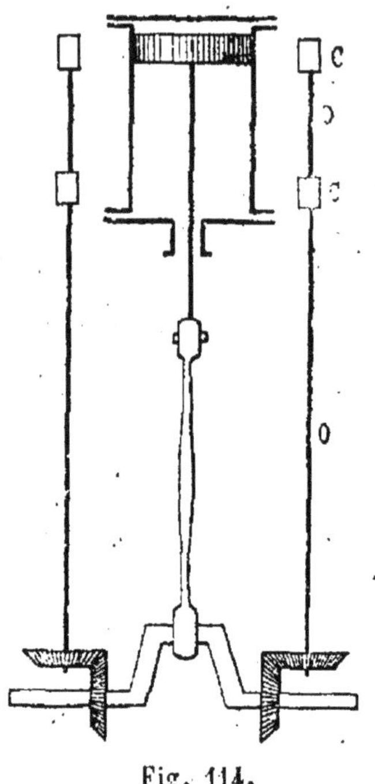

Fig. 114.

Remarquons comme il est sim-ple de distribuer la vapeur avec ce système.

Supposons que nous voulions une avance à l'admission de 1/8 de la course, une admission pen-dant 3/8, et une détente pen-dant 5/8.

On dispose l'arbre O O de façon qu'il fasse un tour en même temps que l'arbre de couche, c'est-à-dire un demi par course du piston. Puis on cale sur lui une came ayant une courbure telle que, pendant le premier 1/16 de tour, période qui correspondra à l'avance à l'admission, la soupape s'ouvre brusquement (pour éviter le laminage de la vapeur); et que, pendant les 3/16 suivants l'orifice reste ouvert. Il suffit pour cela qu'à partir du chiffre 16 jusqu'au chiffre 3, la came soit circulaire autour de *o*, car le point 16 a soulevé la tige de la quantité déterminée à l'avance pour l'ouverture complète de l'orifice, et la surface de la came étant à la même distance du centre, maintiendra, en passant dessous, la soupape levée de la même quantité. Au chiffre 3 la came baisse brusque-ment de telle sorte que, lorsque ce point aura dépassé la tige, celle-ci, n'étant plus soutenue, retombera. La détente aura alors lieu, jusqu'à ce que le piston soit arrivé à

fond de course, c'est-à-dire que par un mécanisme analogue la soupape d'échappement se soit levée ; celle
d'admission restera sur son siège, et arrêtera la vapeur tant que la came en tournant ne rencontrera pas
l'extrémité de sa tige ; or comme au point 4 la courbure
est calculée pour qu'elle ait échappé déjà, il suffit
qu'elle présente du point 4 au point 15 une surface circulaire autour du centre *o*, et la soupape d'admission
ne se soulèvera à nouveau que lorsque le piston sera
aux 7/8 de sa course arrière, c'est-à-dire le point 15 au-
dessous de la tige.

On voit donc que l'admission dépendra de la longueur
de la partie circulaire 16-5 de l'excentrique et que par conséquent pour la faire varier, c'est-à-dire pour faire varier
la détente, il faudrait simplement avoir des cames de re-
change ayant des courbes d'admission de longueur différente. M. Audemarre a réuni toutes ces cames, à côté les
unes des autres, sur le même manchon, qui tourne avec
l'arbre, et qu'il suffit de pousser plus ou moins, pour
présenter sous la tige une came différente et, par conséquent, modifier l'admission de la vapeur dans le cylindre [1].

La coulisse de Stephenson se remplace donc aisément
ici par deux manchons calés sur le même arbre, et par
conséquent manœuvrés par le même levier : les deux
autres soupapes d'échappement ouvrant et fermant toujours aux mêmes moments n'ont besoin par conséquent
que de cames fixes.

---

[1]. Il n'est plus besoin d'avance à l'échappement, qui n'était nécessaire dans le tiroir à recouvrement que pour permettre une
avance à l'admission. La soupape d'échappement se soulèvera donc
lorsque le piston est à fond de course, et ne retombera sur son siège
que lorsqu'il aura parcouru les 7/8 de sa course arrière, et que
l'avance à l'admission recommencera.

DISTRIBUTION PAR ROBINETS.

. Le principe des distributions par robinets est le même que celui des distributions par soupapes, mais le dispositif est un peu plus compliqué.

Nous prendrons comme type la machine de Weelock, qu'on a pu voir à l'Exposition universelle de 1878 et dont nous empruntons le dessin au mémoire de M. Casalonga [1].

La figure 115 indique, au moyen des flèches, que la ma-

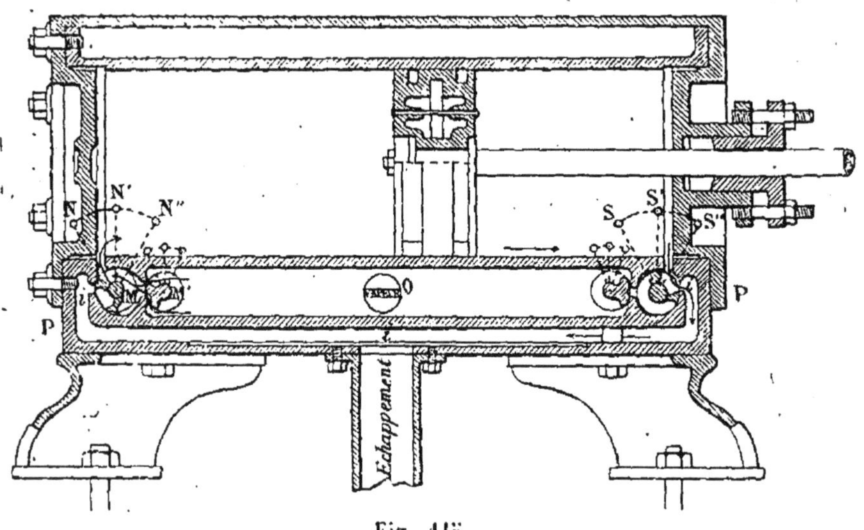

Fig. 115.

chine est représentée au moment où le piston allant de gauche à droite, la vapeur qui pénètre par un tuyau central O dans un conduit inférieur au cylindre PP, passe sur la face de gauche. Remarquons tout d'abord la forme des deux robinets qui permettent l'admission et qui sont plutôt des tiroirs circulaires : ils ont chacun une mission distincte. Le robinet M' se borne à ouvrir ou fermer à

1. *Mémoires sur l'Exposition universelle de 1878*, par D. Casalonga. — J. Dejey, imprimeur, 1880.

la vapeur l'orifice de la caisse où se meut le second robinet M, lequel, démasquant alternativement à l'arrivée de vapeur ou à l'échappement *i* la lumière du cylindre, fait l'admission ou l'échappement. Ces robinets sont portés par des axes qui dépassent la boîte à vapeur, et que l'on voit sur la figure 116. Un même système de robinets se trouve à l'autre bout du cylindre.

Expliquons maintenant comment la distribution s'opère. Sur les axes des robinets M et R (que nous appellerons les distributeurs, par opposition aux deux autres qui

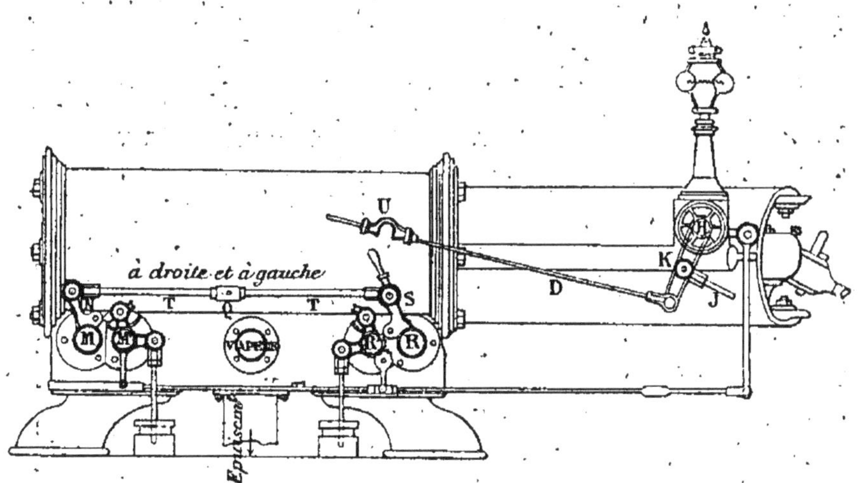

Fig. 116.

sont les régulateurs) sont calées deux manivelles MN et RS réunies par une tige en deux tronçons qu'un manchon Q embrasse et rend solidaires.. A cette tige, comme nous l'avons vu dans la machine de Watt, peut se fixer (au moyen d'une encoche qui enfourche un mentonnet S) une bielle DU, dont l'autre extrémité participe au mouvement communiqué par la barre d'excentrique J au levier HK, mobile autour du point H.

Lors donc que l'arbre et l'excentrique tournent (ils n'ont pu être représentés sur la figure), la barre J et le levier KD donnent à la bielle DU et à la tige TT un mouvement rectiligne de va-et-vient, de sorte que les manivelles MN et RS occupent successivement les positions MN′, MN″ et RS′, RS″ (fig. 115). Si nous considérons tout d'abord le robinet distributeur M, nous voyons que lorsque la manivelle va de MN en MN′, il vient peu à peu fermer la lumière à l'admission et produire, par conséquent, la détente, tant que son patin la couvre, puis l'échappement, dès qu'il la met en communication avec le tuyau i.

En même temps le robinet R, a peu à peu permis l'échappement, puis créé une compression lorsque son patin obstruait complètement la lumière, enfin admis la vapeur dans le cylindre, dès que le piston est arrivé à fond de course à droite.

Celui-ci revenant maintenant sur la gauche, la tige TT va pousser progressivement les deux manivelles vers la gauche, et pour chaque robinet les phénomènes inverses se produiront.

Les deux autres robinets qui jouent le rôle de régulateurs sont mus par un mécanisme assez compliqué, dans la description duquel il serait trop long d'entrer, et qu'un régulateur à boules actionne, selon la vitesse de la machine, de telle sorte que l'arrivée de vapeur dans la cage des distributeurs soit toujours en relation avec la puissance à vaincre.

Les distributions par robinets sont très mauvaises : elles étranglent la vapeur peut-être davantage que celles par tiroir, et nécessitent toujours un ensemble d'organes bien plus compliqué.

MACHINES A DEUX CYLINDRES.

Les machines à deux cylindres, dont l'invention est due à un ingénieur anglais, Woolff, au commencement de ce siècle, sont maintenant universellement employées. Elles se sont légèrement transformées, et ont pris le nom de machines *Compound*, mais, en résumé, le principe est resté le même. Avant d'indiquer les petites différences qui séparent le nouveau type de l'ancien, nous allons décrire ce dernier en détail.

On se rappelle que lorsque nous avons étudié la marche d'une machine à vapeur, nous avons établi que l'effort exercé sur le piston n'était pas d'égale intensité pendant toute la course. Si, en effet, la surface de ce piston est de 1 mètre carré, et que la pression de la vapeur soit de 5 kilog. par centimètre carré; au moment où l'admission se fera, l'effort supporté sera de 40,000 kilos, puisque

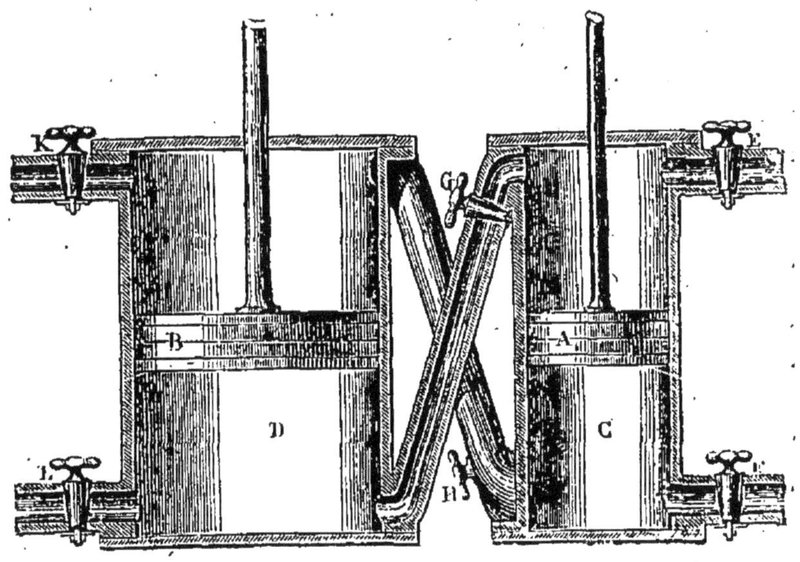

Fig. 117.

la pression atmosphérique, soit 10,000 kilos, agit sur l'autre face : cet effort diminuera progressivement pendant la détente, pour devenir nul au moment de l'échappement, quand la détente est parfaite et que la vapeur s'écoule dans l'atmosphère, car des deux côtés la pression sera la même. La variation de puissance pendant la course est donc très grande, et les pièces qui sont placées entre le volant et le piston, tirées ou poussées avec une vitesse tantôt plus grande, tantôt moindre que celle du volant, sont soumises à des fatigues d'autant plus énergiques que cette variation de puissance a plus d'intensité. Les machines à deux cylindres ont l'avantage de réduire dans une proportion notable ces oscillations.

Considérons, en effet, la figure 114, qui représente la disposition théorique des deux cylindres de Woolff.

La vapeur pénètre, à pleine pression, dans le plus petit des deux cylindres, pendant toute la course, par le tuyau E. Lorsque le piston est arrivé à l'extrémité, la communication se ferme avec la chaudière, s'ouvre avec le deuxième cylindre par le robinet G, et le moteur est refoulé par la course arrière du piston dans cette seconde capacité où il se détend. En même temps la vapeur de la chaudière s'introduit par F, repousse le piston A, et le ramène à son point de départ, pour de là pénétrer par H dans le grand cylindre D, tandis que celle qui s'est détendue dans ce dernier cylindre s'échappe alors dans l'atmosphère par le tuyau L. Les mouvements des deux pistons sont donc toujours de même sens, et ils arrivent en même temps aux extrémités de leur course.

Il est facile de voir que, par ce moyen, l'effort exercé sur l'arbre de couche est moins inégal, si l'on suppose les manivelles des deux cylindres calées sur le même arbre.

En effet, lorsque la vapeur arrive, au commencement de la course du petit piston, alors que son effort est maximum, il lui faut refouler dans le grand cylindre toute celle qui remplit la capacité C, et qui est presque à la même pression (puisque pendant toute la course précédente elle a été admise, et que la communication avec le grand cylindre venant de s'ouvrir, elle n'a pas encore eu le temps de se détendre). L'effort de cette nouvelle quantité de vapeur sera donc annulé, mais le piston B commencera à recevoir l'action de la vapeur sur une face, tandis que l'autre, en communication avec l'échappement par le tuyau L subira, comme dans une machine ordinaire, la pression de l'atmosphère; et l'arbre de couche sera entraîné par une force égale à $50,000^k - 10,000^k$, si la surface du piston B est de 1 mètre carré.

Supposons maintenant les deux pistons au milieu de leur course.

La vapeur agit encore sur une face du piston A avec un effort maximum ; de l'autre côté elle s'est détendue : elle occupait, en effet, le volume du petit cylindre que nous représenterons par 1 ; si celui de l'autre est 5 fois plus grand, elle occupe maintenant un volume égal à

$$\frac{1}{2} + \frac{5}{2} = \frac{6}{2} = 3 ;$$ donc sa pression ne sera plus

de $\dfrac{5^k}{3} = 1^k66$.

L'effort total se compose ainsi :

1° De la différence entre la pression dans le petit cylindre de chaque côté du piston : si on admet que la surface de ce piston est de 50 décimètres carrés, cette différence sera égale à

$$5^k \times 5000 - 1^k,666 \times 5.000 = 25000 - 8330 = 16670$$

2° De l'effort sur le second piston, soit de

$$1666^k. - 10,000^k = 666^k,$$

donc à peu près 17,000 kilos.

A la fin de la course, l'effort total se compose seulement de la différence des efforts sur chaque face du petit piston, puisque la vapeur dans le grand cylindre est à $\dfrac{5^k}{5}$, soit à la pression atmosphérique, et que par consé-quent il y a équilibre sur les deux faces du piston B, il est donc

$$25000 - 5000^1 = 20,000^k.$$

On voit que le premier avantage des machines à deux

1. Car sur la face du piston qui est en communication avec le grand cylindre ne s'exerce qu'une pression de 1 atmosphère, tandis que sur l'autre le moteur agit avec sa tension initiale de 5^k.

cylindres est de réduire énormément la variation de l'effort; dans le cas d'une machine à un seul cylindre, cet effort, en effet, égal à 40,000^k au commencement de la course, se réduisait à rien, tandis qu'avec cette disposition, à la fin, il est encore de 20,000^k. — Les pièces travailleront donc avec bien moins de fatigue, et par conséquent on pourra construire, suivant ce type, des machines de diamètre bien plus fort, et par conséquent beaucoup plus puissantes.

Mais un autre avantage de ce système qu'on a pu déjà prévoir, c'est qu'il est, grâce à lui, plus facile d'avoir des détentes prolongées, c'est-à-dire de faire travailler économiquement la vapeur.

Supposons, en effet, qu'on ait introduit dans une machine à simple cylindre un volume de vapeur égal à 1, et à la pression de 5 atmosphères; et qu'on veuille le faire détendre jusqu'à la pression atmosphérique : il lui faudra occuper un volume 5 fois plus grand, et, comme c'est dans le même cylindre, la course totale du piston devra être 5 fois plus longue que celle qu'il a parcourue avant la fermeture des lumières. Or, si on a une machine puissante à construire, et que par conséquent il lui faille développer un grand nombre de kilogrammètres à la seconde, on sera obligé de laisser pénétrer la vapeur pendant une assez grande admission, puisque c'est en somme cette période qui crée la plus grande fraction du travail moteur; et la longueur du cylindre sera considérable, car il faut au piston une course totale 5 fois plus grande. — Au contraire, avec une machine Woolff, en ajoutant un second cylindre dont le volume sera 5 fois plus grand que celui de l'autre (et il suffit pour cela que le diamètre soit le double et la longueur les 5/4 du diamètre et de la longueur du premier), on pourra admettre la vapeur pendant toute la course du petit piston, c'est-à-dire pendant un temps très long, et cependant arriver à la détente la plus économique.

Les machines à deux cylindres permettent donc une détente prolongée et par conséquent une grande économie, sans exagérer les dimensions des cylindres. On construit de la sorte des machines à haute pression et à condenseur, c'est-à-dire développant un grand travail avec très longue détente, résultat qu'il est difficile d'obtenir dans une machine à un seul cylindre.

Voyons maintenant comment fonctionne cette machine.

Le type de Woolff est vertical, à balancier ; les courses des pistons étant toujours de même sens, on fixe leurs tiges aux points du parallélogramme de Watt que nous avons indiqués comme ayant des mouvements rectilignes. La tige du grand piston est à l'extrémité, et celle du petit piston à un point du parallélogramme tel, que les chemins parcourus par les deux points d'attache qui sont à des distances inégales du centre soient égaux aux courses de ces deux pistons. Le mouvement du tiroir du petit cylindre est donné, comme nous l'avons vu pour le type de Watt, par un renvoi de mouvement à levier. Seulement, comme la vapeur est admise pendant toute la course et la détente par conséquent supprimée, nous rentrons dans le cas, considéré tout d'abord, d'un *tiroir normal sans recouvrement*.

Il nous reste maintenant à expliquer comment se fait la distribution dans le grand cylindre, distribution que, dans la figure 117, nous avons représentée grossièrement par des conduits et des robinets. Le premier tiroir étant un tiroir sans recouvrement, la vapeur qui a fini son travail, s'échappe pendant toute la course rétrograde, et forme enveloppe autour des deux cylindres, qui sont emprisonnés dans une même chemise en fonte.

Elle arrive sur le dos du tiroir du grand cylindre, qui est aussi sans recouvrement, et s'introduit pendant la course entière du piston. Lorsque celui-ci est amené à l'extrémité elle s'échappe alors définitivement, soit dans le condenseur, soit dans l'atmosphère.

On conçoit que, si l'on ne veut pas admettre le

moteur pendant la course entière du petit piston, il soit très simple de commencer dans le premier cylindre la détente, en ajoutant un recouvrement au tiroir, et que de même, lorsqu'on marche à condensation, on puisse couper la vapeur dans l'autre cylindre à un instant donné, pour la détendre une seconde fois,

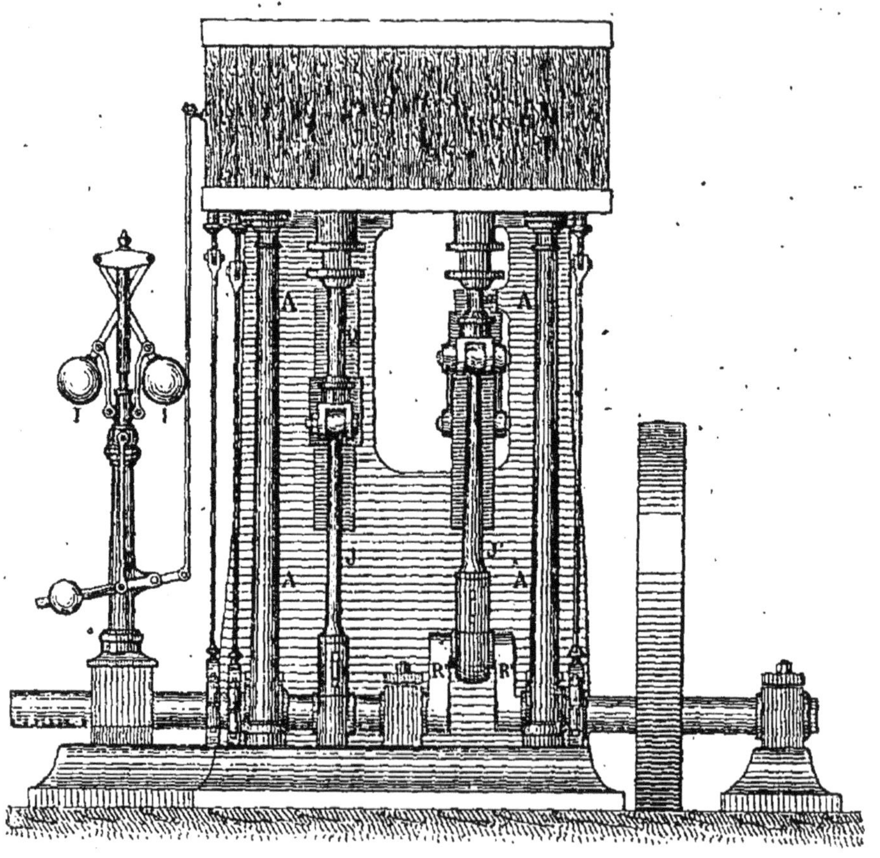

Fig. 118.

et l'amener à peu près à la pression du condenseur.

La machine de Woolff, malgré ces avantages, présente encore un inconvénient : c'est que le passage des points morts est toujours difficile, les deux pistons arrivant à fond de course ensemble, et la force seule du volant ayant à les faire démarrer tous deux.

Le type actuel ou *type Compound* (fig. 120) a résolu
cette difficulté en interposant entre les deux cylindres un

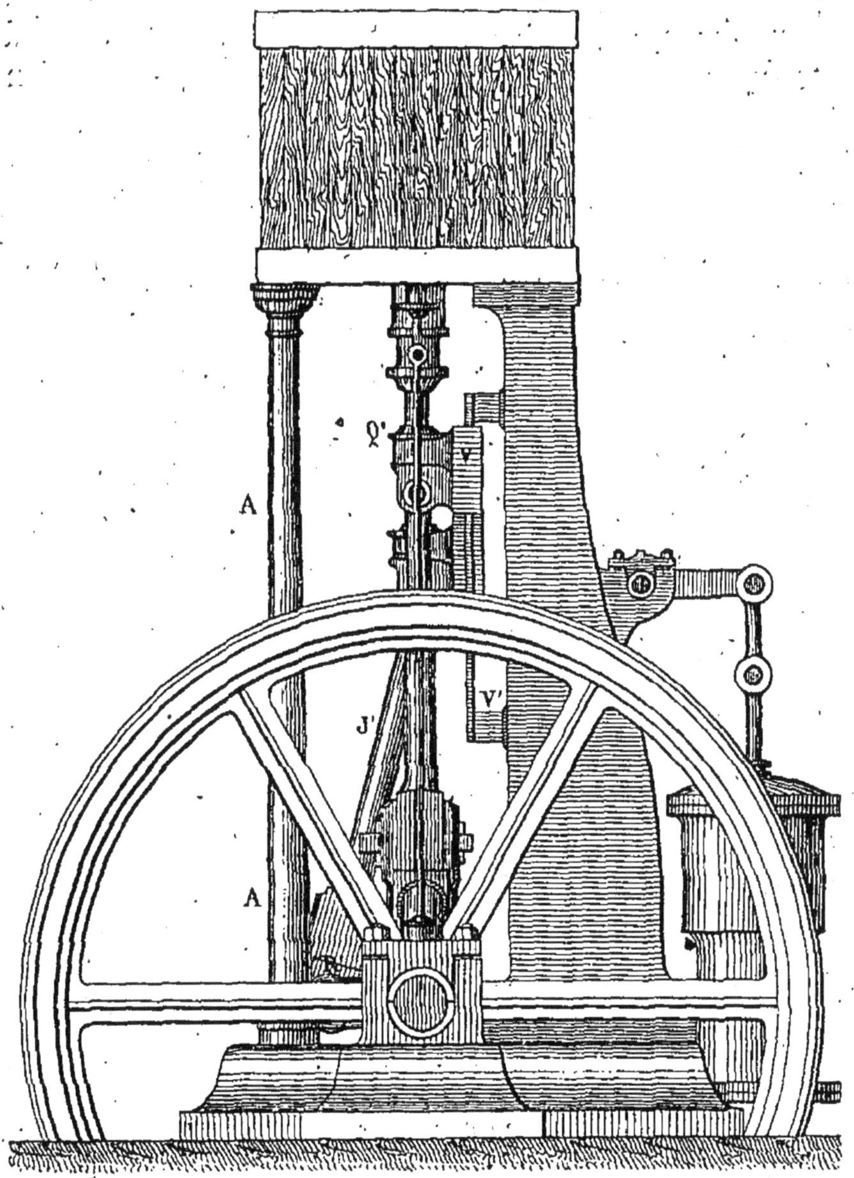

Fig. 119.

réservoir dans lequel la vapeur se rend au sortir du petit
cylindre avant de pénétrer dans le grand. On a donc, en
réalité, deux machines accouplées, et dont l'une est pour

ainsi dire la chaudière de l'autre. L'immense avantage qu'on y trouve consiste en ce que les deux pistons n'ont plus besoin d'arriver à fond de cylindre ensemble, et l'un peut par conséquent être au milieu de sa course, quand l'autre est à un des deux points morts. Cette disposition

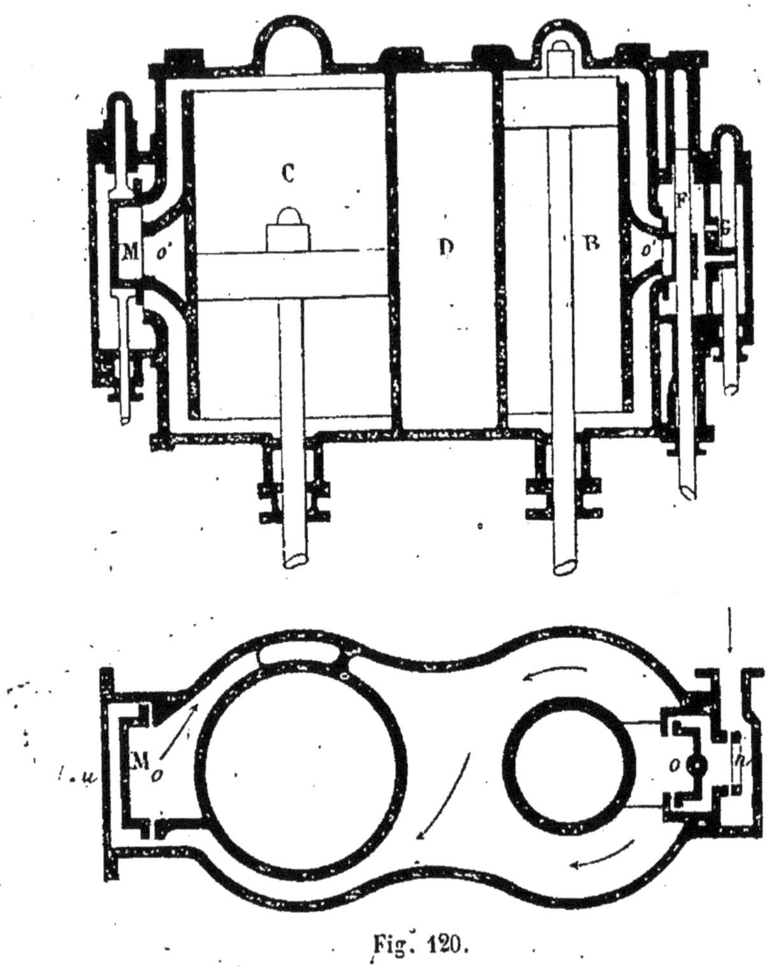

Fig. 120.

supprime le balancier, car les mouvements des pistons ne sont plus constamment de même sens, l'un étant en avance d'une demi-course sur l'autre; et l'on est obligé de revenir alors au type horizontal ou au type de machines-pilons. Les tiges sont donc par l'intermédiaire des bielles et des manivelles attelées sur le même arbre de couche, et l'une des manivelles est verticale alors que l'autre est horizontale. L'effort sur un piston viendra, par con-séquent, constamment aider le volant à faire passer le point mort à l'autre, et la variation de la puissance de la machine sera bien moindre par ce perfectionnement.

Les figures 118, 119 et 120 ci-jointes feront comprendre la machine Compound actuelle. On voit que le type repré-senté est une *mach ... à pilon*, c'est-à-dire avec les cylin-dres en haut, supportés par des colonnes AA. Les deux cylindres B et C (fig. 120) sont séparés par un réservoir D. La distribution du petit cylindre est en F. La vapeur file par l'échappement après avoir accompli son travail dans le premier cylindre, en fait le tour comme l'indiquent les flèches et vient au-dessus du tiroir de distribution M. Son travail accompli dans ce second cylindre, elle s'échappe par l'échancrure o'. La figure 118 montre en même temps la position respective des deux tiges Q et Q' qui relient les pistons aux bielles J et J' et aux manivelles R. R'. La manivelle R ne peut s'apercevoir, car elle est cachée par la bielle et est horizontale. La figure 119 montre du reste sa position, en même temps que la glis-sière V V', qui assure le mouvement rectiligne des tiges de piston.

Les machines Compound se répandent de plus en plus actuellement. Elles réalisent comme économie de com-bustible un progrès très réel, puisque avec des chaudières tubulaires elles arrivent à ne pas brûler plus d'un kilogr. de charbon par cheval et par heure.

On les fait ou horizontales ou verticales; mais nous avons vu les inconvénients que présente cette dernière disposition, surtout quand la machine dev nt puissante : aussi le type horizontal est-il le plus souv t adopté, sauf lorsque, comme pour la marine, des exig ces spéciales en décident autrement.

MACHINES MARINES.

Nous ne nous étendrons pas sur les machines marines
dont les types sont identiques à ceux déjà décrits, et dont
les modifications ne résultent que des difficultés d'installation à fond de cale.

Elles sont toutes à haute pression et à condensation, de
façon à avoir une plus grande puissance. Nous avons déjà

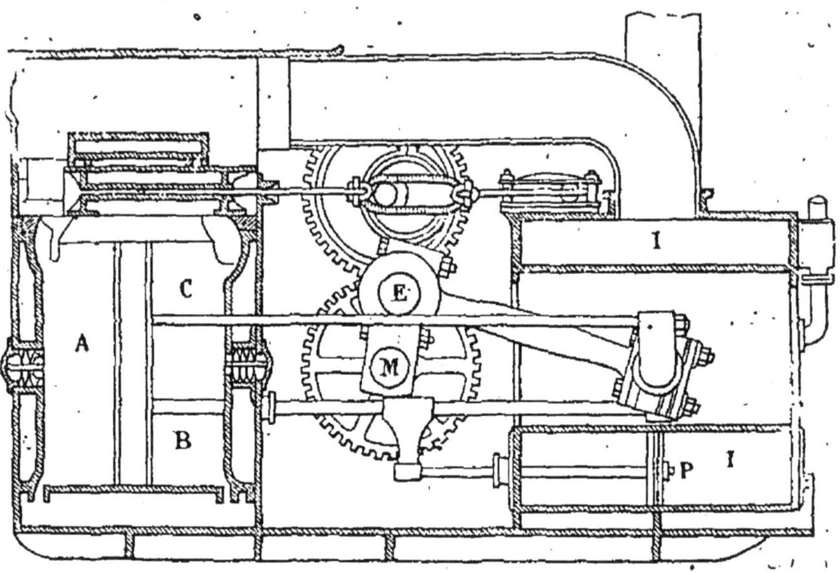

Fig. 121.

décrit le genre de condenseurs employés, et dit les raisons qui l'avaient fait adopter.

Comme disposition générale, on est limité, vu le peu de
place dont on dispose, soit au type vertical à balancier, soit
au type horizontal modifié.

Les machines à balancier sont bien équilibrées et fonctionnent régulièrement, mais elles sont lourdes et exigent un grand emplacement, particulièrement en hauteur, ce qui le rend impropre à la marine militaire,
c'est-à-dire aux vaisseaux à trois ponts.

Les machines horizontales prennent en longueur bien

trop de place pour pouvoir être utilisées sans modifications : aussi, pour supprimer tout l'espace occupé par la bielle emploie-t-on : soit les machines à cylindres oscillants (mais lorsqu'elles atteignent une certaine puissance nous avons vu que celles-ci n'étaient pas sans inconvénients) ; soit les machines dites à bielle de retour, dont la figure 121 indique la disposition générale.

Le piston moteur A porte deux tiges B et C, reliées entre elles à leur autre extrémité par une semelle sur laquelle s'articule la tête D de la bielle DE. Cette bielle, au lieu d'être dans le prolongement des tiges, se trouve en retour, de telle sorte que la manivelle EM et l'arbre de

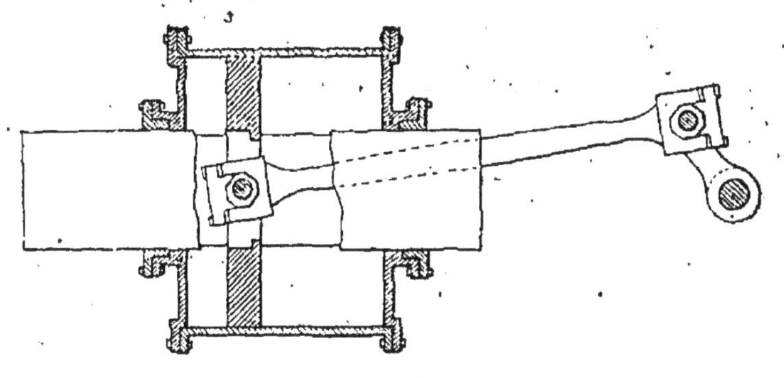

Fig. 122.

couche sont très rapprochés du cylindre. La machine est ainsi très ramassée et occupe bien moins de place. La pompe à air, P, du condenseur I est attachée directement à une tige du piston A.

Cette machine, qui a été imaginée par M. Dupuy de Lôme, porte un mécanisme particulier, assez compliqué, représenté sur la figure, et qui sert à changer rapidement le sens de la marche de l'arbre de couche, en évitant cependant la coulisse ou ses similaires ; mais nous ne le décrirons pas pour ne pas rendre confuses ces idées générales.

Au lieu du système à bielle de retour on emploie aussi les machines dites à fourreau dans lesquelles la bielle s'attache directement au piston, et peut prendre l'inclinaison nécessaire en manœuvrant dans un fourreau qui sert en même temps de guide au piston. La figure 122 donne une idée de cette disposition dont le but est toujours de réduire considérablement la longueur de la machine.

Les machines marines sont les plus puissantes que l'on construise, elles atteignent jusqu'à 1000 chevaux de puissance[1]. Leur vitesse est de 30 à 35 tours en moyenne, elles ont en général une assez longue détente et une condensation aussi parfaite que possible.

Nous verrons, dans les chapitres consacrés à l'hydraulique au moyen de quels organes elles communiquent au vaisseau l'impulsion nécessaire à sa marche.

[1]. Pour cela on installe plusieurs cylindres indépendants dont les pistons sont reliés à un arbre de couche unique, au moyen de manivelles disposées de telle sorte que deux quelconques des pistons ne soient jamais simultanément à un point mort. — La figure 71 du chapitre ix donne, du reste, une idée de la disposition adoptée.

CHAPITRE XIII.

Des locomotives. — Adhérence. — Traction; Influence de la voie. — Contre-vapeur. — Types divers de locomotives. — Locomobiles. — Machines demi-fixes.

ADHÉRENCE.

La locomotive est une machine à vapeur qui emploie toute la force disponible sur l'arbre de la manivelle, non à mettre en mouvement les outils d'un atelier, comme le font les machines fixes, mais à se mouvoir elle-même en remorquant un poids plus ou moins lourd.

Avant d'expliquer comment elle y parvient, quelques détails préliminaires sont nécessaires.

On appelle *frottement* la force qui contrarie le mouvement d'un corps contre un autre. Ainsi lorsqu'on fait glisser un objet sur une table, on voit de suite qu'il ne

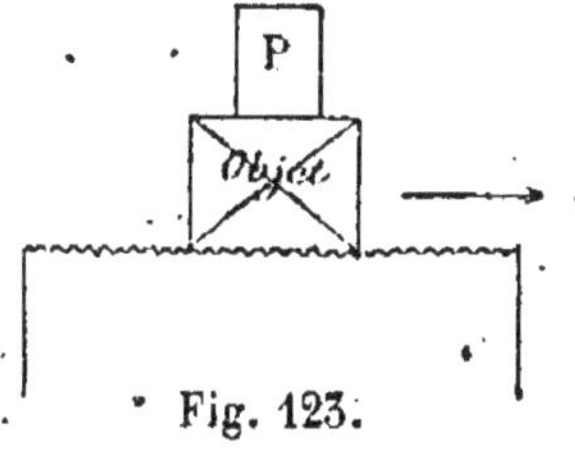

Fig. 123.

prend pas la même vitesse que si on le lançait dans l'air avec la même vigueur. Son contact avec la table diminue donc la vitesse, et on se l'explique en reconnaissant que les surfaces de la table et de l'objet ne sont jamais absolument planes ; qu'il existe un nombre infini de petites inégalités, qui pénétrent les unes dans les autres, et gênent par conséquent le mouvement du corps par rapport au support. Plus donc les deux surfaces seront polies, moins il y aura de frottement : une bille d'agate roulant sur une table de marbre a, à très peu de chose près, la même vitesse que dans l'atmosphère.

Le frottement dépend donc de la nature des surfaces en contact.

D'un autre côté, si on applique un poids P sur l'objet, l'effet de ce poids sera de l'appuyer mieux encore contre la table; par conséquent, les inégalités mutuelles de la table et de l'objet se pénétreront davantage, et l'on rencontrera d'autant plus de résistance pour tirer le corps dans le sens de la flèche.

Donc, plus une pièce est lourde, plus le frottement est grand, ce qu'on exprime en disant que *le frottement*

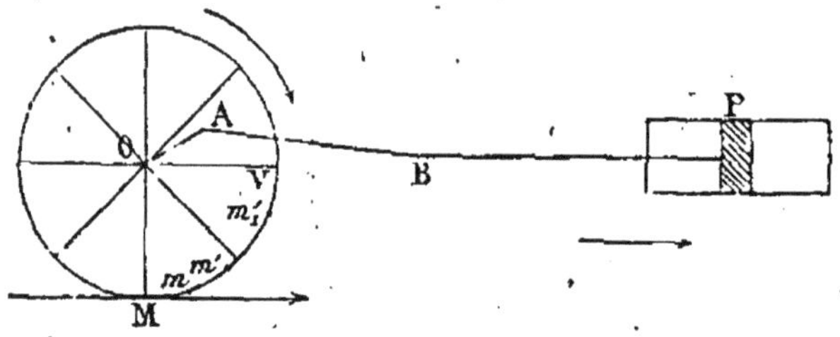

Fig. 124.

dépend de la pression normale, en même temps que de la nature des surfaces en contact.

Nous allons voir une des applications les plus intéressantes de cette loi dans l'adhérence des locomotives.

Comme dans toutes les machines fixes, la vapeur ici agit dans un cylindre, sur un piston, relié par une tige et une bielle à une manivelle calée sur un arbre. Aux extrémités de cet arbre qu'on appelle l'essieu, sont deux roues dont il occupe le centre et qui reposent sur les rails. La disposition générale peut donc être représentée par la figure 124. L'essieu, supportant par l'intermédiaire des boîtes à graisse toute la locomotive, s'appuie ou du moins appuie le bord M de la roue contre le rail avec une force d'autant plus grande que la locomotive est plus lourde; or si nous considérons l'ensemble de la machine, nous voyons que le piston P tend à faire tourner le système dans le sens de la flèche circulaire, comme il ferait d'un volant si la machine était fixe. Mais le poids de la locomotive développe en M un frottement proportionnel qui s'y oppose, et toujours tel que la roue ne peut tourner sur place [1]. La manivelle est cependant sollicitée par le piston, et, pour qu'elle puisse exécuter son mouvement circulaire, la roue est obligée de se déplacer longitudinalement dans le sens de la flèche inférieure, en roulant sur le rail ; de sorte que, successivement les points m, m', m'_1, etc., viennent en contact avec le sol.

On peut facilement s'expliquer ce phénomène en prenant un anneau plein, le saisissant de la main gauche par son centre, et lui donnant un mouvement de rotation de la main droite. Tant qu'on ne l'appuie sur aucun support, il tourne autour de son centre, à la demande ; mais, que de la main gauche, en le tenant toujours au centre, on l'applique fortement contre une table, le mouvement circulaire qu'on lui imprimait primitivement avec la main droite se transforme ; l'anneau roule lentement sur la table.

On le voit donc, si le frottement ne s'exerçait pas en M, la machine n'avancerait pas et la roue tournerait sur place comme un volant ; mais, en empêchant le point M de bouger, il la force pour ainsi dire à s'incliner, et met en contact un autre point m sur lequel il agit alors, puisque c'est maintenant le point d'appui de la roue et du rail.

Pour donc que la locomotive coure sur la voie, il faut que le frottement soit plus grand que la force qui tend à faire tourner la roue sur place, car sans cela elle arriverait à la vaincre et la machine ne bougerait pas [2].

Or cette force dépend nécessairement de la puissance

1. Le sens de la flèche, qui se termine en M, indique la direction de la force de frottement qui empêche la roue de tourner sur place.

2. C'est ce qui arrive quelquefois lorsque, par les temps de verglas, le rail est devenu tellement glissant que le frottement diminue énormément, et arrive à être inférieur à la force de traction. On dit alors que la machine *patine*, et pour la faire démarrer, on jette du sable sur la voie.

de la machine, et le frottement dépend du poids, d'après la seconde des règles que nous venons d'établir. Plus donc la machine sera puissante, plus elle devra être lourde.

Cette propriété du frottement de maintenir la roue contre le rail se nomme l'*adhérence*[1] de la locomotive.

Remarquons que, si la roue roule sur le rail, son centre et par conséquent la machine et le train tout entier se déplacent de la même quantité Oo (fig. 125), suivant une ligne parallèle au rail.

Plus donc le train sera lourd, plus la machine devra être puissante, et, d'après ce que nous avons vu, pour

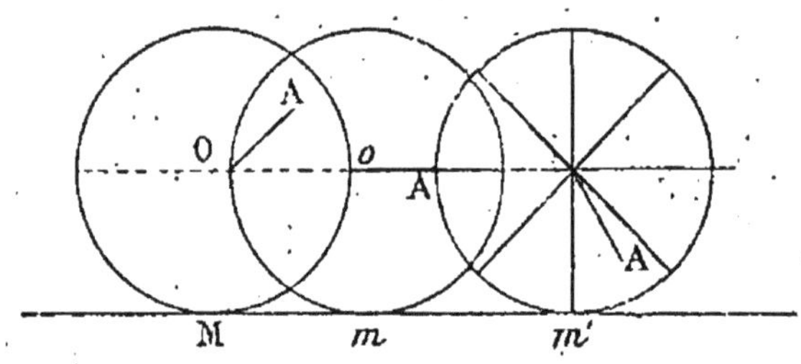

Fig. 125.

qu'elle ait une adhérence convenable, devra être lourde ; d'où la règle : faire les machines de trains de marchandises bien plus lourdes que celles des trains de voyageurs.

Mais nous n'avons jusqu'ici représenté que deux roues, (les roues motrices), et, pour supporter la machine, il en faut au moins quatre. Deux seules peuvent être conduites par le piston : deux seules doivent avoir, par conséquent, l'adhérence suffisante pour que la locomotive roule. Or, comme nous sommes obligés de mettre au moins deux essieux, le poids de la machine se répartira, de telle

1. Lorsqu'un train gravit une pente, l'adhérence est énormément réduite, tout le poids du train tend en effet d'autant plus à entraîner la locomotive en sens contraire du mouvement, et, par conséquent, diminue d'autant plus le frottement, que la pente est plus raide. L'inclinaison maxima qu'on donne à la voie est en général de 8 à 10 $^{m}/_{m}$ par mètre ; en moyenne elle est de 3 à 6 $^{m}/_{m}$.

sorte que chacun n'en supportera plus que la moitié, ce qui allégera leur fatigue, mais en même temps l'adhérence, qu'on diminue ainsi de moitié (puisqu'il n'y a qu'une seule paire de roues motrices).

Il faut donc trouver le moyen d'accumuler sur un seul essieu tout le poids de la locomotive dont l'autre supporte une fraction : pour cela *on accouple les roues.*

On réunit par une bielle deux points symétriques des deux roues du même côté, de sorte que l'une ne puisse tourner sans entraîner l'autre. Cette simple bielle lève la difficulté. En effet, supposons la roue B, motrice : quelle est la résistance qu'elle oppose au mouvement sur elle-

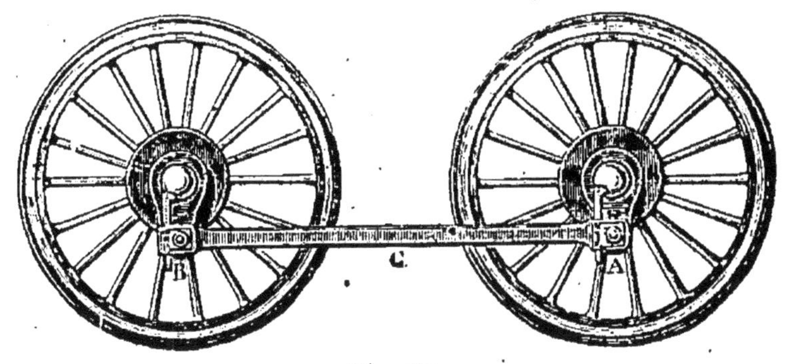

Fig. 126.

même ? C'est d'abord l'adhérence en M, moitié de l'adhérence totale, et de plus, comme elle ne peut tourner sans entraîner A, c'est la résistance qu'éprouve A, c'est-à-dire l'adhérence en M', autre moitié de l'adhérence totale. Elle s'inclinera donc en roulant sur le rail, et en entraînant dans ce mouvement de roulement A, qui avancerade la même quantité.

On voit facilement que ce que nous venons de dire s'applique à un nombre quelconque de roues couplées. Dans beaucoup de machines à marchandises qui portent sur le même bâti leur tender, rempli d'eau et de briquettes (pour augmenter le poids et par conséquent l'adhérence), on est obligé de mettre trois, et même quatre essieux, et l'on a des machines à 6 ou 8 roues couplées..

Ce système n'a qu'un seul inconvénient (dont nous parlerons plus loin) : ce sont les difficultés qu'il crée aux passages des courbes.

TRACTION. — INFLUENCE DE LA VOIE.

Les roues des locomotives comme celles des wagons, ont une forme spéciale dont nous allons dire quelques mots.

Leur jante est entourée d'un cercle en fer appelé *bandage*, légèrement incliné et terminé intérieurement par un bourrelet qu'on appelle *boudin*.

Le boudin empêche la locomotive de se déverser à droite ou à gauche, et la maintient sur le rail.

Quant au bandage, on lui a donné une forme conique pour la raison suivante :.

Nous avons parlé au chapitre ix de la force centrifuge : sous l'influence de cette force, un corps qui tourne avec une certaine vitesse, s'éloigne du centre de son mouvement. On peut se rendre compte facilement de ce phénomène au moyen de la fronde : la ficelle tirée par la pierre qui cherche à s'éloigner se tend et casse même quelquefois. Lors donc qu'un train est lancé à toute vitesse sur une courbe, la force centrifuge le projette en dehors de la voie.

Elle entraîne le wagon vers l'extérieur, jusqu'à ce que le boudin de P vienne buter contre le rail. C'est donc la partie la plus grande de la roue P, et la partie la plus petite de la roue P′ qui roulent sur leur rail respectif. Le wagon s'inclinera, par conséquent, en sens contraire du mouvement

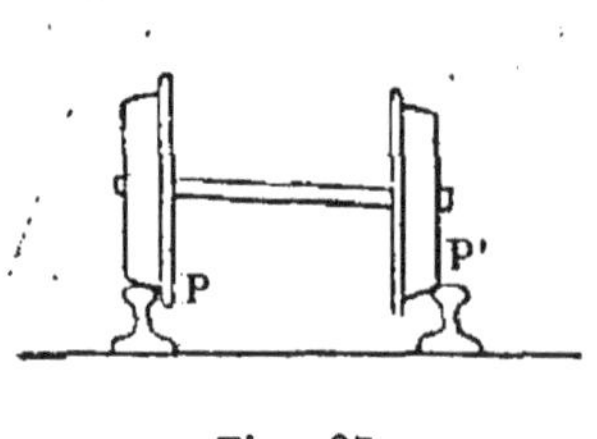

Fig. 271.

que tend à lui faire prendre la force centrifuge, et son poids lui vient en aide pour résister à cet entraînement.

Mais l'action de cette force centrifuge est telle que le train pourrait n'être pas suffisamment retenu par le boudin sur le rail, aussi déverse-t-on la voie elle-même vers le centre

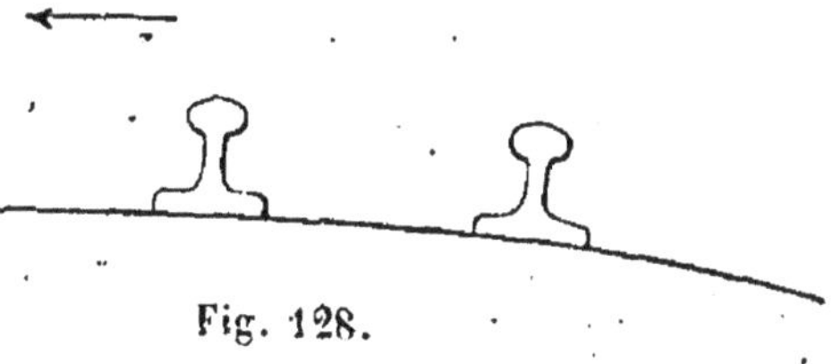

Fig. 128.

de la courbe, pour augmenter la pente des wagons dont l'inclinaison est dès lors très sensible pour le voyageur.

Le passage des courbes offre une autre difficulté grave surtout pour les locomotives.

A l'entrée de la courbe, l'essieu est naturellement perpendiculaire à la direction des rails; il faut qu'à la sortie il en soit de même; la roue P doit donc parcourir tout le chemin PP′ pendant que l'autre décrit l'arc QQ′ (fig. 129). Mais la circonférence PP′ est plus grande que la circonférence intérieure QQ′; la roue extérieure a par conséquent plus de chemin à parcourir; et cependant elles sont

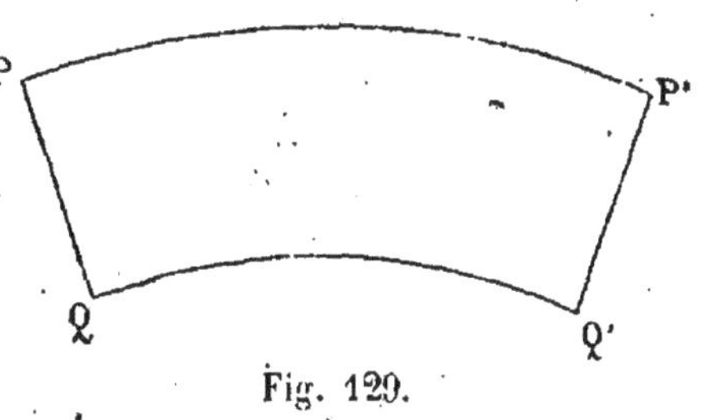

Fig. 129.

calées toutes deux sur le même essieu qui tourne avec elles, et ne peuvent donc faire plus de tours l'une que l'autre. Le wagon se disposerait ainsi obliquement à la voie, et sa roue extérieure serait en retard sur la roue intérieure, si la forme conique du boudin ne venait encore ici rémédier à ce grave inconvénient.

En effet, puisque la première s'appuie par sa plus grande circonférence, en roulant sur le rail elle fera plus de chemin par tour d'essieu, que l'autre qui s'appuie sur la plus petite; et l'on regagnera ainsi la différence entre les deux longueurs PP′ et QQ′ [1].

1. Les circonférences de deux cercles sont en effet proportionnelle à leur rayon.

Considérons un wagon entrant dans une courbe
(fig. 130). On sait que son châssis repose directement
sur les essieux. C'est donc un grand rectangle en fer formant ensemble solide
avec le système des
roues. A mesure qu'il
s'engagera, comme les
essieux ne peuvent pas
tourner les uns par rap-
port aux autres, celui
de devant ou de derrière
sera chassé hors des
rails, à moins que la courbe soit très peu prononcée.

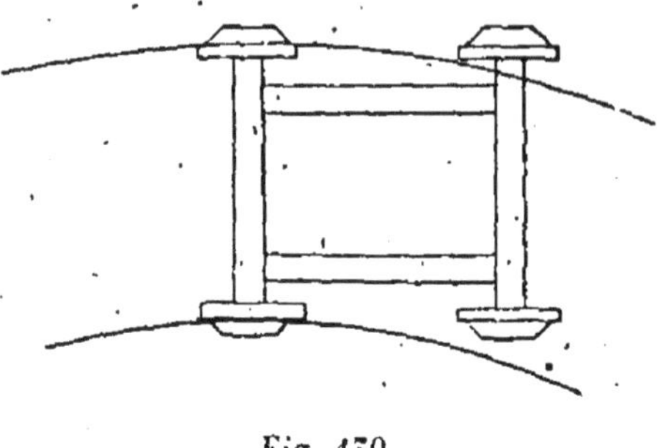

Fig. 130.

La figure 151 montre en effet, qu'il faudrait que les deux
essieux, au lieu de demeurer parallèles, s'inclinassent l'un

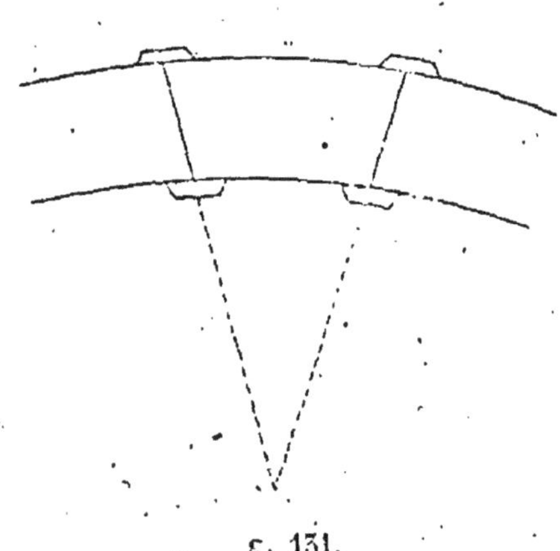

g. 131.

vers l'autre, pour que
le wagon restât sur la
voie, résultat auquel on
arrive dans les voitures
ordinaires, en faisant
tourner l'essieu de de-
vant sous la caisse, au
moyen d'une cheville.

Cet inconvénient, déjà
très sensible pour les
wagons, l'est encore da-
vantage pour les loco-
motives, qui sont beaucoup plus longues, et dont tous
les essieux sont reliés les uns aux autres par les bielles
d'accouplement. Il en résulte que la locomotive ne peut
manœuvrer que dans des courbes de très grands rayons,
et que du moment où on a à passer dans un pays de
montagnes, dans lequel la voie, pour gravir des coteaux,
est obligée de s'incliner en tous sens et très brusquement, les grosses locomotives actuelles ne peuvent être
employées. Aussi les constructeurs se sont-ils préoccupés

de lever cette difficulté, c'est-à-dire d'établir une machine, dans laquelle les essieux, tout en restant unis

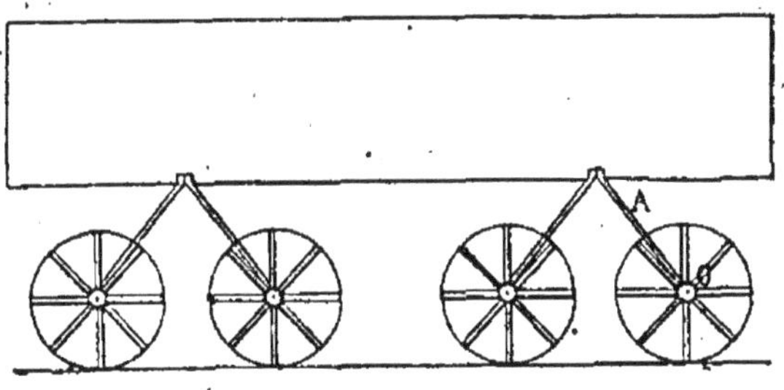

Fig. 132.

par les bielles d'accouplement (pour l'adhérence), puissent s'incliner les uns par rapport aux autres, selon les inflexions de la voie.

Pour les wagons, les Américains ont trouvé la solution; ils font reposer les chassis sur deux petits diables à quatre roues, placés l'un à l'avant et l'autre à l'arrière (fig. 132 et 133); ces petits diables sont réunis au châssis par une cheville autour de laquelle

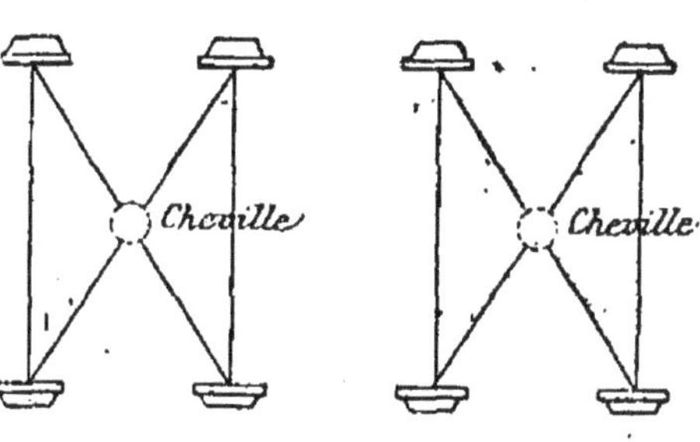

Fig. 133.

ils peuvent tourner. Chacun d'eux se rapproche donc de l'autre selon les exigences de la courbe, et, comme ses quatre roues sont très peu distantes, elles peuvent constamment rester ensemble sur les rails.

Avec les locomotives, ce système n'est pas applicable parce que, on le voit, tout son avantage vient de ce que les deux diables sont indépendants l'un de l'autre; si donc on faisait ici de même, comme la bielle motrice ne pourrait être attachée qu'à un seul essieu, il n'y aurait qu'un diable qui entraînerait la machine, et l'adhérence serait diminuée de moitié.

Le problème n'est pas encore résolu. On a proposé beaucoup de systèmes qui n'ont jamais encore donné de bons résultats, et on est réduit à n'avoir en général pour tous les grands réseaux où les locomotives puissantes sont nécessaires, que des courbes dont le rayon minimum est de 500 mètres. Pour les chemins de fer d'intérêt local, où le trafic bien moindre permet d'employer des locomotives à plus faible adhérence, et où les exigences du tracé imposent des courbes de rayon beaucoup plus petit, on descend jusqu'à 200 mètres.

On peut cependant voir à la gare de Sceaux un train particulier qui passe dans des courbes de très faibles rayons. Ce système, dit système articulé *Arnoux*, qu'on a pu croire tout d'abord excellent, ne donne que des résultats très médiocres, et ne peut être employé qu'avec de très petites machines.

Nous avons dit que l'adhérence diminuait énormément avec la pente de la voie, lorsqu'on se trouve, comme dans certains cas particuliers, en présence d'une rampe extrêmement raide, on transforme le mode d'action de la locomotive, en faisant porter à la roue motrice sur toute sa circonférence, des dents qui engrènent avec une crémaillère fixe, disposée tout le long de la voie. La roue en tournant est obligée de monter la crémaillère dont un certain nombre de dents est en prise, et qui retient le train sur la pente[1]. C'est ainsi qu'a été construit le chemin de fer du Righi (Suisse).

CONTRE-VAPEUR.

Lorsqu'un train, lancé à toute vitesse, arrive à l'approche d'une gare, ou au sommet d'une descente, il doit ralentir, dans le premier cas pour arrêter, dans le second

1. Voir, pour l'explication de la crémaillère, le chapitre xviii.

parce que son poids, l'entraînant sur la rampe, il lui faut plutôt un frein qu'une aide.

Pour diminuer la vitesse, le mécanicien peut, ou serrer les freins de la locomotive, ou user de la marche à contre-vapeur. Les freins, dont nous parlerons dans un des derniers chapitres, sont des sabots qu'un mécanisme appuie énergiquement contre les bandages des roues, et dont le frottement absorbe rapidement toute la force vive du train. — La marche à contre-vapeur consiste dans une interversion brusque des fonctions de la vapeur dans le cylindre.

Avec un tiroir à recouvrement, lorsqu'on relève la coulisse de Stephenson, de manière à amener le coulisseau de la partie supérieure à la position correspondante dans la partie inférieure, la marche du piston change de sens; on le sait, c'est-à-dire que si, par exemple, le mouvement de la manivelle motrice était continu de gauche à droite, il devient continu de droite à gauche.

Supposons donc un piston de locomotive marchant dans la direction de la flèche (fig. 124). Arrivé au sommet d'une pente, et le train lancé dessus, le mécanicien change de sens la marche du piston, et par conséquent, au lieu de laisser la vapeur arriver sur la face de gauche, il la fait arriver sur la face de droite. La roue, au bout d'un certain temps devrait tourner en sens inverse de la flèche, et les wagons reculer; mais la masse de la locomotive et des voitures est lancée de toute sa vitesse sur la rampe, il faudrait maintenant une force considérable pour l'arrêter; ce n'est plus la vapeur qui tire la roue motrice et le train, c'est le poids du train qui fait rouler la roue sur le rail et pousse le piston en avant et en arrière.

Le mouvement dans la coulisse n'a donc en rien changé la marche du système; seul le tiroir a brusquement pris une direction contraire. — Il en résulte que, dès lors, son mouvement et celui du piston au lieu de concorder, sont constamment inversés, et les phases de la vapeur, reproduites à l'encontre de leur succession naturelle. Tandis, en effet, que le piston continue son mouvement de gauche à droite[1], le tiroir laisse arriver sur la face droite une certaine quantité de vapeur, qui fait matelas, s'oppose à la course, la retarde, d'où diminue la vitesse de la roue motrice et du train. Dès que le piston est à fond de course, à droite, le tiroir continue son mouvement normal, ouvre la lumière de gauche et laisse pénétrer la vapeur sur la face de gauche ; cette vapeur fait encore résistance au mouvement du piston que la roue, en continuant de tourner, ramène en arrière.

Les fonctions de la vapeur se bornent donc à ralentir la vitesse du train, et le moteur agit comme un frein ; seulement, au lieu de frotter contre les roues, de les chauffer, et de brûler leur bandage, il fait, ainsi que nous l'avons dit, matelas ; ce qui, pour le jeu des pièces, est bien moins fatigant et moins dangereux.

Lorsque la voie est horizontale, la contre-vapeur arrête rapidement le train : elle ne dure, en effet, que pendant le temps nécessaire pour faire perdre à la masse sa vitesse acquise ; et au bout de quelques instants, elle changerait le sens de la marche (comme nous l'avons vu, dans le cas d'une machine fixe, faire tourner le volant en sens inverse), si on ne lui fermait l'arrivée du cylindre. Sur une rampe, au contraire, le poids aidant, le mécanicien peut marcher à contre-vapeur toute la durée de E de la descente.

---

1. Voir les figures 73, 74 et 75

DISPOSITIONS GÉNÉRALES.

Ce serait sortir du cadre que nous nous sommes tracé, que d'entreprendre une étude détaillée des locomotives : nous ne pouvons qu'indiquer sommairement l'agencement des pièces essentielles.

Toutes leurs chaudières sont tubulaires; c'est ce qui permet, dans un espace relativement restreint, de développer l'énorme quantité de vapeur nécessaire. Pour que cette vapeur arrive bien sèche au tiroir, on la fait circuler dans un tube sécheur SS, qui aboutit par une amorce P au dôme de vapeur, et par une autre u à la boîte à vapeur (fig. 134). C'est dans ce tube, grâce au tampon Q, manœuvré par le mécanicien au moyen de la manette z, que se règle l'admission de vapeur sur le tiroir.

Les locomotives ont, en général, deux cylindres moteurs placés tous deux à l'avant et symétriquement par rapport à l'axe longitudinal : (dans la figure 134 l'un cache l'autre, mais la figure 135 montre la coupe des deux).

Cette disposition, en équilibrant les pièces, a en outre l'avantage de supprimer les ralentissements aux points morts. Il suffit pour cela, comme dans les machines marines, de caler les manivelles, dd, des deux cylindres, perpendiculairement l'une à l'autre.

Comme la cheminée de la locomotive est relativement courte, et que dans sa marche, en fendant l'air, la machine détermine une contre-pression atmosphérique assez considérable, le tirage naturel ne serait pas suffisant pour développer la puissance de combustion nécessaire. Aussi l'active-t-on en laissant échapper dans cette cheminée, à une pression encore assez élevée pour faire le vide, et, par conséquent, déterminer l'aspiration des gaz du foyer, la vapeur qui vient de travailler dans le cylindre, et dont on voit le tuyau de sortie v. La figure

Fig. 154.

155 présente, du reste, la disposition générale de cet échappement.

Les pièces essentielles, piston, bielle, manivelle, excentrique et tiroir sont identiques à celles d'une machine fixe. Une coulisse de Stephenson, qui n'a pas été repré-

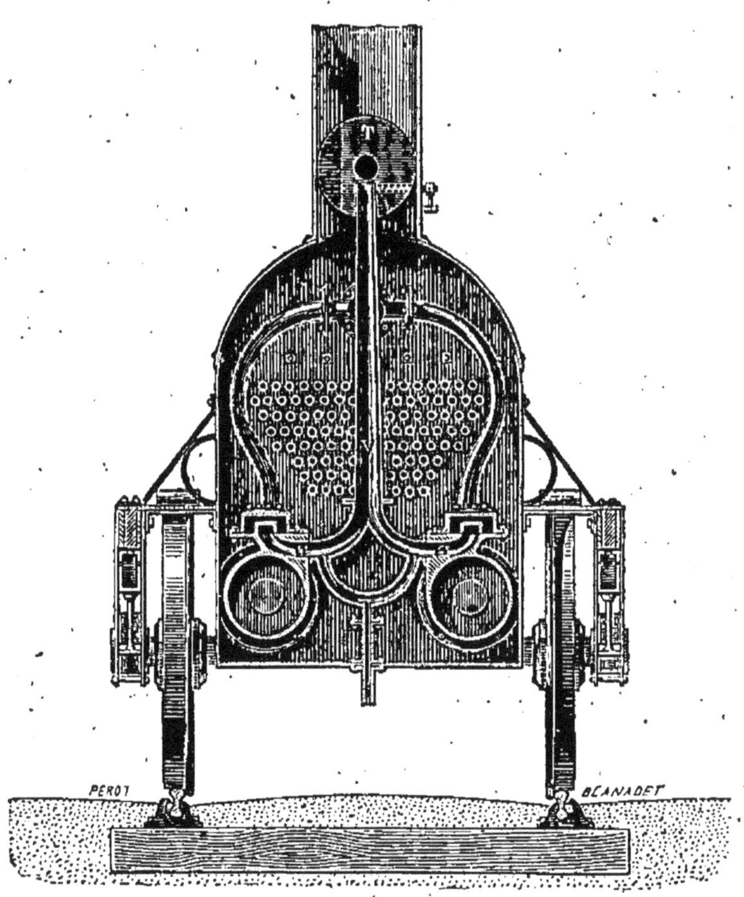

Fig. 155.

sentée, fait varier la course de chacun des tiroirs. Pour qu'il n'y ait aucune différence entre l'admission des deux côtés, les deux coulisses sont reliées par un arbre, qui reçoit du mécanicien le mouvement de relevage, au moyen d'une longue barre, représentée en pointillé au milieu du corps de chaudière.

Nous avons expliqué l'importance du poids pour les locomotives, et nous avons été amené de suite à distinguer entre les machines lourdes et puissantes, et les machines légères ou faibles. Dans la pratique, on les divise en machines à voyageurs et machines à marchandises.

Les machines à voyageurs dont nous donnons un dessin (figure 136, — locomotive système Crampton) ont de grandes roues motrices ($1^m,70$ à $2^m,30$ de diamètre), pour que chaque coup de piston embrasse une plus grande longueur de voie. Pour un tour complet de la manivelle, en effet, la roue a tout entière roulé sur la voie : plus donc son rayon, et par conséquent, sa circonférence sera grande, plus elle fera de chemin en un tour. La vitesse minima des locomotives à voyageurs est de 40 kilomètres à l'heure, et maxima de 100. La charge à traîner diminue en proportion de la rapidité de leur marche.

Vu la grande vitesse de ces machines, l'accouplement des roues a un inconvénient, c'est que les bielles augmentent beaucoup la masse des pièces mises en mouvement et soumises à l'action de la force centrifuge ; elles déterminent, par conséquent, de plus grandes vibrations et de plus grandes chances de rupture. Aussi sacrifie-t-on l'adhérence à la solidité, et fait-on les roues motrices indépendantes. Le poids utile n'est donc que la fraction qui porte sur l'essieu moteur.

On a construit, en maintenant ce principe, des locomotives portant quatre cylindres, deux à l'avant et deux à l'arrière. Les pistons de ces cylindres actionnaient deux à deux une paire de roues motrices. On pouvait, sur ces deux essieux, répartir à peu près les trois quarts du poids de la machine.

Dans le type de machine à voyageurs que représente la figure 136, la roue motrice est à l'arrière ; les cylindres et les tiroirs de distribution qui sont inclinés, sont au milieu de la machine.

Un tel type brûle à peu près 8 kilogrammes de charbon par kilomètre, à une vitesse de 60 kilomètres à l'heure.

Les machines à petite vitesse sont à 6 ou 8 roues couplées, pour que l'adhérence soit maxima. Le diamètre de ces roues n'est plus que de $1^m,20$, et la vitesse moyenne de 25 kilomètres à l'heure. La consommation est de 16 à 20 kilogrammes de charbon par kilomètre. Quelquefois, pour augmenter le poids on réunit à la locomotive le tender, c'est-à-dire le premier wagon accroché, qui porte le combustible et l'eau à dépenser pendant la route. Mais alors la longueur de la machine est énorme, et, comme nous l'avons vu, il est très difficile de la faire passer dans les courbes de faible rayon.

Entre ces deux types de machines se place un groupe intermédiaire destiné à remorquer les trains mixtes, c'est-à-dire composés de wagons de voyageurs et de marchandises. Les machines de ce genre marchent à une vitesse de 40 à 50 kilomètres, à l'heure, et ont deux paires de roues couplées.

LOCOMOBILES. — MACHINES DEMI-FIXES.

On appelle locomobile une machine semblable à la locomotive, sauf que le piston ne fait pas mouvoir les roues, mais un volant sur lequel on peut prendre la force : celles-ci sont donc tout à fait indépendantes.

La locomobile rend de grands services dans l'industrie, parce que, facilement transportable, elle remplace une machine fixe, dans les divers travaux qui, intermittents, n'en ont pas l'utilisation pendant toute l'année.

Elle est généralement traînée par des chevaux ; on en a cependant construit quelques-unes dans lesquelles, au moyen d'un engrenage qu'on pouvait intercaler ou enlever, le piston mettait en mouvement : tantôt les roues qui, par conséquent, entraînaient la machine comme une locomotive ; tantôt le volant, auquel il communiquait la force motrice lorsque la locomobile était en place.

Les organes des locomobiles sont identiquement les

mêmes que ceux des locomotives. Mais c'est sur la chaudière, qui est toujours tubulaire, que sont fixés le cylindre et le mouvement. La figure ci-contre donne exactement l'idée d'une semblable machine. L'échappement

Fig. 157.

a toujours lieu par le tuyau de cheminée, pour activer
le tirage du foyer.

On emploie depuis quelques années des machines demi-
fixes, qui ont en général la disposition des locomobiles,
mais avec de plus grandes dimensions, parce qu'elles
ne reposent pas sur leur roues, et sont solidement éta-
blies sur le sol. Leur installation est bien moins coûteuse

que celle des machines fixes, car elles portent leur générateur de vapeur ; mais en général leur force est toujours
limitée à 55 ou 40 chevaux, vu les dimensions que
prennent, dès cette puissance, les chaudières, et le
développement des pièces qu'il faut installer dessus.

CHAPITRE XIV.

Des gaz, autres que la vapeur, employés comme moteurs. — Moteurs à air chaud. — Moteurs à gaz. — Machines à vapeur combinées.

Nous savons pourquoi tout gaz est propre à être un excellent moteur. Si plus spécialement on a adopté la vapeur d'eau, c'est que c'est elle qui peut être produite dans les conditions les plus économiques. On verra du reste, à la fin de ce chapitre, qu'il existe encore d'autres vapeurs qu'on peut utiliser industriellement, à la condition toutefois (condition souvent fort onéreuse) de les recueillir avec soin au moment de la condensation, pour les vaporiser à nouveau et éviter ainsi une dépense considérable.

On s'est cependant sérieusement occupé, dans ces dernières années, de deux autres moteurs gazeux : l'air et le gaz d'éclairage ; ils ont donné lieu à de nombreuses applications industrielles que nous allons exposer, après avoir expliqué sommairement les principes de physique sur lesquels leur théorie s'appuie.

Lorsqu'on chauffe un corps quelconque, il augmente de volume. Cette dilatation varie suivant la nature des corps ; elle est beaucoup plus grande, à élévation de température égale, pour les gaz que pour les solides.

Un bloc de fer, en effet, de 1 mètre cube, passant de 0°, c'est-à-dire de la température de la glace fondante, à 100°, température de vaporisation de l'eau, aura, à la fin, un volume de $1^m,00366$. Un mètre cube d'air pris et amené aux mêmes températures, *la pression environnante restant constante*, occupera en dernier lieu un volume égal à 1ᵐ,367. La dilatation de l'air est donc à peu près 100 fois celle du fer.

Le phénomène inverse, ou contraction, par suite du refroidissement, a toujours rigoureusement lieu, et 1 mètre cube d'air, dont la température descend de 100° à 0°, perd 367 décimètres cubes, c'est-à-dire se réduit à 0ᵐ,633.

Ce simple exposé fait comprendre en deux mots la théorie des moteurs à air chaud.

Une masse d'air emprisonnée est chauffée par un foyer extérieur ; son volume s'accroît donc ; mais, comme la chambre est fermée, pour tenir dans la même capacité, le gaz est obligé de se comprimer. Sa pression s'élevant, sera, à un certain moment, suffisante pour soulever le couvercle mobile de la chambre, qui joue le rôle de piston, et est relié à un arbre moteur par une tige et une bielle. Ce couvercle cède donc alors à la dilatation en découvrant ainsi des espaces refroidis par un courant d'eau. Peu à peu la contraction, et par suite la raréfaction du gaz, se fait au contact de ces parois froides ; et la pression atmosphérique, aidée du poids du système, ramène alors le couvercle en bas.

L'air se trouve ainsi réduit à un moindre volume ; mais exposé directement aux flammes du foyer, il s'échauffera de nouveau, et le même phénomène se reproduira.

Ce principe établi, décrivons les types principaux qui ont jusqu'ici rencontré le plus de faveur.

MACHINE D'ÉRICSON.

Dans un cylindre B dont le fond présente la forme d'une calotte, se meut un piston double (fig. 138). La partie inférieure A a la forme exacte du fond du cylindre, et au-dessus d'elle se trouve une épaisse couche

de plâtre, recouverte d'une feuille de feutre. Ces deux
corps, très mauvais conducteurs de la chaleur, l'empêchent de rayonner à l'extérieur de la capacité, où on
emprisonne l'air chaud. La partie supérieure du piston,

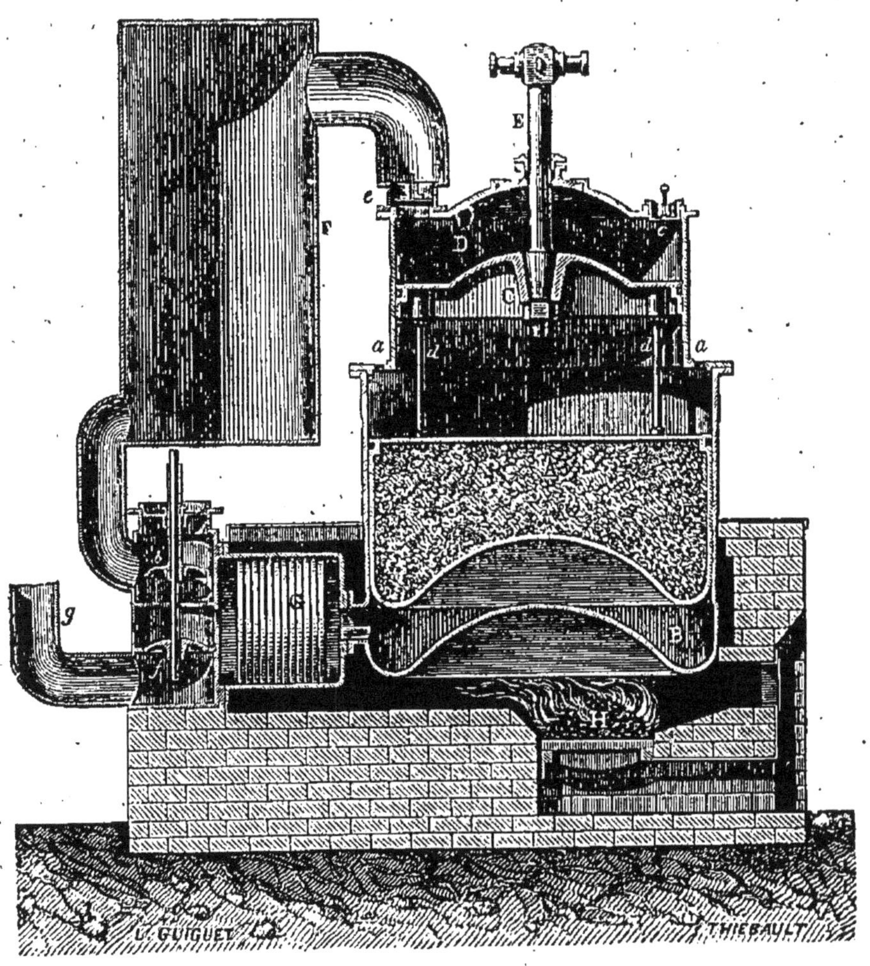

Fig. 158.

reliée à l'autre par des boulons *dd*, glisse dans un
ylindrec de diamètre plus petit, D, qui repose sur B, et
dont la base présente deux ouvertures, *aa*, par lesquelles
l'air entre librement dans le cylindre inférieur. Le couvercle de D porte deux soupapes : l'une, *c*, s'ouvre de

haut en·bas, et débouche dans l'atmosphère, tandis que l'autre, *e*, s'ouvre de bas en haut, et découvre un conduit qui communique avec un réservoir en tôle F.

On conçoit de suite le jeu de ce deuxième cylindre D qui fournit l'air au premier. Lorsque le piston descend, le vide se fait, la soupape *c* s'ouvre par l'aspiration et l'air pénètre : lorsque le piston remonte, elle se ferme, la soupape *e* se soulève et l'air est refoulé dans le réservoir F, pour, au coup prochain, arriver dans le cylindre B.

On voit donc, et c'est pour cela que nous avons anticipé sur l'explication générale, que la partie supérieure du piston ne joue que le rôle d'*alimentateur* d'air : seule la partie inférieure fait office de piston moteur.

Entre le réservoir d'air ou régulateur F et le fond du cylindre se trouve un tuyau, communiquant par une soupape double *b f* avec un autre récipient G qui débouche dans le cylindre B. Dans ce second récipient, se trouvent des cloisons en fil métallique à mailles très serrées. Ces cloisons, très rapprochées l'une de l'autre, sont multipliées de telle sorte que l'air arrivant du régulateur F ne les peut traverser que lentement.

Voyons maintenant comment fonctionne la machine si on allume le foyer H sous le cylindre B.

L'air comprimé entre le fond du cylindre et le piston A se dilate sous l'action de la chaleur, soulève ce dernier, et par conséquent l'alimentateur C. A mesure que le vide se fait, une nouvelle quantité d'air arrive du réservoir, passe par la soupape *b* qui est ouverte, traverse les toiles métalliques, et vient s'échauffer dans le grand cylindre B pour continuer sous le piston l'action de la première quantité d'air. Lorsque celui-ci est au fond de sa course en haut, emporté par le volant, il passe le point mort et redescend, en repoussant le gaz dilaté qui remplit le cylindre, et qui est alors obligé de repasser par les toiles métalliques auxquelles il cède sa chaleur ; mais la soupape *b* s'est refermée et la soupape *f* s'est ouverte ; l'air refroidi ne peut donc plus rentrer dans le réservoir et s'écoule par le tuyau *g* dans l'atmosphère. Le piston pendant ce temps redescend, aidé par la pression atmosphérique, car l'air extérieur pénètre librement entre C et A par les ouvertures *a.* A cette marche descendante correspond pour la partie supérieure C l'aspiration de l'air extérieur.

Lorsque le piston est revenu au bas de sa course, et que l'air du réservoir est à nouveau appelé, en passant à travers les tubes métalliques chauds il leur prend une fraction de leur chaleur, et arrive dans le cylindre à une température déjà élevée.

A chaque coup ascendant, l'alimentateur refoule donc une nouvelle quantité d'air dans le réservoir, et le piston en aspire. La machine étant à simple effet, c'est la seule période motrice. Dans la descente (due au mouvement du volant, au poids des pièces, à la pression atmosphérique et, en grande partie aussi, à la contraction du gaz dilaté, qui se trouve en contact avec les parois froides du cylindre à mesure que le piston les découvre en s'élevant), l'alimentateur aspire l'air par la soupape *c*, tandis que le piston refoule celui qui vient de travailler, et l'expulse en le forçant de céder sa chaleur aux tubes métalliques.

Cette machine, qui a été la première inventée, après avoir joui d'une faveur exceptionnelle, est tombée dans le discrédit; elle était lourde et surtout coûtait cher. De plus elle ne marchait qu'à une pression très minime et ne développait par conséquent que très peu de force.

MOTEUR LAUBEREAU.

Dans le moteur Laubereau une disposition un peu plus compliquée des pièces permet de réduire le volume de la machine, et assure un meilleur fonctionnement.

Le cylindre est formé ici de deux parties, l'une CC, supérieure, refroidie constamment par une circulation d'eau, et reposant sur l'autre BB, au centre de laquelle se trouve le foyer, qui se prolonge sur une assez grande hauteur, de telle sorte que le fond DD du cylindre est au niveau de la jonction des deux moitiés C et B. On comprend de suite l'avantage de cette disposition. Les flammes du foyer, obligées de suivre la direction des flèches avant de se rendre à la cheminée, lèchent toute la surface latérale intérieure du cylindre BB, et la surchauffent.

Dans le cylindre se meuvent deux pistons. Le premier, appelé le déplaceur, a une forme telle, qu'il peut épouser exactement celle du fond du cylindre, en laissant seulement des espaces annulaires entre les deux surfaces latérales B'B' et BB. Ce déplaceur est relié par une bielle à une

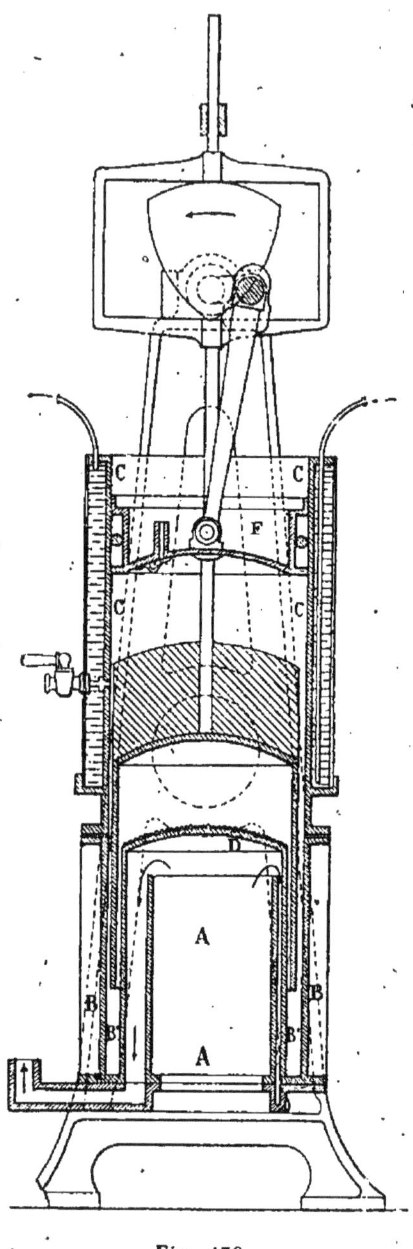

Fig. 159.

excentrique à cadre (voir chap. xviii), il est recouvert par une couche de plâtre et de feutre pour empêcher le rayonnement de la chaleur ; au-dessus de lui se trouve le piston moteur, qu'une bielle et une manivelle réunissent à l'arbre de couche sur lequel est calée l'excentrique du déplaceur. Ce piston roule à frottement doux dans la partie supérieure du cylindre qui débouche à l'air libre.

Lorsque le déplaceur est en bas, le piston moteur est au milieu de sa course, et réciproquement : en d'autres termes, les axes de l'excentrique et de la manivelle sont perpendiculaires l'un à l'autre.

Voyons maintenant le jeu de l'appareil :

Lorsque le déplaceur est en bas[1], l'air compris entre lui et le fond du cylindre se dilate sous l'action du foyer, descend dans l'espace annulaire en se surchauffant, et, pénétrant entre les deux pistons, pousse le piston moteur, qui dans son mouvement ascendant entraîne le déplaceur.

Lorsque le premier est arrivé au haut de sa course, le gaz occupe toute la partie supérieure, constamment refroidie par une circulation d'eau froide ; il s'y contracte, et est peu à peu refoulé sous le déplaceur par le piston moteur qui, grâce à la vitesse du volant, a passé le point mort, et redescend. Comme le déplaceur continue son mouvement ascendant, l'air peut facilement se loger, et se réchauffer à l'action directe du foyer.

Les courses du piston moteur et du déplaceur étant de sens contraires, ce dernier arrive au haut de sa course quand l'autre est au milieu de sa descente. A dater de ce moment, chassée par la course rétrograde du déplaceur, la masse d'air qui en se chauffant a pu se dilater puisque le déplaceur découvrait des espaces libres, cherche à repasser par les espaces annulaires pour retourner entre les deux pistons. Cette période est en quelque sorte la période de compression, car le piston moteur descend également et la refoule sous le déplaceur ; elle dure

---

1. La figure 139 représente la deuxième phase.

jusqu'à ce que, ayant atteint le bas de sa course, il s'élève à nouveau par la pression de cet air surchauffé et comprimé. C'est à ce moment que nous avons pris le travail en commençant ; les mêmes phénomènes se reproduiront donc dans l'ordre que nous avons décrit.

Le tableau suivant rend compte des diverses phases motrices ou résistantes pendant un tour du volant.

PHASES.	DÉPLACEUR.	PISTON MOT^r.	TRAVAIL.
1re.	Monte.	Monte.	Les effets de la dilatation sous le déplaceur et le piston s'ajoutent.
2e.	Monte.	Descend.	Le piston moteur refoule l'air sous le déplaceur.
3e.	Descend.	Descend.	Compression de l'air, d'où dépense de force en pure perte.
4e.	Descend.	Monte.	Le déplaceur envoie l'air chaud sous le piston.

On voit donc qu'il y a une période pendant laquelle on dépense de la force en pure perte. C'est le grand inconvénient du moteur Laubereau, inconvénient qui diminue de beaucoup le travail produit.

Sa supériorité sur le moteur Ericson provient de ce que la même masse d'air est constamment en jeu et que par conséquent les déperditions de chaleur sont moindres.

MOTEUR RIDDER.

Le moteur Ridder est peut-être le plus perfectionné de tous les moteurs à air chaud employés jusqu'ici. Il se compose de deux corps de pompe débouchant tous deux à l'air libre, et parcourus par des pistons creux M_tM_1, $M'_tM'_1$ excessivement longs.

Le fond du cylindre A présente toujours la même forme que précédemment pour pouvoir être commodément chauffé, et la partie inférieure du piston $M'_tM'_1$ épouse exactement cette forme, tout en ayant un diamètre légèrement plus faible que celui du cylindre, de telle sorte

qu'il y a constamment un espace annulaire libre entre
eux. Le cylindre BB à circulation d'eau dans la partie
inférieure est de même parcouru par la piston M_1M_1,
appelé encore *déplaceur*, et dont la partie inférieure est

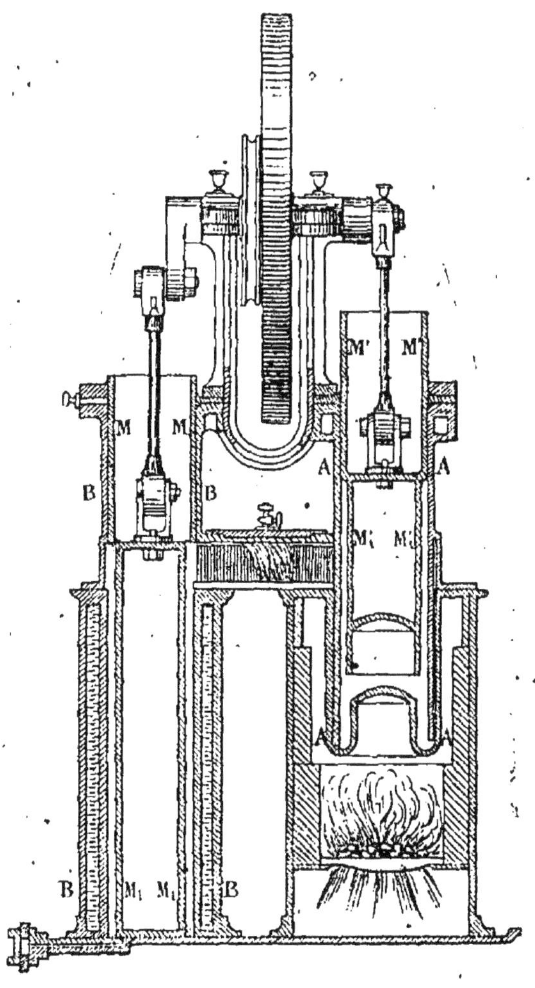

Fig. 140.

aussi de diamètre plus faible que lui. Ces pistons, au
moyen de bielles et de manivelles calées respectivement
à 95° l'une de l'autre, sont montés sur un même arbre :
de la sorte, le piston moteur est à peu près en avance
des 2/3 de sa course sur l'autre.

Entre les deux cylindres se trouve une conduite rectangulaire, que remplissent des treillis de fil de cuivre à mailles très serrées, et très rapprochés les uns des autres, comme dans le moteur Ericson. Le jeu de l'appareil est très simple, et l'on peut encore y distinguer 4 phases.

PHASES.	DÉPLACEUR.	PISTON MOT^r.	TRAVAIL.
1re (2/3 de la course).	Descend.	Monte.	L'air, refoulé par le déplaceur, passe à travers les mailles métalliques, s'échauffe, arrive dans le fond du cylindre A où il achève de se dilater, et pousse le piston moteur.
2e (1/3 de la course).	Monte.	Monte.	L'air continuant à se dilater, pousse jusqu'au haut de sa course le piston moteur ; une petite portion repasse à travers les mailles métalliques, leur cède sa chaleur et arrive sous le déplaceur, où elle se contracte par le refroidissement.
3e (2/3 de la course).	Monte.	Descend.	Le piston moteur refoule l'air dans le deuxième cylindre. Cet air, en passant dans les toiles métalliques, leur cède une partie de sa chaleur.
4e (1/3 de la course).	Descend.	Descend.	La masse d'air se comprime dans chacun des deux cylindres (ce qui cause une perte de travail).

On voit qu'il y a encore ici une période pendant laquelle l'air se comprime, en créant une résistance nuisible ; mais le grand avantage du moteur Ridder est que la chaleur de la masse se recueille, comme dans la machine Ericson, en même temps que cette masse reste constamment la même, comme dans le moteur Laubereau.

CONSIDÉRATIONS GÉNÉRALES.

La description théorique de ces trois moteurs peut permettre de se rendre compte du rendement des moteurs à air chaud, de leurs avantages et de leurs inconvénients.

Tout d'abord remarquons qu'ils ne peuvent jamais avoir qu'une faible puissance : un simple calcul le démontre en effet.

La vapeur occupant un volume à peu près 1700 fois plus grand que l'eau, pour obtenir à la pression atmosphérique 1 mètre cube de vapeur, il faut $\frac{1}{1700}$ de mètre cube d'eau, et à 5 atmosphères (puisqu'il en aura fallu faire entrer dans la même capacité 5 fois plus), $\frac{5}{1700}$ ou $0^m,003$. Or, à la pression de 5 atmosphères, la température d'ébullition de l'eau est de 150° environ (voir le chapitre iv), et, pour amener $0^m,003$ à 150°, on reconnaît qu'il faut dépenser une quantité de chaleur égale à 450 calories [1].

Pour obtenir 1 mètre cube d'air à 5 atmosphères, il faut le chauffer de telle sorte que son volume soit devenu 5 fois plus grand, c'est-à-dire à peu près à 1090°, température que l'on ne peut atteindre que dans les fours, et qui ne permettrait pas aux diverses pièces d'une machine de résister. De plus, un simple calcul de physique prouve qu'il faudrait pour cela dépenser une quantité de chaleur égale à 170,000 calories.

Il est donc nécessaire de ne demander à de semblables moteurs qu'un travail relativement faible. Leur puissance s'élève rarement au-dessus d un cheval-vapeur par seconde, soit de 75 kilogrammètres.

Mais ce qui nuit encore à l'emploi industriel de ces moteurs, c'est que leur travail s'accomplit en outre dans de mauvaises conditions.

Que l'air dilaté à la fin de la période motrice s'échappe en effet dans l'atmosphère, ou qu'il se contracte sous l'influence de parois froides, il n'en perd pas moins une grande quantité de chaleur, car sa pression tombe tout d'un coup et sans détente. Cette propriété

---

1. On appelle *calorie* la quantité de chaleur nécessaire pour élever d'un degré centigrade un kilogramme d'eau.

précieuse des gaz, et qui joue un si grand rôle dans les machines à vapeur, n'est donc pas utilisée ici.

Un célèbre savant, M. Joule, avait essayé d'introduire une période de détente dans la machine au moyen du dispositif suivant : une pompe aspirant l'air extérieur, le comprimant légèrement, et l'envoyant, à travers une série de tubes, chauffés extérieurement par un foyer, dans un autre cylindre dont il poussait le piston. A un point de la course de ce dernier, on coupait la communication entre les tubes et le cylindre, et l'air emprisonné se détendait, puis s'échappait avec la pression rigoureusement nécessaire. Mais cette idée a été peu appliquée. Pour le moment donc on peut dire que les machines à air chaud marchent sans détente, et que c'est là une des causes de leur peu d'économie.

Un autre grave inconvénient ressort encore de l'examen des types que nous avons étudiés.

Nous avons été obligés de distinguer quatre phases dans leur marche, parce que les deux pistons n'ont pas des courses rigoureusement inverses. La raison en est que, dans les moteurs à air chaud, plus encore que dans les machines à vapeur, une grande *avance à l'admission* est nécessaire. Comme tous ces moteurs sont à simple effet, c'est le volant et le poids des pièces qui ramènent le système pendant une moitié de tour de la manivelle. Si donc lorsque le piston moteur arrive en bas, il lui fallait attendre que l'air fût aspiré, puis chauffé par le foyer, il y aurait un point mort impossible à passer, et la machine s'arrêterait chaque fois. Le déplaceur doit, par conséquent, avoir une avance telle que l'air soit re-repoussé dans le foyer avant que le piston moteur soit arrivé au bas de sa course : mais il en résulte alors une période de compression, d'autant plus sensible que la force du moteur est très faible.

La machine d'Ericson seule évite cette résistance, mais aux dépens de l'avance à l'admission qui n'existe pas. Si elle n'a pas répondu aux espérances de l'inventeur, c'est, en effet, parce que les deux pistons étaient montés sur la même tige, et que le passage du point mort à chaque tour de manivelle devait créer un choc énorme.

Il ne faut pas croire cependant que l'idée de ces moteurs doive être abandonnée : leurs avantages sont, au contraire, nombreux.

Tout d'abord, ils sont d'une installation facile, ne réclament pas de générateur, et excluent par conséquent les nombreux accidents qui en résultent ; pas d'explosion à craindre, pas de précautions à prendre. Si donc on arrivait à une meilleure utilisation de leur travail, ils présenteraient une grande supériorité sur les petites machines à vapeur. Malheureusement, on n'a pu encore parvenir à trouver un type suffisamment parfait, et l'attention publique s'est détournée des efforts tentés dans cette voie, pour suivre ceux qui, dans une voie parallèle, ont été couronnés de si légitimes succès.

MOTEURS [1] A GAZ.

Les moteurs à gaz datent à peine du siècle. Leur théorie en a été indiquée par Lebon en 1801.

On sait que le gaz d'éclairage se compose de corps facilement inflammables dès qu'ils sont mélangés, même en faible proportion, à l'air, et que cette inflammation développe instantanément une énorme quantité de chaleur. Une masse d'air et de gaz, qui prend feu dans une capacité fermée, se trouve donc subitement portée à une très haute température, et un tel résultat, que nous avions déclaré impossible à obtenir dans les machines à air chaud, peut être facilement atteint par ce moyen.

Amener dans un cylindre une certaine quantité de

1. La dénomination « moteurs à gaz » est absolument impropre. Le terme vrai serait « récepteurs à gaz ». La première dénomination a cependant prévalu à tort.

mélange d'air et de gaz, l'enflammer lorsque toute communication avec l'extérieur est interrompue, obtenir
ainsi une expansion subite qui pousse le piston, et rejeter le mélange détendu dans l'atmosphère, par le mouvement inverse du piston, mouvement produit soit par
une seconde explosion, soit par la force vive du volant
seul : tel est le principe sur lequel sont fondés tous les
systèmes de moteurs à gaz actuellement en usage.

MOTEUR LENOIR.

Le premier moteur qui ait réalisé à peu près complètement ces conditions est le moteur Lenoir.

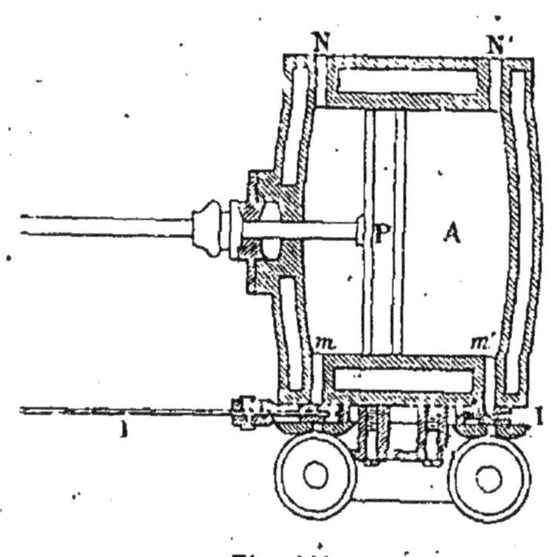

» Dans un cylindre A
e meut un piston P. La
table de ce cylindre
porte des lumières mm'
et sur cette table glisse
le tiroir, II, dont la
forme est représentée
par la figure 142, et
qui se compose d'une
plaque, percée de trous
horizontaux, disposés
suivant deux colonnes
exactement les uns au-
dessus des autres. Ces trous sont semblables dans chaque

Fig. 141.

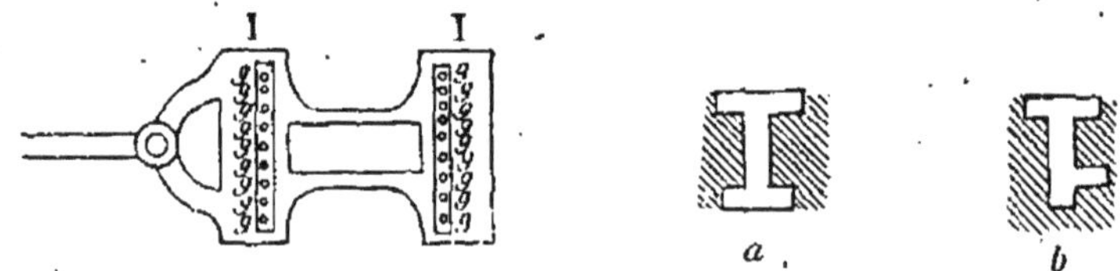

Fig. 142.

olonne de deux en deux, et ils ont, soit la forme a, soit la
forme b.

Le gaz arrive par le tuyau R dans les réservoirs S et S', qui le distribuent alternativement à droite ou à gauche du piston. Voyons par quel mécanisme :

Les réservoirs sont percés de lumières, correspondant à celles du cylindre, et qui n'en sont séparées que par le tiroir. Si l'on remarque que les trous de ce tiroir de forme *a* sont ouverts à leurs deux extrémités, et que ceux, de forme *b*, débouchent d'un côté dans le cylindre, et

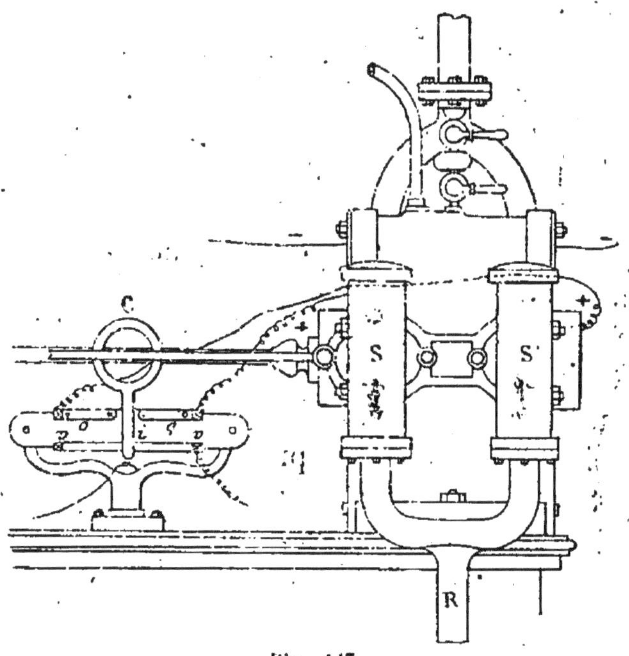

Fig. 143.

de l'autre, par un orifice perpendiculaire, dans l'atmosphère, on comprend que, lorsque la communication s'établit entre les lumières respectives d'un réservoir et du cylindre, le gaz s'écoule librement par les uns, en même temps que l'air extérieur afflue par les autres : de sorte que c'est une suite de lames parallèles et alternatives de gaz et d'air, qui se précipite dans le cylindre.

Le piston étant à une extrémité, l'admission a donc lieu jusqu'à ce que l'excentrique qui conduit le tiroir l'ait suffisamment poussé, et ait fermé la communication. A ce moment, au moyen d'une étincelle électrique [1], l'inflammation se produit, et la masse subitement dilatée pousse brusquement le piston à fond de course.

Le tiroir revient alors en sens inverse, conduit, de la même façon que dans une machine à vapeur, par l'excentrique, et démasque les lumières de droite du réservoir et du cylindre : le mélange est donc introduit sur l'autre face du piston qui, ramené en arrière par la force vive du volant, l'aspire, en refoulant en même temps devant lui, dans l'échappement N, la masse d'air et de gaz détendue. Au bout d'un certain temps, l'admission se ferme, la détonation a lieu, et l'expansion des gaz repousse le piston en arrière, comme tout à l'heure, elle l'avait poussé en avant. Les mêmes phénomènes se reproduisent donc alternativement de chaque côté du piston.

On voit de suite combien simple est le mécanisme de ce moteur, et quels services il peut rendre.

Le mélange doit être dans des proportions telles que l'explosion se fasse plutôt progressivement que subitement, et que tout danger d'accident soit évité. On a peu à peu réduit la quantité de gaz, qui n'est plus maintenant

---

1. Lorsqu'on prend une pile électrique composée d'une lame de zinc et d'une lame de cuivre, baignées dans un vase par l'acide sulfurique, et qu'on fixe un fil à chacune de ces lames, on s'aperçoit, en rapprochant les deux bouts restés libres, qu'il se produit une étincelle.

Pour utiliser ce phénomène dans le moteur Lenoir, un des fils de la pile se divise en deux et vient aboutir à l'intérieur du cylindre, tout près des plateaux. Le tiroir porte un curseur C manœuvrant avec lui et dont la queue i glisse le long d'une barre vv, où vient aboutir l'autre fil. Deux autres barres o et q d'où partent deux fils pénétrant dans l'intérieur du cylindre, à une petite distance des extrémités du premier, sont alternativement touchées par le curseur dans son mouvement. Quand, par exemple, ce dernier est en contact avec q, l'électricité arrivant de la pile circule sur la barre vv, traverse le curseur, passe dans le barreau q, arrive, par ce fil, au contact de l'autre, à l'intérieur du cylindre, et l'étincelle jaillit, qui enflamme le mélange. Quand le curseur touche le barreau o, c'est à l'opposé que le même phénomène a lieu.

que de 1 mètre cube pour 14 mètres cubes d'air. Malgré
cela, la chaleur développée est telle que le cylindre s'é-
chauffe très rapidement, et qu'on est obligé d'établir une
circulation d'eau froide pour maintenir les pièces en bon
état. Cette circulation d'eau est un des plus grands inconvénients du moteur ; elle nécessite en effet une dépense de 1 mètre cube et demi par cheval et par heure.

Les avantages incontestables du moteur Lenoir sont :
la facilité de la mise en train (on n'a qu'à faire légèrement tourner le volant, à la main, pour qu'une certaine
quantité du mélange soit introduite, puis enflammée, et
que la machine se mette en marche) ; le peu de place
qu'il occupe ; enfin le prix de sa construction, qui n'est
que les 3/4 de celui d'une machine à vapeur de même
force.

Les moteurs Lenoir ne développent généralement pas
un travail de plus de 3 à 4 chevaux, ils consomment 2800
litres de gaz par cheval et par heure, et marchent à une
assez grande vitesse.

MOTEUR HUGON.

Dans le moteur Hugon l'inflammation du mélange,
au lieu d'être produite par l'étincelle électrique, ce
qui nécessite, comme nous l'avons vu, un appareil
spécial, se fait au moyen d'un bec de gaz qui, mu par
le tiroir, vient à chaque course s'allumer à l'extérieur
auprès d'une flamme fixe, et pénètre à l'intérieur enflammer le mélange dont l'explosion l'éteint. Nous étudierons
du reste cette disposition en détail en parlant du moteur
Otto.

M. Hugon prétendait en outre réaliser une économie
sensible d'eau et même de gaz, en injectant, à la fin de
chaque explosion, et lorsque le piston refoule le mélange,
une petite quantité d'eau qui refroidissait les gaz, et par

conséquent, par l'abaissement de leur tension, empêchait toute contre-pression : elle devait en outre maintenir·le cylindre à une température peu élevée. Mais l'expérience a prouvé que ce palliatif n'était d'aucune utilité, puisque la consommation de gaz et d'eau restait sensiblement la même.

MOTEUR OTTO ET LANGEN.

Tout au contraire, le principe de MM. Otto et Langen, très ingénieux, a réduit sensiblement la dépense. Après avoir reconnu que l'échauffement énorme du cylindre provenait de ce que, la vitesse du piston ne pouvant être assez rapide, celui-ci, au moment de l'explosion, ne se dérobait pas suffisamment vite sous l'expansion des gaz, et créait une compression momentanée qui élevait la température, ils ont eu l'idée de rendre, pendant cette période, le piston indépendant, et de ne le faire travailler qu'au retour. Au lieu donc d'une machine à double effet comme MM. Lenoir et Hugon, ils ont adopté un moteur à simple effet.

Un cylindre très long et ouvert à son extrémité supérieure, est parcouru par un piston dont la tige porte une crémaillère (voir chapitre xviii). Cette crémaillère engrène à volonté avec une poulie folle [1], ou avec la poulie fixe calée sur l'arbre moteur.

Le mélange de gaz et d'air s'introduit par le bas, et l'explosion a lieu lorsque le piston est à peu près à 1/3 de sa course ascendante ; à ce moment la crémaillère engrène avec la poulie folle, c'est-à-dire que le piston ne fait pas tourner l'arbre, et n'a par conséquent pas à vaincre les résistances du travail ; il est donc lancé avec une très grande vitesse en haut du cylindre, et ne s'arrête

---

1. On appelle poulie folle une poulie qui, en tournant, n'entraîne pas l'arbre sur lequel elle repose, c'est-à-dire qui n'est pas *calée* sur lui, et poulie fixe celle dont le mouvement ne peut être indépendant de celui de l'arbre (voir chap. xviii).

(la hauteur du cylindre est calculée pour cela), que lorsque la détente et la contraction au contact des parois froides, ont amené le mélange à une pression qui soit équilibrée par la pression atmosphérique et le poids des pièces. Un mécanisme très simple fait alors engrener la crémaillère avec la poulie fixe. Dès que le piston descend, c'est-à-dire dès que la tension intéreure est inférieure à la pression atmosphérique, il entraine donc l'arbre, et par conséquent le volant. Pendant cette seule période motrice, il refoule et expulse le mélange, acquérant peu à peu assez de vitesse pour dépasser le point extrême, remonter, et aspirer de nouveau une certaine quantité d'air et de gaz. Mais en bas, la crémaillère a quitté la poulie fixe et conduit à nouveau la poulie folle, de sorte que, pendant la montée du piston, c'est la vitesse acquise du volant seule qui continue à vaincre les résistances du travail.

Le mélange s'introduit et s'échappe par deux trou comme dans les autres moteurs, et l'allumage se fait comme dans le moteur Hugon. On peut voir par le tableau comparatif ci-dessous, que nous empruntons au traité de mécanique de MM. Fustegueras et Hergot[1], l'économie considérable que présente ce nouveau moteur sur les autres, et principalement sur le moteur Lenoir.

	Lenoir.	Otto et Langen.
Prix de revient des deux machines types	1000 francs.	500 francs.
Température des cylindres pendant le travail.	200°	50°
Chaleur perdue rapportée à la chaleur totale.	60 0/0	0.2 0/0
Dépense de gaz par cheval et par heure	2800 litres.	1000 litres.
Dépense d'eau.	100 litres.	7 litres.

1. *Cours de mécanique théorique et appliquée*, par MM. Fustegueras et Hergot. — 2 vol. Paris. G. Masson, éditeur. — 1876.

MOTEUR OTTO.

Malgré ses nombreux avantages le moteur Otto et Langen présente un gros inconvénient, c'est le bruit insupportable qu'il fait en marche, quelle que soit l'exactitude de l'ajustage de ses pièces.

M. Otto a construit un nouveau type silencieux, actuellement employé presque partout, et qui a réalisé un progrès énorme sur les anciens moteurs à gaz.

Qu'on imagine un cylindre horizontal, ouvert à une

Fig. 11.

extrémité, et dans lequel se meut un piston, relié à l'arbre de couche par une bielle et une manivelle, comme dans une machine à vapeur ordinaire. Sur l'arbre de couche est monté un fort volant dont le rôle est capital : nous allons voir plus loin en quoi.

La première course du piston aspire le mélange d'air et de gaz ; la course arrière refoule ce mélange et le comprime (toutes les issues étant fermées), jusqu'à ce qu'il n'occupe plus que les 2/5 du volume qu'il avait à la fin de la première course. A ce moment, un bec de gaz produit l'explosion, qui repousse violemment le piston en avant jusqu'au fond du cylindre ; et la seule force vive du volant ramène une seconde fois ce piston en arrière, en même temps que s'ouvre l'orifice d'échappement, et que les gaz brûlés sont expulsés. On le voit donc, sur deux tours complets de manivelle il n'y en a que la moitié d'un qui représente la période motrice, ou, en d'autres termes, sur quatre courses du piston, une seule produit un travail moteur : le volant est donc chargé d'emmagasiner la force vive pendant cette période, pour la restituer pendant les trois autres ; et l'on comprend alors qu'il lui faille une grande masse.

Le principe étant ainsi exposé, examinons la machine en détail, et voyons comment ces diverses fonctions s'opèrent[1].

A est un cylindre, ouvert à une extrémité (fig. 144), dans lequel se meut un piston relié par une bielle B et une manivelle C à un arbre de couche D.

Cet arbre porte un pignon E', qui communique le mouvement à une roue E', dont le diamètre a été calculé pour que l'arbre F qu'elle commande fasse un tour quand le volant M de la machine en fait deux. A l'extrémité de cet arbre F se trouve une manivelle G qui donne un mouvement de va-et-vient à la barre HH, directement liée au tiroir L (fig. 144 et 145).

Ce tiroir est emprisonné entre le fond du cylindre et un couvercle I que des ressorts appliquent dessus ; on ne peut donc le voir sur la vue d'ensemble ; mais la figure 145 le montre en coupe. Invariablement fixé à la barre H, il en reçoit un mouvement alternatif rectiligne, perpendiculaire à celui du piston, et n'accomplit (d'après ce que nous venons de dire sur le rapport des diamètres du pignon et de la roue d'engrenage) qu'une

---

1. Voir chapitre xviii la théorie des engrenages.

course pendant que celui-ci en accomplit deux. L'arrivée

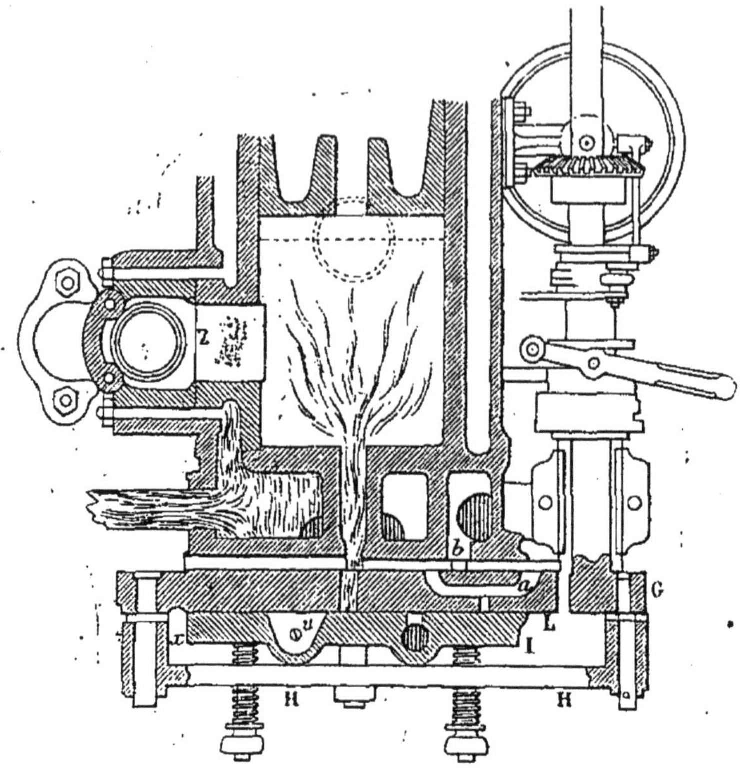

Fig. 145.

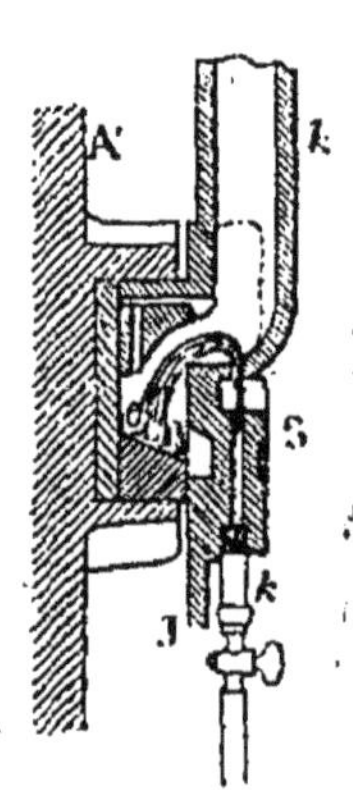

Fig. 146.

du gaz a lieu par le tuyau N et le récipient X, dans lequel une soupape mise en mouvement par le régulateur, ferme ou ouvre l'orifice d'admission, selon la vitesse de la machine. On voit dans la figure 145, la communication en b du conduit d'arrivée des gaz et du conduit d'arrivée d'air P (fig. 144). Le mélange passe par la lumière a du tiroir, lorsqu'elle arrive en face de l'orifice de b, et se rend dans le cylindre, aspiré par le piston qui accomplit alors sa première course. Lorsque ce dernier est arrivé à fond, et revient, la lumière de b est masquée par le tiroir, dont le mouvement a aussi changé de sens. Le mélange se trouve donc comme nous l'avons dit, comprimé, jusqu'à ce qu'une petite poche pratiquée dans le tiroir, et qui s'est remplie d'air et de gaz, pendant l'admission, soit arrivée, d'abord au contact d'un brûleur extérieur S (fig. 144 et 146), qui reste constamment allumé, et auprès duquel le mélange qu'elle contient s'enflamme rapidement, — puis, par la marche du tiroir, au contact des gaz comprimés par le piston (fig. 145), dont cette petite quantité enflammée produit l'explosion. L'expansion se fait alors beaucoup plus progressivement, vu la compression des couches d'air et de gaz, et le piston qui est de nouveau à bout de course, est renvoyé vers le fond du cylindre. Pendant la quatrième course, la soupape d'échappement Z s'ouvre, tandis que toutes les autres restent fermées, et les gaz sont expulsés.

Cette expulsion n'est jamais complète ; il reste toujours à peu près les 2/5 du volume primitivement aspiré. Lors donc qu'à la prochaine course le mélange d'air et de gaz est appelé, il ne remplit que les 3/5 du cylindre. On voit que la proportion de gaz explosible, à chaque fois, est beaucoup plus faible que dans les autres moteurs, puisque 2/5 du volume total sont occupés par du gaz ayant déjà brûlé, c'est-à-dire inactif, et, qu'en outre, on peut régler à volonté les proportions d'air et de gaz.

Le choc serait bien moins violent, et la force du moteur serait moindre, si l'on ne prenait le soin de comprimer le mélange avant de l'enflammer, ce qui augmente la pression moyenne pendant la détente.

M. Otto est donc arrivé par ce moyen à rendre :

1° L'échauffement des pièces bien plus faible ;

2° Le travail moteur plus énergique, puisque la pression moyenne de détente est augmentée ;

3° La détente des gaz plus parfaite, car elle a lieu, pendant toute une course du piston, tandis que dans les autres moteurs une fraction de la course est toujours occupée par l'admission.

La marche de ces machines est très régulière, leur consommation ne dépasse pas 1200 litres par cheval et par heure, et le cylindre ne s'échauffe pas beaucoup. Il suffit de 50 litres d'eau par heure et par force de cheval pour le maintenir à une température suffisamment basse.

MOTEUR BISCHOPP.

Tous les moteurs à gaz, dont nous venons de parler peuvent développer de 2 à 15 chevaux de force, mais, généralement, il ne faut atteindre aucun de ces extrêmes, et ceux qui fonctionnent le plus régulièrement sont ceux qui donnent de 4 à 5 chevaux. Le moteur Bischopp, par lequel nous finirons cette étude, convient plus spécialement pour les petites industries qui ne réclament guère plus de 50 kilogrammètres à la seconde ; et le nombre en est grand, surtout à Paris, si l'on considère que le travail normal d'un homme est de 6 kilogrammètres.

Dans un cylindre vertical A (fig. 187), muni de fortes ailes en fonte, se meut un piston D dont la tige, glissant le long d'une rainure B, entraîne une bielle en retour semblable à celle employée dans les machines marines, c'est-à-dire dont l'autre extrémité s'articule sur une manivelle OP, rapprochée du piston. Cette disposition permet d'appuyer le volant sur le cylindre, et diminue la place occupée par le moteur.

L'arrivée du gaz a lieu par le tuyau F, celle de l'air par l'amorce G. Un tiroir *a* conduit par la barre d'excentrique *e*, laisse pénétrer dans le cylindre le mélange aspiré par la course ascendante du piston, jusqu'à ce que celui-ci ait dépassé l'orifice H où brûle la flamme d'un bec de gaz I. A ce moment la lumière d'admission se masque, et le mélange emprisonné s'enflamme, poussant violemment le piston jusqu'au haut. La force vive du volant fait franchir le point mort et ramène le piston en arrière ; mais le tiroir établit alors la communication entre la lumière et le tuyau M d'échappement, et les gaz refoulés sortent librement.

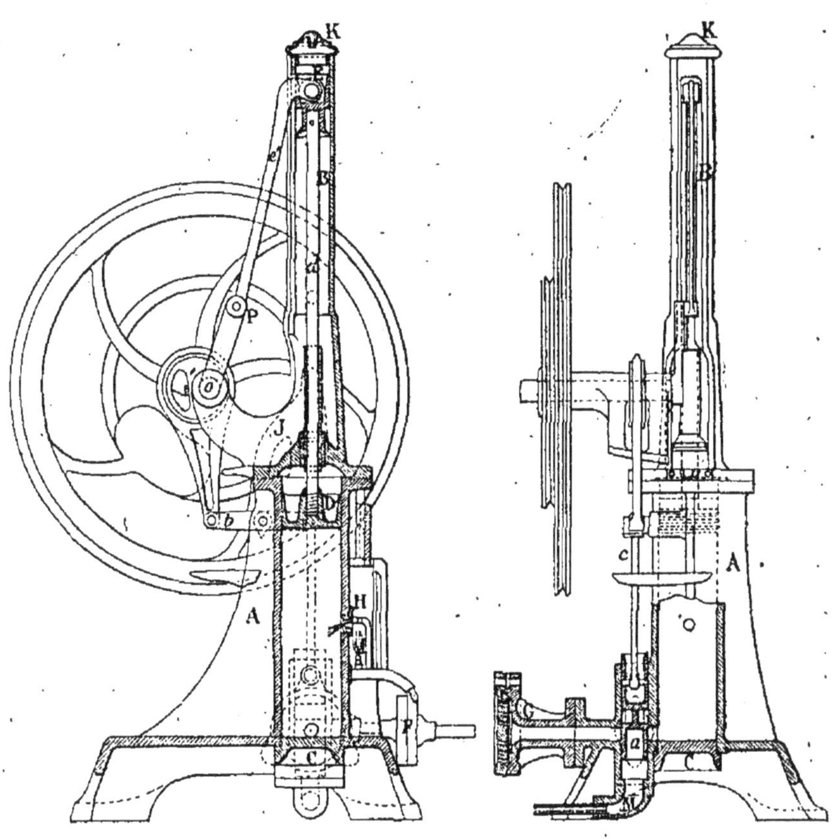

Fig. 147.

On voit que le jeu de ce moteur est excessivement simple ; son grand avantage est que, vu la disposition des ailes du cylindre, qui présentent de grandes surfaces au refroidissement, il ne s'échauffe presque pas ; en outre on ne le graisse pas, et, par conséquent, l'encrassement, qui dans le moteur Lenoir par exemple arrivait à faire perdre rapidement la moitié de la force, par la dureté des frottements.que le piston avait à vaincre, n'a plus de chance de se produire ici.

Le mélange d'air et de gaz est très pauvre en matières explosibles (65 d'air pour 5 de gaz), ce qui explique en même temps qu'il ait peu de puissance, et qu'il s'échauffe peu pendant le travail. La consommation de gaz est à peu près de 1000 litres par cheval et par heure.

En résumé depuis quelques années la question des petits moteurs industriels a fait un grand pas. Les moteurs Otto, pour des forces de 2 à 20 chevaux (l'on en construit de 50 chevaux, parait-il, en Allemagne), et les moteurs Bisschop, pour les petits travaux, peuvent être d'un usage courant. Leur facile installation, le peu d'entretien qu'ils exigent, la promptitude de leur mise en train et de leur arrêt[1], la sécurité qu'ils présentent, sont de tels avantages, que le jour où le mètre cube de gaz sera à un prix inférieur, leur emploi universel transformera la petite industrie[2].

MACHINES A VAPEUR COMBINÉES.

Pour terminer ce chapitre consacré aux moteurs gazeux autres que la vapeur, il nous faut dire quelques mots des machines à deux vapeurs, imaginées par M. du Tremblay, et fondées sur le principe suivant.

La chaleur dont la vapeur d'eau se dépouille en se condensant après son travail dans une machine à vapeur

1. Leur supériorité incontestable sur les petites machines à vapeur c'est qu'à l'arrêt ils ne dépensent rien, tandis que les chaudières à vapeur doivent être constamment entretenues pour être toujours à même de fournir, au moment voulu, la vapeur nécessaire. Avec les moteurs à gaz, la mise en train se fait simplement en ouvrant le robinet de gaz et en donnant un coup au volant; l'arrêt, en fermant le robinet.

2. Si on calcule sur une dépense moyenne de 1200 litres par cheval

ordinaire, est nécessairement perdue ; on exige, du reste, qu'elle le soit, c'est-à-dire que le contact avec des corps froids ait lieu rapidement, pour que la condensation soit plus parfaite. Nous avons même vu qu'en général l'eau, qui sortait du condenseur à 35°, était envoyée à la chaudière, de façon à réduire par une économie de combustible cette quantité de calories sans emploi.

M. du Tremblay a eu l'idée de joindre au cylindre à vapeur d'eau, un cylindre à vapeur d'éther, corps beaucoup plus volatil, et par conséquent qui demande moins de chaleur pour se vaporiser, et d'utiliser celle qu'abandonne la vapeur d'eau pendant la condensation pour effectuer cette vaporisation.

Pour cela le premier fluide, au sortir du cylindre, passe à travers une série de tubes verticaux, enfermés dans une capacité cylindrique, et baignés extérieurement par l'éther. Celui-ci se volatilise en prenant la chaleur cédée par la vapeur, et vient pousser un second piston dont le mouvement est conjugué à celui du premier. Comme ce nouveau moteur est très cher, on le recueille soigneusement, après son travail identique à celui de la vapeur d'eau, dans un autre condenseur à tubes verticaux entourés d'un courant d'eau froide (condenseur à surface), où il reprend son état liquide pour être ensuite refoulé à nouveau dans le premier condenseur qui lui sert de chaudière.

Cette idée ingénieuse a donné d'assez bons résultats ; on devrait surtout l'utiliser pour améliorer une machine à vapeur défectueuse, c'est-à-dire dans laquelle le moteur

et par heure, le gaz coûtant 0ʳ,30 le mètre cube, le prix du cheval est de 0ʳ,36 avec un moteur. Or, la plus mauvaise petite machine à vapeur ne brûle pas plus de 5 kilogrammes de charbon pour les mêmes unités, soit, à 30 francs la tonne, 0ʳ,15. Il faudrait donc baisser le prix du gaz au moins de moitié, pour rendre aux machines à gaz leur supériorité.

s'échapperait du cylindre à une pression trop élevée. Quant au second fluide employé il peut être quelconque pourvu qu'il soit très volatil : on a, du reste, fait un second essai avec du sulfure de carbone, autre corps semblable à l'éther.

CHAPITRE XV.

Des moteurs liquides. — Principes généraux d'hydraulique.

Nous avons exposé dans les précédents chapitres la théorie élémentaire des moteurs gazeux les plus universellement employés, la vapeur, le gaz, l'air ; et les développements que nous avons donnés aux différentes questions qui s'y rattachent, prouvent surabondamment leur importance industrielle ; il nous reste, pour compléter notre programme, à passer en revue les moteurs liquides et solides.

De ces derniers, comme nous l'avons fait pressentir, nous n'aurons que peu de choses à dire, et nous reléguons au commencement du chapitre XX les détails à donner sur leur effet utile : le *choc.*

Les moteurs liquides, au contraire, jouent un rôle encore important, par la propriété qu'ils ont de pouvoir changer de forme sans que leur poids ou leur volume varie. Nous savons en effet que, puisque la force vive d'un corps en mouvement ne se transmet que par la rencontre d'un obstacle ou récepteur, il y a grand avantage à pouvoir facilement recueillir le moteur, de façon à lui prendre toute cette force vive. Les liquides sont donc aisément susceptibles d'être employés industriellement ; nous verrons cependant plus loin les précautions qu'il faut prendre, précautions inutiles pour les gaz. Ils présentent du reste sur les moteurs gazeux une infériorité encore plus grave, c'est que, pour un poids constant, leur volume reste le même; en d'autres termes, ce n'est point par leur tension intérieure qu'ils peuvent agir, mais seulement par l'influence d'une force extérieure, la pesanteur[1].

On appelle *hydraulique* la science qui traite des propriétés de l'eau, et des conditions que doivent remplir les récepteurs de ce moteur.

L'hydraulique se divise en deux branches :

L'*hydrostatique* (eau-repos), ensemble des principes sur lesquels est basé l'équilibre des liquides.

L'*hydrodynamique* (eau-puissance), étude du travail des liquides sous l'action de la pesanteur.

L'hydrodynamique comprend, comme deuxième section très importante, la description des récepteurs : roues, turbines, béliers, etc.

HYDROSTATIQUE.

Principe d'Archimède. — *Tout corps plongé dans l'eau, perd une partie de son poids égal au poids du volume d'eau qu'il déplace.*

Soit un bloc de pierre cubique, ayant un volume de 1 mètre cube, pesant 2300 kilogrammes; plongé dans un réservoir rempli d'eau, il déplacera pour y pénétrer un volume d'eau égal au sien, et par conséquent, d'un mètre cube. Or, un mètre cube d'eau pèse 1000 kilogrammes, donc le bloc de pierre immergé ne pèsera plus que 1300 kilogrammes. C'est-à-dire que, si on l'a tout d'abord suspendu au plateau d'une balance (fig. 148), et qu'on ait été obligé de mettre sur l'autre plateau un poids de 2300 kilogrammes pour maintenir la balance horizon-

1. On a cependant appelé par analogie pression d'un liquide, comme nous le verrons plus loin, la force avec laquelle ce liquide presse les parois du vase qui le renferme ; mais cette force n'est qu'une résultante de forces extérieures.

tale, dès qu'on le plonge dans le réservoir, en le laissant suspendu à la balance, un poids de 1300 kilogrammes lui fait équilibre.

Il est facile de donner une idée de la démonstration de ce principe. Supposons un vase rempli d'eau (fig. 149),

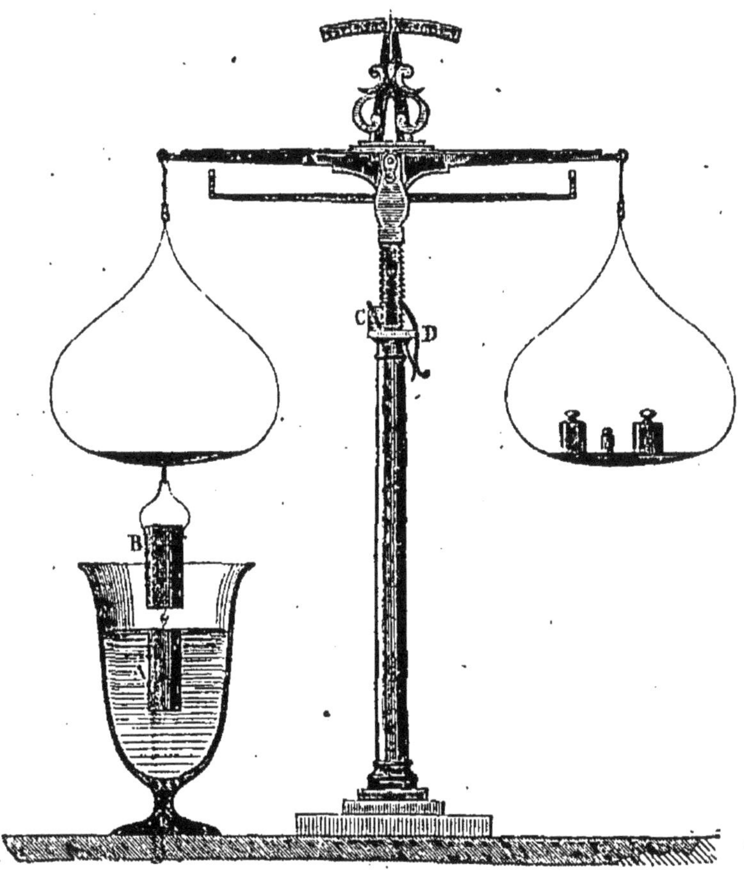

Fig. 148.

et au milieu séparons, *par la pensée*, un certain volume du reste de la masse; ce volume a un poids très réel puisque chaque centimètre cube pèse 1 gramme : il se maintient au milieu du liquide, au lieu de descendre jusqu'au fond; il faut donc que les couches d'eau inférieures s'opposent à ce mouvement, et par conséquent, le poussent de bas en haut avec une force égale à son poids qui l'entraine de haut en bas. Imaginons maintenant qu'à la place de ce volume d'eau, on introduise un corps

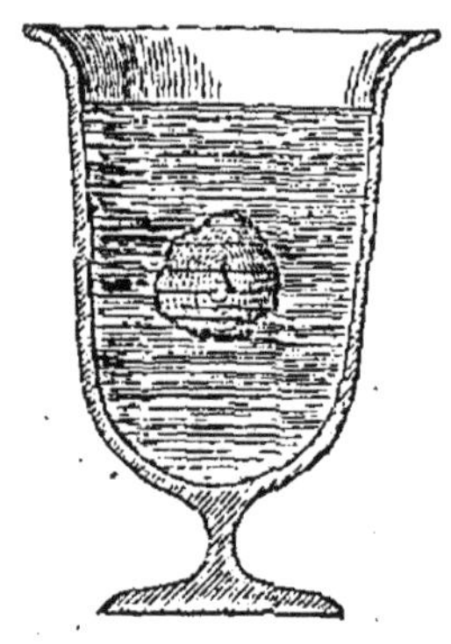
Fig. 149.

solide quelconque ayant exactement les mêmes contours. Comme on n'a touché en rien au liquide, il exercera de bas en haut la même pression que tout à l'heure, et si le poids du corps est beaucoup plus grand, la pesanteur aura donc à vaincre, pour l'entraîner au fond, une force égale (mais contraire) au poids du volume d'eau dont le corps a pris la place. Son action sera par conséquent diminuée d'autant : ce qu'on exprime en disant que tout corps, plongé dans un liquide, perd une partie de son poids égale au poids du volume de liquide qu'il déplace.

Un bloc de fonte de 1 mètre cube et pesant 7500 kilogrammes, par exemple, perdra :

1° Dans l'eau, un poids égal au poids de 1^m cube d'eau, soit 1,000^k
2° Dans l'huile,   —   d'huile, —   915^k
3° Dans le mercure,   —   de mercure, —13,600^k

Ce principe a été découvert 300 ans avant Jésus-Christ, par un savant grec du nom d'Archimède, dans une curieuse circonstance :

Le roi de Syracuse, ville de Sicile qu'habitait Archimède, avait donné un certain poids d'or à des orfèvres pour lui faire une couronne. L'œuvre finie, et le poids reconnu exact, des avis prévinrent le roi que les orfèvres l'avaient trompé, et que la couronne au lieu d'être en or massif, contenait intérieurement de l'étain. Pour vérifier la fraude, le roi s'adressa à Archimède qui ne savait comment la découvrir sans détériorer l'œuvre d'art, lorsqu'il s'aperçut un jour au bain que son corps, en plongeant, semblait éprouver une résistance de la part de l'eau : il se rendit compte de suite du phénoméné, et l'utilisa de la manière suivante : puisque, se dit-il, on prétend qu'à la place d'or, on a coulé intérieurement de l'étain, comme ce dernier métal pèse à peu près deux fois et demie moins que l'or, pour que la couronne ait bien le poids réglementaire, on a été obligé d'en mettre un volume deux fois et demie plus grand. Pour nous en assurer, plongeons-la dans l'eau, nous connaissons le volume qu'elle doit avoir s'il n'y a pas eu de fraude commise, d'où la perte de poids qu'elle subira lorsqu'on l'immergera, et le poids qu'il faudra enlever, sur le plateau de la balance, pour maintenir l'équilibre. Si au contraire, on a coulé de l'étain dans la couronne, le volume en est plus grand, le volume d'eau déplacé par conséquent aussi, et la perte de poids plus forte : il faudra donc dégager l'autre plateau de la balance. L'expérience réussit pleinement, et la mauvaise foi des voleurs fut confondue.

Le principe d'Archimède explique la distinction entre les corps flottants et les autres.

Supposons en effet un bloc de fonte pesant 8 fois plus que l'eau (fig. 150), c'est-à-dire dont 1 centimètre cube pèse 8 grammes au lieu de 1 gramme. Si ce bloc a un volume de 30 centimètres cubes, il sera entraîné au fond par un poids de 30 $\times 8 = 240$ grammes, tandis qu'il n'aura à vaincre dans sa chute qu'une résistance égale au poids du volume d'eau qu'il déplace, c'est-à-dire, de 30 grammes, donc la force de la pesanteur sera encore de 210 grammes.

Fig. 150.

Imaginons maintenant un ballon gonflé d'air, ayant un volume de 30 centimètres cubes, et pesant 10 grammes, chaque centimètre cube immergé reçoit de l'eau une poussée égale à 1 gramme. Lorsque 10 centimètres cubes auront pénétré, la résistance de l'eau sera justement égale au poids du ballon, qui ne pourra plus descendre. On dit alors qu'il *flotte*.

Nous pouvons donc établir d'une façon générale, *qu'un corps flotte toutes les fois que la poussée du liquide est égale à son poids* : et la fraction du corps immergé est égale à autant de centimètres cubes que le poids total de ce corps représente de grammes.

Deuxième principe. — Tous les liquides jouissent en outre de la propriété suivante :

Si l'on exerce sur un point de leur surface une pression, cette pression se transmet la même, en tous sens, à tous les points de la masse.

En d'autres termes, soit un vase rempli d'eau : supposons que, par un moyen quelconque (si l'on veut, un piston A de 100 centimètres carrés de section sur lequel arrive de l'air comprimé), on exerce une pression de 5 kilogrammes par centimètre carré, chacune des molécules de l'ensemble subira cette pression, et un second piston B, à l'opposé, ayant une surface de 50 centimètres carrés, sera repoussé par une force intérieure de 250 kilogrammes[1].

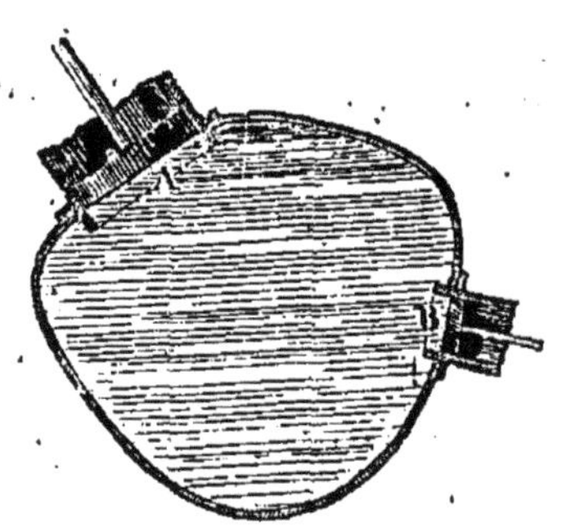

Fig. 151.

Il résulte de ce principe que les liquides sont incompressibles, en d'autres termes, que la loi établie pour les gaz, d'une diminution de volume proportionnelle à la pression exercée sur eux, n'est pas vraie ici, cette pression se transportant *intégralement* en un point

---

1. Nous avons déjà eu, du reste, en parlant de la mesure de la pression atmosphérique, occasion d'utiliser ce principe, en établissant que le poids de la colonne d'air transmettait son action au mercure emprisonné dans le tube, et soulevait le liquide jusqu'à ce que sa hauteur fût de $0^m,76$.

quelconque de la masse, sans réduire le volume du corps.

Troisième principe. — *La pression en un point d'un liquide pesant est égale à la pression extérieure, augmentée du poids de la colonne d'eau comprise entre la surface du liquide et ce point.*

Si l'on considère une tranche quelconque horizontale d'un liquide en repos, la pression qu'elle supporte de haut en bas est équilibrée par la poussée du liquide, c'est-à-dire par la pression de bas en haut qui l'empêche de descendre au fond, puisque la tran-che reste horizontale. Or il découle du principe d'Archimède que cette poussée est égale à la pression exté-rieure, augmentée du poids de la co-lonne d'eau comprise entre la sur-face et le niveau de la tranche. On voit donc que la pression en un point d'un liquide pesant, en repos, ne dépend que de la pression extérieure

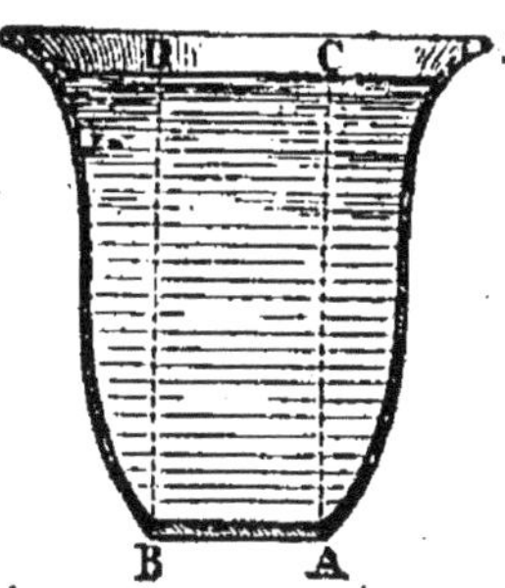

Fig. 152.

et de sa distance à la surface, et que, par conséquent, tous les points qui sont à la même distance subissent la même pression.

Chaque centimètre carré des parois du vase est donc pressé par le liquide avec une force égale au poids d'une colonne d'eau, ayant 1 centimètre carré de base, et comme hauteur, la hauteur de la surface au-dessus du niveau considéré. Cette force qui varie, comme on le voit, pour chaque tranche horizontale, mais reste la même pour tous les points d'une tranche, se nomme *la pres-sion du liquide.*

De ce principe se déduit un résultat intéressant : c'est que la surface d'un liquide en équilibre est toujours horizontale.

Supposons en effet que dans un vase, elle ait pris la forme A B. Puisque, au même niveau, les pressions supportées doivent être les mêmes, considérons un niveau inférieur C D : la portion de surface A exercera une pres-

Fig. 155.

sion égale à la pression atmosphérique et au poids d'une colonne ayant la distance A C pour hauteur. L'action de la portion B est égale aussi à la pression atmosphérique, et au poids d'une colonne ayant BD pour hauteur; mais si le liquide est en équilibre, ces deux pressions doivent être identiques : donc il faut que les hauteurs des colonnes soient les mêmes, ou que B soit à la même distance que A, du niveau CD, c'est-à-dire que la surface du liquide soit aussi horizontale.

Principe des vases communicants. — On conçoit de même aisément que dans un tube en U de forme quelconque l'eau monte également dans les deux branches. Une tranche de liquide horizontale en AB sera, en effet,

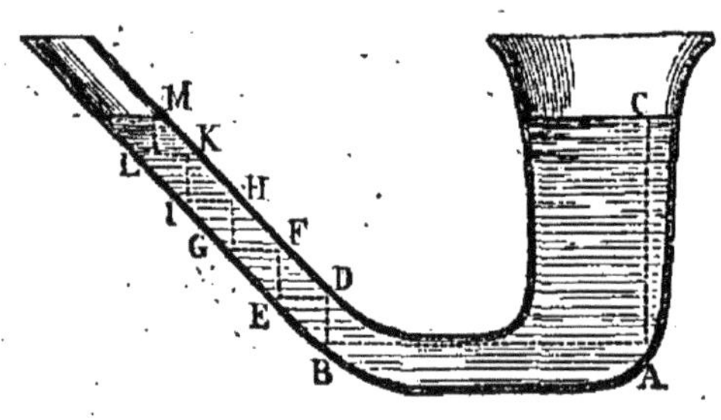

Fig. 154.

pressée à droite par une force égale au poids de la colonne ayant pour hauteur la distance C A, et à gauche par une force égale à la pression supportée par la tranche ED, plus le poids d'une colonne d'eau ayant comme hauteur la distance B D.

Mais la pression sur ED est égale à la pression sur la tranche GF, plus le poids d'une colonne d'eau ayant EF pour hauteur. On reconnaîtrait, en continuant ainsi de proche en proche, que la pression sur AB dans cette branche est égale à la pression atmosphérique, plus le poids d'une colonne d'eau ayant pour hauteur ML + KI + GH + FE + DB, somme des différentes hauteurs partielles. Or pour que l'équilibre ait lieu il faut que cette somme soit égale à la hauteur CA ou que les deux surfaces soient au même niveau.

Tel est le principe des vases communicants qui peut s'énoncer ainsi :

Lorsque, dans deux récipients que l'on met en communication, un liquide quelconque est à différentes hauteurs, l'équilibre n'a lieu que lorsque les deux surfaces sont sur le même plan horizontal[1].

Les puits artésiens, dont on peut visiter un très beau spécimen à Grenelle, sont fondés sur ce principe.

Figurons un bassin en forme de cuvette, comme est celui de Paris, et parmi les terrains qui le composent, une couche de sable, très perméable à l'eau, prise entre deux couches d'argile imperméable, B et C (fig. 156), toute l'eau qui pénètre à l'endroit (D) où ce sable vient affleurer, ne peut se disperser dans son trajet, et arrive

1. Nous avons pris à dessein un récipient de forme compliquée pour prouver, dans la démonstration, que la forme des deux vases communicants ne joue aucun rôle. On peut en faire l'expérience au

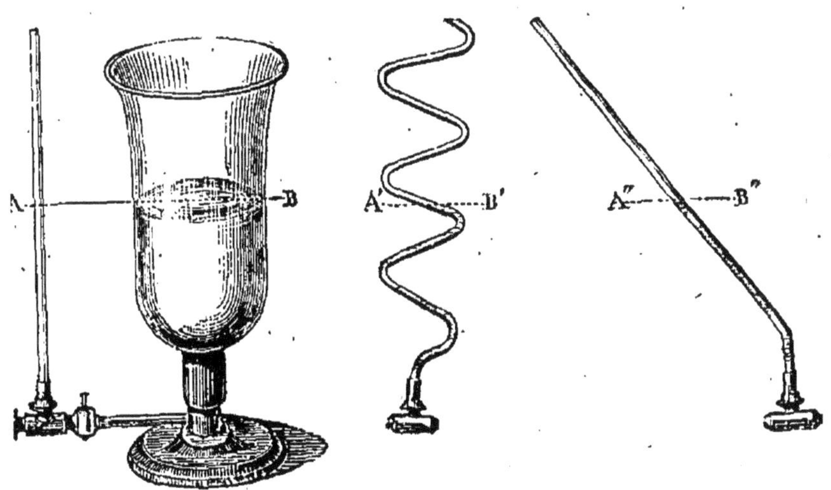

Fig. 155.

moyen de l'appareil ci-contre. A la place du tube A, on visse sur la tige deux autres tubes (fig. 155), et l'on voit le liquide monter toujours à la même hauteur qui est celle du niveau primitif AB.

jusqu'au bas de la cuvette. Les explications antérieures permettent de comprendre que, si on perce à cet endroit un trou de sonde FG, qui vienne déboucher à l'air libre, et qu'on y place un tuyau vertical, en vertu du principe des vases communicants, l'eau s'élevera dans le tuyau jusqu'à la hauteur du point où elle a pénétré dans le sol. Ainsi à Grenelle, le tuyau d'amenée de l'eau a 548 mètres

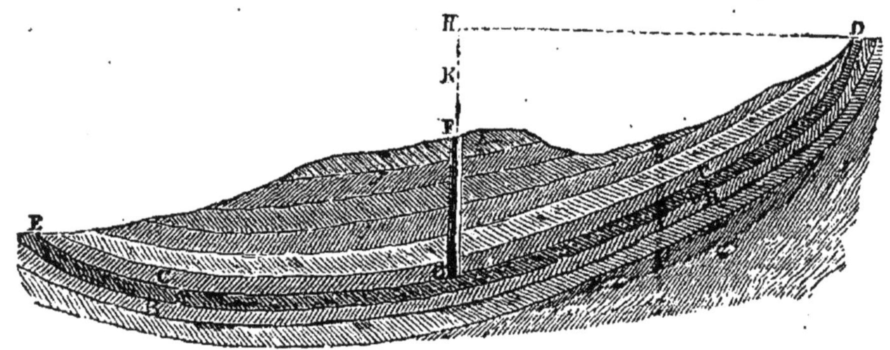

Fig. 156.

de profondeur, et le jet s'élève encore à 34 mètres au-dessus du sol. Les plaines de la Champagne où l'infiltration a lieu sont, en effet, à près de 600 mètres au-dessus du fond du bassin : nous verrons plus loin pourquoi le liquide ne s'élève jamais identiquement à la hauteur théorique.

HYDRODYNAMIQUE.

L'hydrodynamique est l'étude des principes qui régissent l'écoulement des liquides.

Un liquide quelconque étant un corps pesant, toutes les explications que nous avons données au début de ce volume lui sont applicables : les voici résumées en quelques mots :

Mis en mouvement par la pesanteur qui agit constamment sur lui, il n'exerce un effort que par l'interposition d'un obstacle, contre lequel la rencontre du moteur a lieu suivant certaines lois que nous étudierons dans le prochain chapitre. Il nous faut donc encore considérer ici la *masse* d'eau reçue en une seconde, et la vitesse de cette eau à l'arrivée contre le récepteur. Le demi produit de la masse par le carré de la vitesse nous donnera la force vive à utiliser.

Nous appellerons *débit* le volume d'eau recueilli en une seconde par le récepteur, et nous en déterminerons de suite la masse, en nous souvenant qu'un litre pèse 1 kilogramme. Quant à la vitesse, il nous sera toujours très facile de la connaître : un principe général pour tous les corps pesants établit en effet que la vitesse à un moment donné est la racine carrée[1] du produit de la *hauteur de chute* par le nombre 18,76.

Si par exemple un corps tombe d'une hauteur de 10 mètres, la vitesse sera la racine carrée du produit de $18,76 \times 10^m$, c'est-à-dire le nombre qui, multiplié par lui-même donne 187,60, soit $13^m,60$: donc la vitesse du corps en arrivant au sol est de $13^m,60$ à la seconde.

Pour fixer définitivement les idées, cherchons quelle est la force vive d'un cours d'eau donnant 1000 litres d'eau à la seconde, la source de ces 1000 litres étant à 15 mètres au-dessus du récepteur.

Puisque le débit à la seconde est de 1000 litres, le poids d'eau fourni est de 1000 kilogrammes. La masse est donc $\frac{1000^k}{9,88} = 101,21$. La vitesse sera la racine carrée de

$$18,76 \times 15, \text{ soit de } 281,40$$

c'est-à-dire $16^m,77$. Pour avoir la force vive, il nous faut faire le produit de la masse par le carré de la vitesse,

$$101,21 \times 281,40 = 28480,494$$

et en prendre la moitié, en nous souvenant que nous

---

1. De même que l'on appelle *carré* d'un nombre le produit de ce nombre par lui-même, on appelle *racine carrée* d'un nombre A, le nombre qui, multiplié par lui-même, reproduit ce nombre A. Ainsi, puisque 9 est le carré de 3 ($3 \times 3 = 9$), 3 est la racine carrée de 9.

obtenons ainsi des kilogrammètres ; la demi-force vive par seconde sera donc de

$$14240^{kgm},247 ;$$

d'où la règle suivante :

Règle. — Pour trouver la force vive d'un cours d'eau par seconde : diviser le poids d'eau recueilli par le nombre 9,88 : multiplier ensuite le quotient par le produit de la hauteur de chute et du nombre 18,76 et prendre la moitié du résultat de cette multiplication.

Ou encore, en remarquant que 18,76 est égal à deux fois 9,88, et que, par conséquent, commencer par diviser par 9,88 pour multiplier ensuite par deux fois ce nombre, revient à multiplier de suite le poids d'eau par le nombre 2, la règle simplifiée :

Multiplier ce poids d'eau par le double de la hauteur de chute, et prendre la moitié du produit, c'est-à-dire multiplier simplement le poids par la hauteur[1].

La force vive d'un cours d'eau est donc égale au produit du poids d'eau par la hauteur de chute.

C'est ce que nous avions déjà trouvé dans le premier chapitre pour l'expression de la demi-force vive d'un corps solide tombant sous l'action de son propre poids.

Lorsque l'eau, au lieu de couler directement et d'une façon continue d'une source à débit constant, est tout d'abord amenée dans un réservoir, ce qui est le cas le plus général, il est facile de calculer la force vive qu'elle

---

1. Ceux qui sont un peu familiarisés avec les expressions algébriques comprendront aisément ce raisonnement, en remarquant que la première règle donnée peut s'exprimer, si le poids est de 1000 kilogrammes ;

$$\frac{1}{2} \ \frac{1000^k \times 18.76 \times 15}{9.88}$$

en divisant haut et bas par 9.88.

$$\frac{1}{2} \ 1000^k \times 2 \times 15 = 1000^k \times 15.$$

a, au moment où elle s'échappe de ce réservoir par l'orifice ménagé à cet effet.

La pression qu'elle supporte est égale à la pression extérieure augmentée du poids de la colonne d'eau au-dessus de l'orifice. Or, comme cette pression se transmet en tous sens, elle détermine l'écoulement du liquide qui, débouchant à l'air libre, n'a à vaincre que la pression atmosphérique. C'est donc le poids de la colonne d'eau qui seul crée la force vive du mouvement,

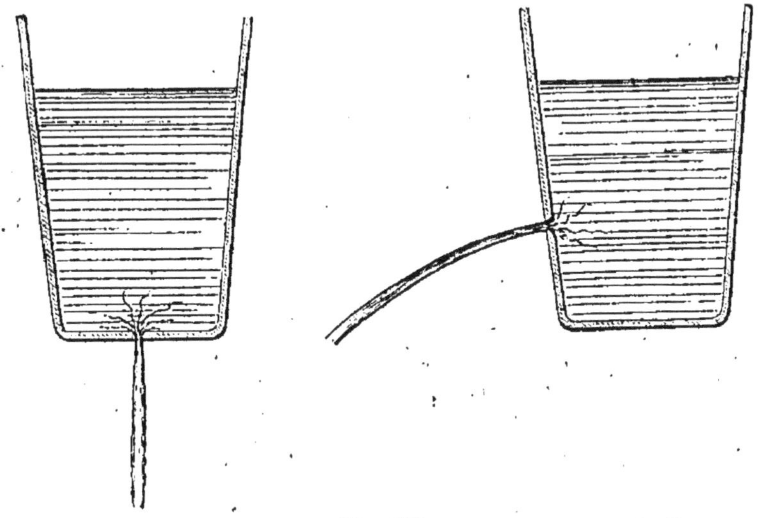

Fig. 157.

et l'on a trouvé que la vitesse à la sortie était égale à celle qu'aurait le liquide s'il tombait de la hauteur de cette colonne, soit donc à la racine carrée du produit de cette hauteur que l'on appelle *la charge* par le nombre 18,76. La vitesse diminuera, par conséquent, à mesure que la surface baissera, et sera nulle dès qu'elle aura atteint le niveau de l'orifice.

Mais la force vive théorique n'est en réalité jamais recueillie entièrement dans la pratique : les coudes, les étranglements du cours d'eau, le frottement du liquide le long des parois, contribuent à la réduire. L'hydrodynamique a pour but d'étudier chacun de ces phénomènes, et de déterminer la quantité de force vive qu'il détruit, quantité qu'on a appelée la *perte de charge*. Nous ne pouvons nous étendre longuement sur ce sujet : il faut nous contenter de passer rapidement en revue toutes ces perturbations, de façon à mieux comprendre le fonctionnement des machines hydrauliques dans le prochain chapitre.

PERTES DE CHARGE.

1° *Ajutage*. — Si, sur un des côtés d'un réservoir rempli d'eau, on perce un orifice, la veine liquide qui s'en échappe, et dont nous pouvons maintenant calculer la vitesse à la sortie, présente un curieux phénomène de contraction. A une petite distance du réservoir, elle se resserre, pour s'épanouir un peu plus loin et reprendre sa section primitive (fig. 158).

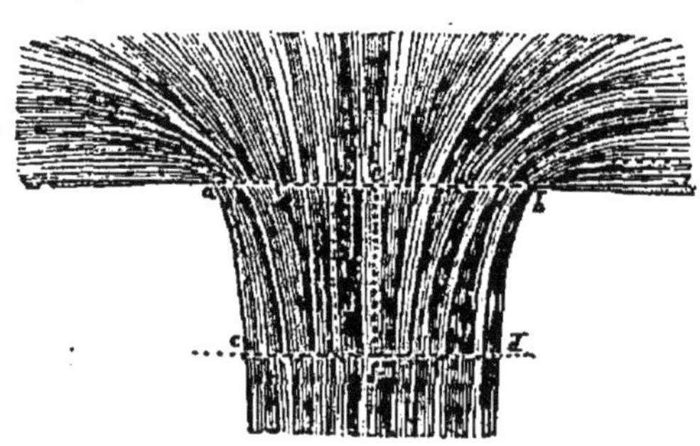

Fig. 158.

Elle se contracte plus ou moins, selon la hauteur de l'eau dans le réservoir, et la dimension de l'orifice de sortie. Il est du reste très facile de se rendre compte de sa forme exacte, en disposant haut et bas deux cadres en bois, traversés par des aiguilles, que l'on avance progressivement jusqu'à ce que leur extrémité affleure le liquide : si l'on arrête ensuite le jet, l'espace compris entre les aiguilles représente exactement la forme de la veine.

On appelle *ajutage* un petit tuyau cylindrique placé à l'orifice de sortie d'un réservoir, et par lequel l'eau est obligée de passer.

La contraction de la veine amène dans l'ajutage un résultat singulier : on a en effet démontré que la pression

de l'air emprisonné dans le petit espace laissé libre par
la contraction, était moindre que la pression atmosphérique, et que la différence entre ces deux pressions était
égale au poids d'une colonne d'eau dont la hauteur serait
les 3/4 de la distance du niveau supérieur du réservoir au-dessus de l'orifice de sortie.

Une expérience très simple peut en rendre compte :
si on fait déboucher à cet endroit un tube plongeant
par son extrémité in-
férieure dans l'eau
(fig. 159), puisque la
pression est moindre
dans l'ajutage qu'à
l'extérieur, la pression
atmosphérique presse-
ra sur la surface de
l'eau du vase en c, et
la fera monter dans le
tube (voir le chapitre
II), jusqu'à ce que le
poids de la colonne
cb, joint à la pression
dans l'ajutage, lui fasse
équilibre ; la hauteur

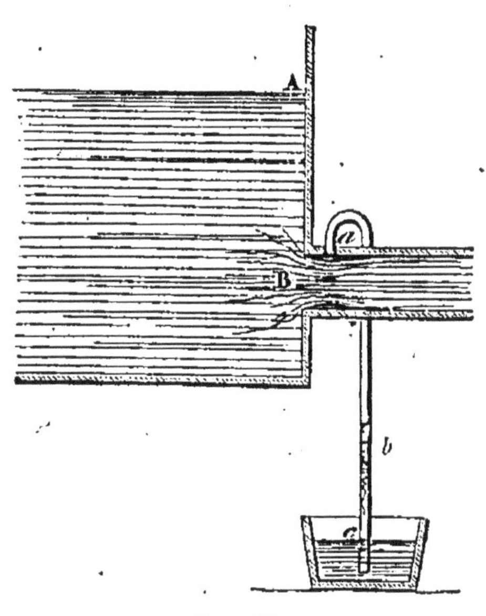

Fig. 159.

de la colonne représente donc bien la différence entre les
deux pressions, et l'expérience prouve qu'elle est toujours les 3/4 de la hauteur AB.

On conçoit maintenant que l'ajutage soit une cause
de perte de charge, puisque lorsque le courant se contracte, les filets liquides se resserrent, et frottent les
uns contre les autres.

En outre, si le tuyau débouche à l'extérieur, la pression
atmosphérique, plus forte que la pression dans la contraction, fait renfler la veine et s'oppose à son mouvement.

Pour éviter cette perte de charge, due à la raréfaction
de l'air dans l'espace annulaire de la contraction, on

donne généralement à l'ajutage la forme de la veine (fig. 160); elle le remplit alors tout entier, et les phénomènes que nous avons décrits sont annulés. Mais, la contraction dépendant de la hauteur de l'eau dans le réservoir, si cette hauteur varie à chaque instant, la forme de la veine n'est bientôt plus identique à celle de l'ajutage, et l'inconvénient reparaît.

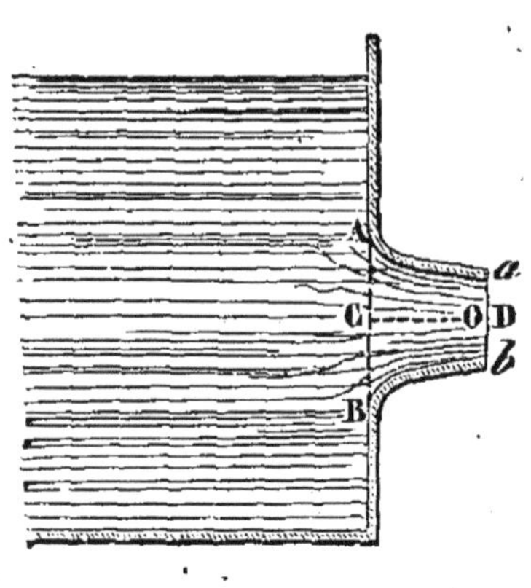

Fig. 160.

On a utilisé cette raréfaction de l'air dans l'ajutage, pour la construction d'un appareil, appelé trompe, qui servait anciennement à envoyer de l'air sous les foyers, ou à aérer les mines.

L'eau tombait d'un réservoir par un tuyau percé, à l'endroit de la contraction, de deux trous AA (fig. 161). Appelé par la moindre pression à cet endroit, l'air atmosphérique s'engouffrait dans le tuyau, descendait entraîné par l'eau, tombait avec elle dans une bâche B, se séparait par suite de son poids plus léger, et se rendait par le tuyau D sous le foyer ou dans un réservoir qui le distribuait aux galeries de la mine.

Cette machine très vieille est depuis longtemps abandonnée; elle n'en est pas moins curieuse comme application du phénomène dont nous venons de parler.

2° *Changements brusques de section.* — Lorsque, dans un canal ou dans une conduite d'eau fermée, la section change brusquement soit qu'elle s'élargisse, soit au contraire qu'elle se rétrécisse, elle détermine une perte de charge facile à comprendre, si nous nous reportons à ce que nous avons dit pour l'ajutage.

Remarquons tout d'abord que, lorsqu'un tuyau débouche dans un vase, l'eau qui arrive avéc une grande vitesse en perd rapidement la plus grande fraction, et le niveau supérieur du liquide dans le vase ne s'élève que très lente- ment.

Un principe de mécanique dé- montre en effet que la vitesse de l'eau dans un canal à débit constant, est à chaque moment inversement proportionnelle à la section de la conduite[1] ; si par exemple au départ le canal a une section de 400 centimètres carrés, et que la vitesse du courant soit de 10 mètres à la seconde, lors- que cette section deviendra 200, 100, 800, 1000 centimètres car- rés, la vitesse deviendra 20 mè- tres, 40 mètres, 5 mètres, $2^m,50$ à la seconde.

Fig. 161.

Supposons donc un tuyau présentant à un endroit un

1. Ce principe est du reste également vrai pour l'écoulement des gaz; nous en avons donné un exemple en parlant du laminage de la vapeur par l'étranglement des lumières.

élargissement brusque (fig. 162), la vitesse à la section CD est plus petite qu'en AB, car le tuyau s'est élargi ; donc

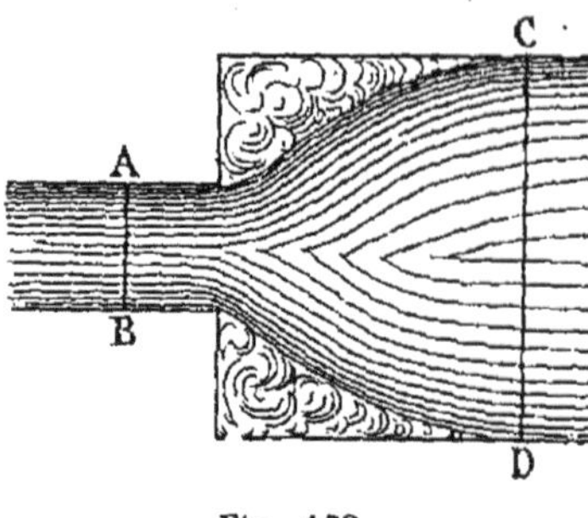

Fig. 162.

l'eau qui arrive avec une certaine force vive rencontre une masse plus lente, et est obligée, pour ainsi dire, de glisser sur sa surface par la vitesse acquise, et de remplir les coins en tourbillonnant, puisqu'elle est emprisonnée. Ces tourbillons se nomment *remous ;* ce sont eux qui absorbent la vitesse perdue, et par conséquent la fraction de force vive qu'elle représente.

Il en est de même dans les rétrécissements brusques, et nous nous en sommes rendu compte en parlant des ajutages, puisqu'un ajutage n'est en somme qu'un tuyau, de plus petite dimension que le réservoir, et dans lequel l'eau s'engage à sa sortie.

3° *Coudes.* — Les coudes entraînent deux pertes de charge ; on a en effet à la fois un rétrécissement et un élargissement brusques (fig. 165).

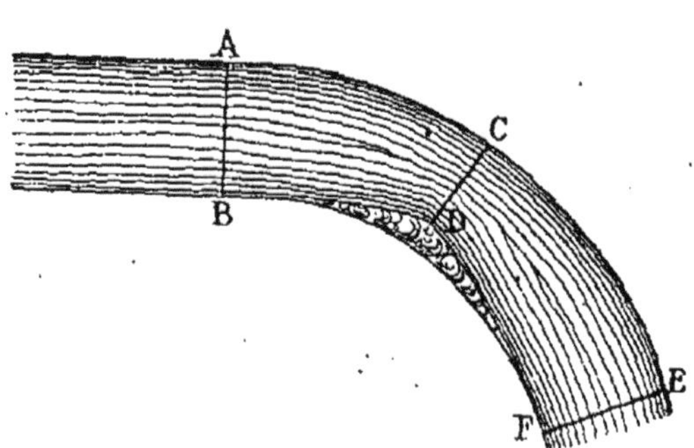

Fig. 165.

La veine liquide qui suit toujours une direction rectiligne, vient frapper contre le fond du coude, d'où, comme le montre la figure, rétrécissement brusque de section ; elle se renfle ensuite rapidement, dès que les molécules ont changé de direction, d'où épanouissement et nouvelle perte de charge.

4° *Choc d'une veine contre un obstacle.* — On conçoit
aisément que le choc d'une veine contre un obstacle soit
une cause de perte de charge énorme (fig. 164) : c'est
en même temps deux rétrécissements et deux élargissements brusques de section.

5° *Frottement de l'eau dans les conduites.* — En longeant les parois du canal ou de la conduite qui l'amène,
l'eau produit un frottement, qui retarde sa marche. La
mince couche de
liquide en contact
avec le tuyau a donc
une vitesse sensiblement inférieure
au reste de la masse, qui, vu le peu
de cohésion des
molécules , glisse

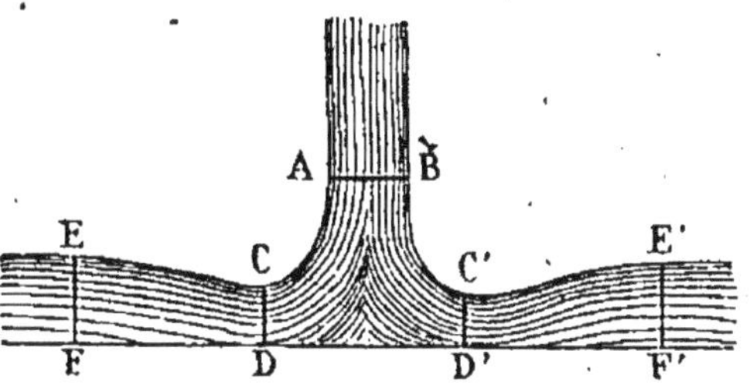

Fig. 164.

alors contre elle en déterminant un second frottement,
mais beaucoup moindre. On voit que, par conséquent,
dans tout liquide en mouvement, il existe deux causes
de perte de charge, même quand toutes les autres
signalées plus haut ont disparu :

1° Frottement de la gaine de la veine liquide contre le
tuyau.

2° Frottement du reste de la masse d'eau qui, vu sa
vitesse supérieure, glisse le long de la gaine. Ce dernier
peut être négligé à côté de l'autre.

BARRAGES.

On appelle barrages les appareils placés en travers
d'un cours d'eau, et destinés à élever l'eau jusqu'à un
certain niveau, en la forçant à passer par-dessus leur

crête (fig. 165). Ils ont un double but. Le premier est
de partager le cours d'eau dans lequel le tirant, c'est-
à-dire la hauteur du
liquide au-dessus du
fond, n'est pas suffi-
sant pour permettre
la navigation, en sec-
tions de plus ou
moins de longueur,

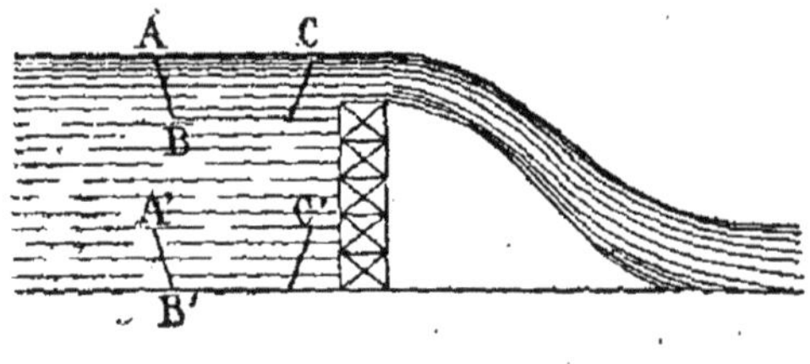

Fig. 165.

ou ce niveau est considérablement élevé, et par conséquent la navigation possible.

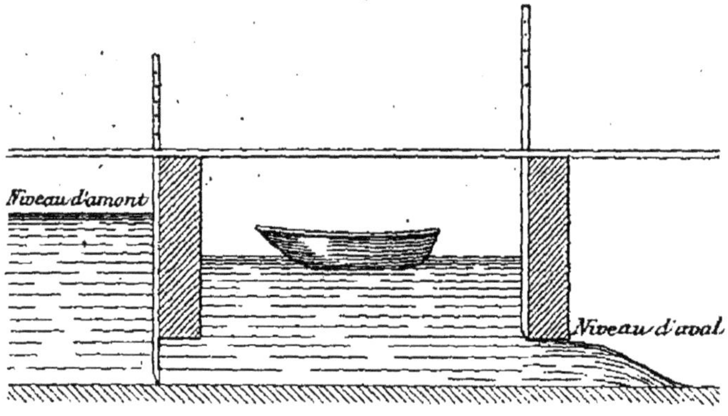

Fig. 166.

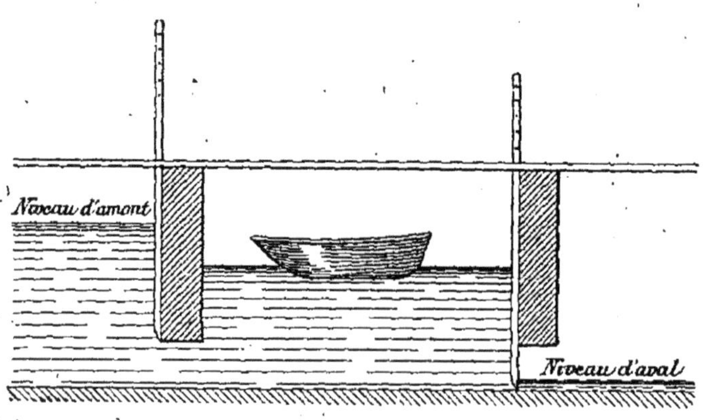

Fig. 167.

Chacune de ces sections communique alors avec celle

qui la précède ou qui la suit au moyen d'un réservoir ou *écluse*, placé à côté du barrage (fig. 168), et grâce auquel

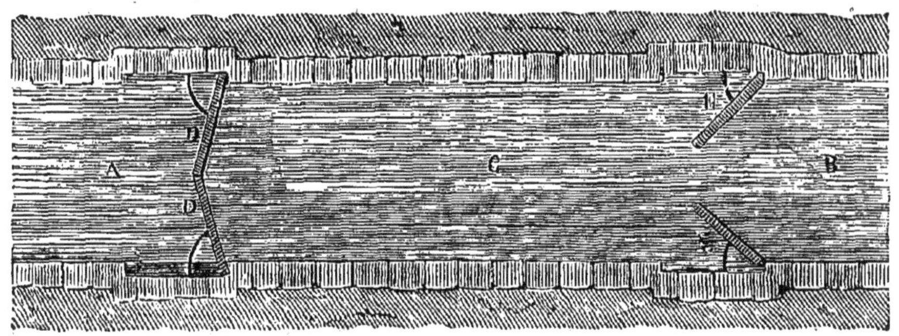

Fig. 168.

les bateaux peuvent passer de l'une à l'autre. Les portes d'amont [1], DD, de l'écluse restent à l'ordinaire fermées, et

Fig. 169.

le niveau de l'eau y est le même que dans la rivière au-dessus du barrage.

1. On appelle en hydraulique l'*aval*, le côté de l'embouchure du fleuve, et l'*amont* celui de la source.

Lorsqu'on reçoit un bateau de l'amont, dès que ce dernier est entré, on ferme les portes d'amont EE, on ouvre celles d'aval, puis on laisse l'eau contenue s'écouler (fig. 166), et on amène ainsi le bateau du niveau supérieur au niveau de la seconde section. Réciproquement, lorsqu'un bateau arrive en remontant le courant, pour le faire passer de la section inférieure à la précédente, il suffit d'ouvrir tout d'abord les portes d'aval en fermant celles d'amont, pour vider l'écluse ; puis, après l'avoir fait pénétrer, de fermer celles d'aval, d'ouvrir celles d'amont, et de laisser l'eau de la section supérieure remplir peu à peu le bassin (fig. 167), jusqu'à ce que la ligne de flottaison du bateau ait atteint le niveau de cette section, et qu'il puisse continuer sa course.

Le second but des barrages est de créer des chutes d'eau artificielles pour les propriétaires riverains qui, par un canal de dérivation, vont prendre l'eau en amont du barrage, et bénéficient par conséquent de toute la surélévation créée par lui : cette surélévation est indispensable, lorsque la rivière débite une grande masse avec une très faible pente.

Les propriétaires riverains ont deux moyens d'utiliser le barrage :

1° En établissant, à la hauteur de la crête (fig. 165), un canal de dérivation A B C, amenant l'eau jusqu'à leur usine, soit en ménageant la pente, comme nous le verrons au commencement du prochain chapitre, soit au contraire en l'utilisant tout entière pour conduire l'eau.

Ce moyen a un inconvénient, c'est que lorsque le cours d'eau baisse, et que son niveau est au-dessous du canal, l'usine chôme, si l'on n'a eu soin d'établir des réservoirs qui emmagasinent le moteur au moment des crues.

2° En établissant le canal de dérivation A'B'C' au bas du barrage, et en utilisant alors seulement à l'usine la vitesse de l'eau créée par la charge de la masse qu'elle supporte au barrage. Ce moyen est le plus pratique et le plus employé. L'usine ne chôme ainsi jamais; au moment des basses eaux la puissance du moteur hydraulique est seulement moindre parce que la charge au départ diminue.

CHAPITRE XVI.

DES RÉCEPTEURS HYDRAULIQUES.

Principes généraux. — Roues en dessus, — de côté, — en dessous. — Roués Poncelet. — Turbines. — Machines à colonne d'eau. — Bélier hydraulique. — Navires à roues, — à hélice.

PRINCIPES GÉNÉRAUX.

Il a été établi, dans le dernier chapitre, que le travail d'un moteur hydraulique était le produit de son poids par sa hauteur de chute.

On conçoit donc qu'il y ait deux manières de faire travailler l'eau :

1º En la faisant arriver sur le récepteur, après avoir ménagé sa pente, de telle sorte qu'elle ait encore à tomber de presque toute la hauteur disponible, et que ce soit l'énergie de cette chute qui mette en mouvement l'organe interposé;

2º En utilisant toute la hauteur de chute avant l'arrivée sur le récepteur pour donner au courant une certaine vitesse (puisque l'on sait que cette vitesse est égale à la racine carrée du produit de la hauteur par le nombre 18,76), et en disposant l'obstacle de façon à ce que l'impulsion seule de cette eau le mette en mouvement.

Le premier mode de travail convient aux chutes de peu de débit, mais de grande hauteur.

Le second, beaucoup plus pratique (nous verrons ulté=

rieurement pourquoi), est surtout applicable aux sources de plus grand débit et de moindre chute, comme le sont la plupart des cours d'eau.

Il faut, par conséquent, rechercher des récepteurs s'adaptant particulièrement à chacune des deux conditions de la puissance; c'est-à-dire à une hauteur de chute ou à un débit important.

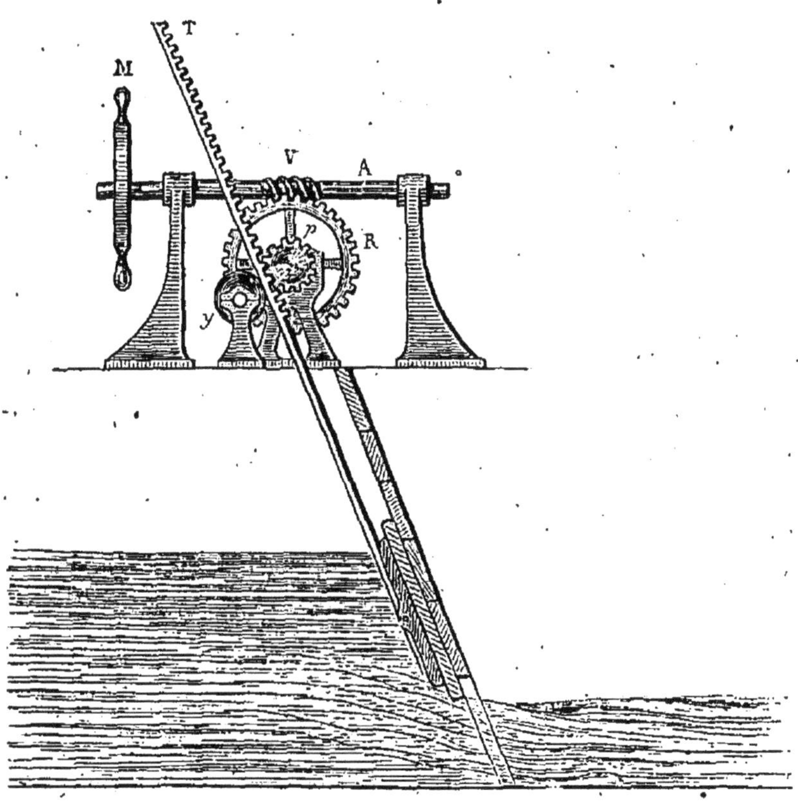

Fig. 170.

Nous avons vu dans le chapitre précédent comment, en général, on dérivait un cours d'eau, pour l'amener au contact du récepteur. Après lui avoir créé un lit artificiel jusqu'au point où on veut l'utiliser, on le recueille dans un bassin appelé *bief d'amont*, d'où il s'échappe en plus ou moins grande quantité, selon la levée de l'obstacle qui en bouche l'issue, et qu'on appelle *vanne*.

La figure 170 montre la disposition employée pour pouvoir de l'extérieur manœuvrer cette vanne. Une poignée M, en tournant, entraîne la vis sans fin V qui engrène avec la roue R. Un pignon *p* calé sur cette roue, en tournant sur la cremaillère I,[1] lève ou baisse la vanne (selon le sens de la rotation). On voit que le rôle de ces vannes est de mettre en communication le récepteur et le moteur, et de régler la quantité d'eau débitée par minute, c'est-à-dire le travail de la machine hydraulique selon les variations du niveau de l'eau dans le bief.

Avant d'aborder la description des récepteurs, il nous faut énoncer les principes généraux qui doivent nous guider dans leur construction.

Lorsqu'un corps en mouvement A en entraine un autre, B, qui n'est pas fixe sur lui, on appelle *vitesse relative* de B, la vitesse du mouvement qui le déplace sur le corps A. Si, par exemple, des enfants jouent aux billes sur un bateau à vapeur, puisque les billes courent sur le pont, elles ont une certaine vitesse que n'a pas le navire; mais en outre, comme elles roulent sur lui, elles sont entraînées avec la sienne. Qu'on imagine donc un observateur en ballon au-dessus du bateau : pour lui, si le ballon reste fixe, les billes se déplaceront dans l'espace, suivant une vitesse qui sera composée de la vitesse du vaisseau et de celle qui leur est propre.

En résumé, lorsque, sur un corps A en mouvement, on déplace un corps B, on nomme :

Vitesse d'entraînement, la vitesse du corps A;

Vitesse relative, la vitesse que B aurait si A s'arrêtait tout à coup;

Vitesse absolue, la vitesse que semble avoir B pour un observateur qui ne peut voir A. Le vitesse absolue est, si l'on peut s'exprimer ainsi, la résultante de la vitesse relative et de la vitesse d'entrainement.

____

1. Voir chapitre xviii.

Ceci posé examinons les conditions d'établissement d'un bon récepteur.

Nous venons de voir à la fin du dernier chapitre que lorsqu'une veine liquide choque un obstacle il y a quadruple perte de charge ; donc il faut éviter ces chocs à tout prix.

Or tout récepteur hydraulique se compose d'une roue tournant autour d'un axe, et dans laquelle l'eau s'engouffre. La vitesse d'entraînement est ici celle de la roue ; la vitesse relative, celle qui reste à l'eau dès qu'elle a pénétré dans les parties de la machine disposées pour la recevoir.

Il nous faut donc tout d'abord établir le canal d'arrivée de l'eau de façon à perdre le moins de hauteur ou de vitesse possible jusqu'au récepteur, et les diverses parties de ce récepteur, de façon que la vitesse relative de l'eau lui fasse épouser la forme des parois sans les rencontrer brusquement, c'est-à-dire sans qu'il y ait choc [1].

Tel est le premier principe.

Selon maintenant le type du récepteur, le second, tout en restant le même, s'énoncera différemment.

Si en effet c'est un récepteur du premier genre (grande chute, peu de débit) il faudra s'imposer d'utiliser toute la hauteur de chute, et nous verrons plus loin que c'est fort difficile.

Si c'est un récepteur du deuxième genre, il faut que toute la vitesse soit utilisée, et, par conséquent, que l'eau, au sortir, n'ait plus de force vive. La vitesse relative à la sortie doit donc être égale et de sens contraire à

1. Remarquons que, pour le choc du récepteur contre le moteur, il ne faut envisager que la *direction de la vitesse relative* de l'eau par rapport au récepteur, et non celle de sa vitesse à l'entrée, car on doit toujours tenir compte que la roue tourne. C'est ce qui expliquera, dans la description des types qui vont suivre, que souvent, bien que la disposition du canal d'arrivée de l'eau semble lui faire rencontrer brusquement les aubes des roues en repos, il n'en soit rien, dès que celles-ci sont en marche.

la vitesse d'entraînement du récepteur ; car la vitesse absolue de l'eau étant composée de ces deux dernières sera alors évidemment nulle [1].

Cela posé, examinons en détail les divers récepteurs.

ROUES EN DESSUS.

(Récepteurs du premier genre.)

Les roues en dessus ou à *augets* ont été les premiers

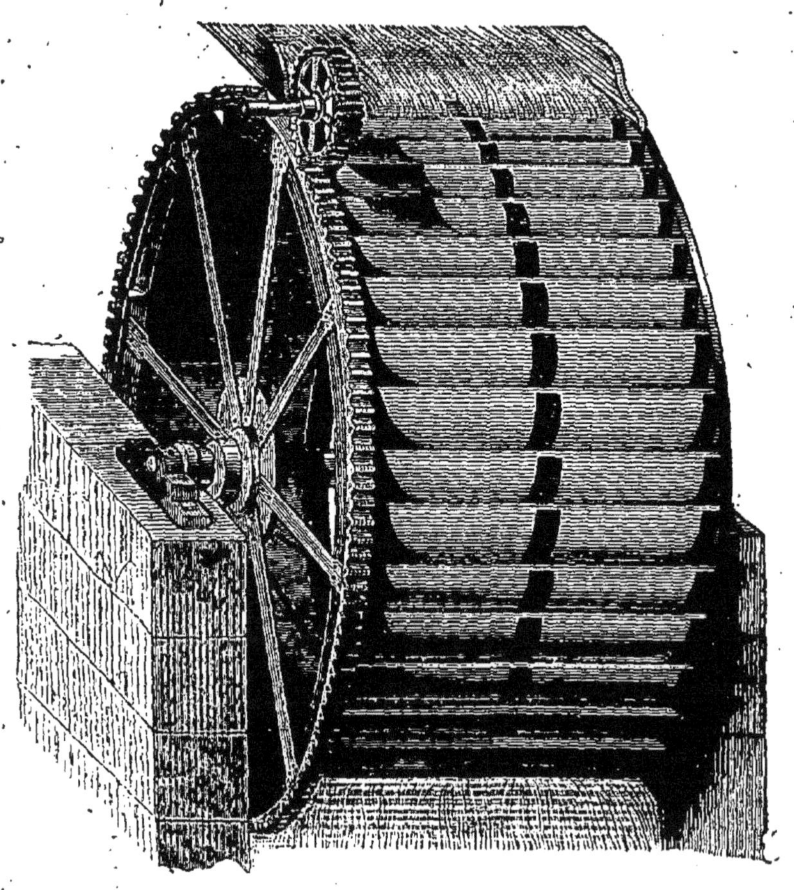

Fig. 171.

1. On peut voir facilement que ces deux énoncés du même principe reviennent au même. Si, en effet, toute la chute est utilisée, l'eau sort du réservoir au niveau le plus bas, et par conséquent n'a plus de vitesse, puisque celle-ci ne peut naître que d'une différence de niveau.

moteurs hydrauliques employés. Elles conviennent aux chutes ayant une grande hauteur et peu de débit, et se composent d'une roue à axe horizontal que le poids de l'eau fait tourner lentement.

Le courant arrive par un canal ou coursier, dont la pente a été ménagée depuis le point de départ, de façon à ne dépenser que la hauteur nécessaire à l'inclinaison du lit. On installe la roue de façon que son diamètre ait exactement, ou à peu près, la hauteur de chute disponible. Cette roue se compose de deux joues parallèles réunies au moyeu par de forts bras, et qui, dans leur intervalle, soutiennent des augets dont la forme est déterminée pour recevoir l'eau à sa sortie du coursier. La roue ne plonge pas dans les eaux d'aval (On appelle bief d'amont, le canal d'arrivée, et bief d'aval, le canal d'écoulement). Son diamètre est en général de 4 à 6 mètres. Au-dessus de 6 mètres elle aurait de trop grandes dimensions ; au-dessous de 4, de trop petites, et il est préférable alors d'employer des roues de côté.

On voit que l'eau arrive dans l'auget, le pousse par son poids, et fait tourner la roue jusqu'à ce que, par le mouvement de rotation, elle en soit projetée.

Les augets ont des dimensions très variables ; on les écarte généralement de 35 centimètres sur la circonférence de la roue, en leur donnant au fond une largeur de 0ᵐ 30, et une longueur variable, selon le débit de la chute, de 0ᵐ60 à 2 mètres. On calcule ensuite la hauteur du rebord (fig. 172), de façon que le liquide ne remplisse jamais plus de la moitié de l'auget, et qu'il ne déverse pas trop tôt.

Un grand inconvénient en effet de ces récepteurs est que le moteur au lieu d'exercer sur la roue un travail égal à son poids multiplié par la hauteur de la chute, n'en donne qu'une fraction, puisque dès la moitié de la course, il commence à la quitter. La préoccupation que l'on doit avoir est donc de retarder le moment du départ de l'eau dans la roue.

Aussi a-t-on cherché une forme d'auget qui la retienne le plus longtemps possible, tout en ne présentant cependant pas un orifice trop étroit pour lui permettre d'entrer sans résistance. La figure 172 en indique trois des plus employées.

On se souvient que nous avons parlé, dans un des précédents chapitres, de la force centrifuge, qui, dans tout mouvement de rotation d'un corps autour d'un axe, cherche à éloigner ce corps de l'axe avec d'autant plus d'énergie que la vitesse est plus grande.

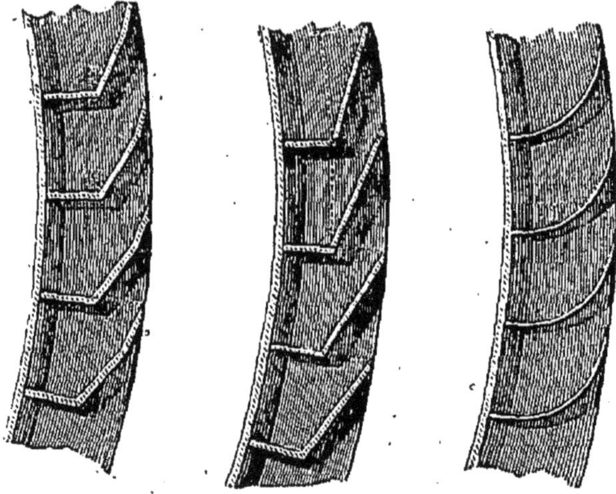

Fig. 172.

Par le mouvement circulaire de la roue, elle tend donc à écarter l'eau du centre, c'est-à-dire à lui faire remonter légèrement le plan incliné, et à la projeter hors de l'auget. L'effet de cette force est d'autant plus sensible que la roue tourne plus vite ; il faut donc, si l'on ne veut pas étrangler l'orifice d'entrée, qu'elle marche très lentement ; aussi ne lui donne-t-on pas, en général, une vitesse de plus de 1 mètre à 1^{m}30 à la circonférence.

Comme la pente du canal d'arrivée a été ménagée, la vitesse de l'eau à l'arrivée est très faible ; la vitesse relative de l'eau dans la roue sera donc, aussi, peu sensible et par conséquent le choc moindre contre les augets.

Les roues en dessus donnent de très bons résultats, et on compte généralement qu'on recueille les trois quarts du travail de la chute.

ROUES DE CÔTÉ.

Lorsque la hauteur de chute est réduite, on emploie les roues de côté, qui se distinguent spécialement des premières en ce que le moteur est maintenu dans

Fig. 173.

l'auget (qu'on appelle ici aube), au moyen d'un coursier circulaire CD qui laisse, entre la roue et lui, à peine le jeu nécessaire pour qu'il n'y ait pas de frottement. Les aubes sont planes, et sont fixées entre deux joues pleines parallèles qui les limitent latéralement, ou reliées directement par une couronne au moyeu de la roue ; elles tournent alors entre deux murs, appelés bajoyers, dont elles ne sont distantes que de quelques millimètres, et qui retiennent le liquide.

L'eau arrive encore ici dans le bief d'amont par un canal dont on a ménagé la pente, entre dans l'aube un peu au-dessous de l'axe de la roue, et, de suite emprisonnée par le coursier circulaire CD, appelé col de cygne, agit par son propre poids, jusqu'à l'extrémité inférieure du récepteur.

L'axe de la roue est ordinairement placé à $0^m,40$ au-dessus du bief supérieur. L'espacement des aubes varie avec l'épaisseur de la lame d'eau, qu'on règle à $0^m,20$ ou $0^m,25$; leur profondeur est calculée pour que le volume de l'eau introduite n'occupe que le quart de la capacité comprise entre deux palettes consécutives.

Les roues de côté ne sont, en général, employées que pour les chutes au-dessous de 3 mètres, parce que sans cela leur diamètre atteindrait 7 mètres, et plus; mais on peut les adapter à des chutes supérieures.

L'adjonction du coursier circulaire, en empêchant l'eau de déverser, est un grand perfectionnement, qui fait rendre à ces roues les trois quarts de la puissance de la chute.

Elles agissent, on le voit, un peu par choc puisque le moteur arrive toujours frapper les aubes avec une certaine vitesse; mais ce léger inconvénient est compensé par l'avantage du coursier, qui détruit cette cause de perte de travail dont nous avons parlé plus haut au sujet des roues en dessus: la chute anticipée de l'eau. — Le seul inconvénient du coursier est le frottement développé par l'eau en le longeant, frottement qui se traduit par une perte de travail d'autant plus grande que la surface du liquide en contact est plus étendue, c'est-à-dire que les aubes sont moins profondes et plus espacées.

En outre le jeu nécessaire entre la roue et le coursier est aussi une cause de perte de travail, parce qu'une certaine quantité d'eau s'y glisse sans peser sur la roue; et

cette perte de charge est encore d'autant plus grande que
les aubes sont plus étroites et plus espacées. Pour contre-
balancer l'influence de cette perte, on fait mouvoir les
roues de côté beaucoup plus vite que les roues à augets ;
mais il en résulte alors que l'eau est projetée contre les
parois du col de cygne par la force centrifuge, et qu'en
outre elle quitte la roue encore avec une certaine vitesse.

ROUES DE CÔTÉ SAGEBIEN.

C'est pour éviter ce double inconvénient que M. Sage-

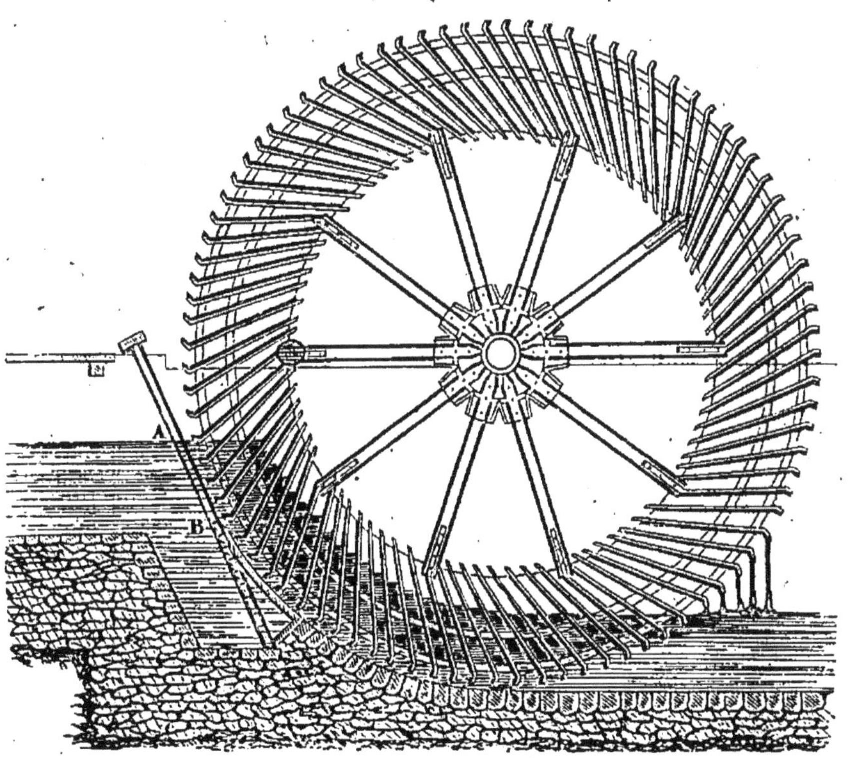

Fig. 174.

bien a construit sa nouvelle roue de côté qui réalise un
grand perfectionnement.

Les aubes sont très inclinées sur la circonférence de

la roue, très rapprochées l'une de l'autre, et excessivement profondes. Elles sont légèrement relevées à leur extrémité et plongent dans la lame d'eau qui arrive du bief supérieur. Le liquide pénètre entre elles de façon à à ce que son niveau y soit le même que dans le bief : en réalité on a un écoulement continu du bief d'amont au bief d'aval, écoulement seulement ralenti par les palettes de la roue, qui plongent également dans le bief d'aval.

La grande épaisseur des lames d'eau sur les aubes dans le sens du rayon de la roue diminue, et l'influence du frottement, et celle de la perte d'eau due au jeu entre la roue et le coursier, comme nous l'avons vu plus haut.

Le rendement des roues Sagebien est des 4/5 de la puissance de la chute.

ROUES EN DESSOUS.

(Récepteurs du deuxième genre.)

Lorsque la chute n'a pas une hauteur suffisante pour que l'on puisse l'utiliser, on l'emploie toute entière à imprimer à l'eau une certaine vitesse ; et pour cela, au lieu de ménager la pente du canal d'arrivée, on la fait aussi rapide que possible, et on la dirige de façon à ce que le courant vienne frapper les palettes inférieures de la roue. L'eau se trouve rapidement emprisonnée entre deux palettes consécutives, et s'échappe dans le bief d'aval avec la vitesse du récepteur.

On voit de suite quelles détestables machines doivent être de semblables appareils, puisqu'ils contreviennent aux deux principes que nous avons établis en commençant :

Pas de choc de la veine liquide contre la roue ;

Pas de vitesse à la sortie.

Examinons en effet un peu en détail le fonctionnement
de ces roues :

Le courant est dirigé par un coursier sur la pâlette
avec toute la vitesse que lui donne la hauteur de chute.
Comme cette vitesse est de beaucoup supérieure à
celle de la roue, il se produira, par le choc, des remous
qui absorberont une fraction de la force vive ; perte du

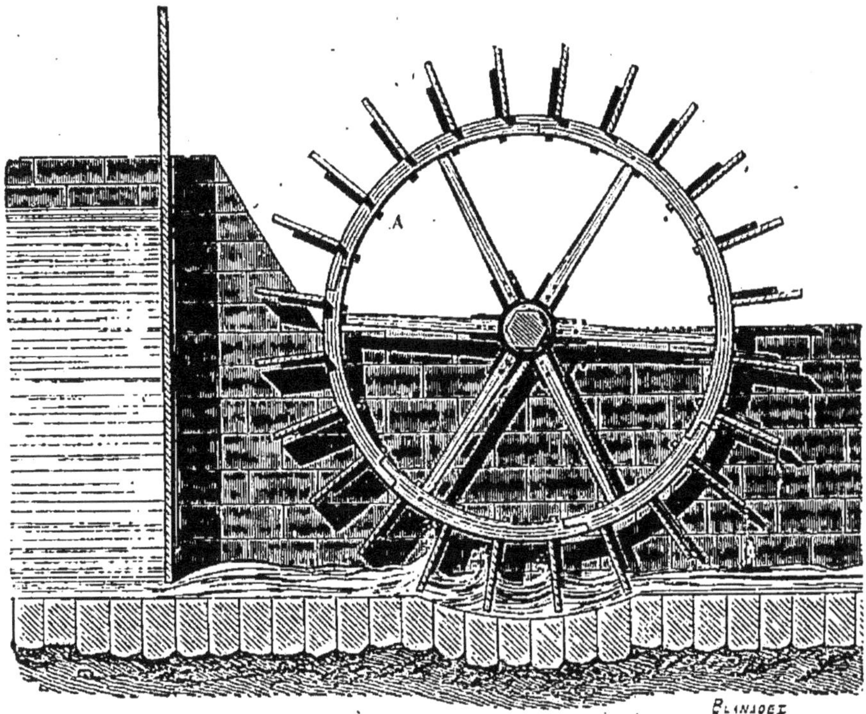

Fig. 175.

reste d'autant plus forte que l'excès de vitesse relative
de l'eau est plus grand : mais, d'autre part, le moteur,
qui n'agit plus ici sur la roue par sa chute, mais bien par
la vitesse acquise, doit rencontrer la palette, déjà en mouvement, avec une certaine force vive qui se transformera
en travail ; et l'on comprend, sans qu'il soit besoin de longues explications, que cette force vive sera égale, le sens
du mouvement de l'eau et de la roue étant le même, au
produit de la masse par le carré de la vitesse relative du

moteur, c'est-à-dire de la vitesse qu'a le liquide par rapport à la roue. D'un côté, cette vitesse doit donc avoir une grande valeur pour faire produire un travail suffisant au récepteur; de l'autre, il y aurait plutôt avantage à la réduire pour diminuer les pertes de charge que le choc sur les palettes entraîne. Il doit, par conséquent, exister une vitesse relative qui convient de préférence à la marche régulière de la roue : au-dessus de laquelle, l'inconvénient des remous dépasse l'avantage d'une plus grande production de travail à la seconde, et au-dessous de laquelle la quantité de travail recueilli devient trop minime.

On a trouvé, en effet, que cette meilleure vitesse relative devait être égale aux $\frac{55}{100}$ de celle de la roue; c'est-à-dire, en somme, que le récepteur doit avoir à sa circonférence une vitesse égale aux 65/100 de celle de l'eau.

Le rendement des roues en dessous n'est que les 4/10 du travail de l'eau dépensée [1].

Leur seul avantage est de pouvoir utiliser les plus petites chutes et les moindres débits. Elles ont été rendues plus pratiques par le général Poncelet, qui a modifié leurs palettes de façon à se rapprocher autant que possible des conditions imposées par la théorie.

ROUES PONCELET.

Dans la roue Poncelet, le canal d'amenée et l'aube ont une forme telle que, lorsque l'eau arrive sur l'aube, la direction de sa vitesse relative la lui fait lécher sans choc. Il en résulte qu'elle monte, en vertu de sa force vive, le long de la paroi, dont la courbure est disposée pour que le poids de la masse emprisonnée entre deux palettes, pendant tout le mouvement relatif, entraîne la roue en avant.— Dans ce mouvement vertical, cette masse

---

1. On comprend sans peine que le rendement soit si faible dans dans ces récepteurs, vu l'influence des pertes de charges.

s'arrête bientôt sous l'influence de la pesanteur, et redescend, en poussant encore l'aube sur laquelle elle glisse. La figure 177 montre que, lorsque chaque molécule d'eau est ainsi revenue au point de départ, et se trouve prête à quitter la roue, sa vitesse relative, vu la forme de l'aube, est égale et de sens contraire à celle que la roue possède de gauche à droite; or, comme sa vitesse absolue est

Fig. 176.

composée de cette vitesse relative, et de la vitesse d'entraînement qui est celle de la roue, et que ces deux quantités sont égales et directement opposées, elle sera donc nulle, et la molécule restera immobile à sa sortie. On peut dire que la roue est parfaite, puisque, sans choc, l'eau lui a cédé toute sa vitesse, et que l'on est obligé de baisser brusquement le bief d'aval en E pour créer, à ce moment, une chute, et empêcher que, par sa résis-

tance, le moteur ne gêne le mouvement de rotation de
la machine qu'il a abandonnée.

A vrai dire, la roue n'est pas aussi parfaite que la
théorie l'indique, parce que, quand les molécules supérieures sont arrivées en haut et tendent à redescendre,
celles qui sont dessous, et qui, en vertu de leur vitesse,
cherchent encore à monter, empêchent le mouvement
rétrograde; il en résulte des perturbaticns non sans importance. Le rendement du récepteur est encore cependant les 7/10 du travail de l'eau : résultat remarquable,
si l'on songe que les meilleures roues en dessous n'ont
un rendement que de 4/10.

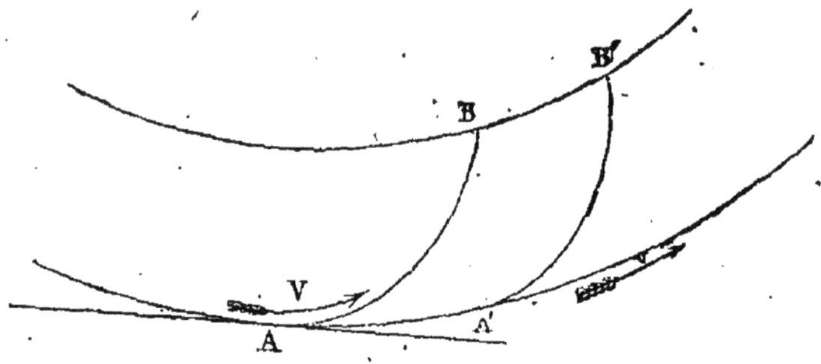

Fig. 177.

Le tracé du canal d'arrivée et des aubes exige beaucoup de soins, et a été déterminé par de longues expériences : il serait trop long de le décrire ici. Indiquons
seulement, que l'extrémité des palettes se confond à peu
près avec la circonférence de la roue, de façon qu'à la
sortie, comme nous l'avons dit plus haut, la vitesse
relative et la vitesse d'entraînement soient égales et de
sens contraire. Le tracé du coursier (canal d'arrivée) devrait être fait de telle sorte que l'aube soit dans son prolongement lorsque l'eau y pénètre (fig. 177); mais on
comprend que cela ne soit pas possible, car le courant
serait gêné par la palette suivante, qui obstruerait presque
l'entrée; aussi donne-t-on au coursier C D une inclinaison
d'à peu près 30° sur la direction de l'extrémité de l'aube
(fig. 176).

Les roues Poncelet sont formées de deux joues en tôle, reliant les palettes. — Le moyeu est réuni à la jante de la même façon que pour les autres roues. La largeur des aubes dans le sens du rayon, est à peu près de 1/3 de la chute; leur espacement varie avec le débit, de telle sorte que la lame d'eau n'ait pas plus de 0ᵐ10 à 0ᵐ20 d'épaisseur.

La meilleure vitesse relative du moteur par rapport à la roue, est encore ici les $\frac{55}{100}$ de celle de la roue.

TURBINES.

Les turbines sont des récepteurs hydrauliques qui diffèrent essentiellement des roues en ce que leur axe au lieu d'être horizontal, est vertical, et qu'elles reçoivent l'action du moteur, non plus successivement en chacun des points de leur circonférence, mais sur tous en même temps. Leur vitesse, au lieu d'être de 1/4 à 1/8 de tour comme pour les roues de 4 à 6 mètres, est beaucoup plus forte, et atteint jusqu'à 2000 tours.

Si on suppose que l'eau d'une chute arrive, en suivant un conduit de forme déterminée, sur un récepteur tournant très vite, et dont les aubes sont disposées de telle façon que le moteur, vu la direction de sa vitesse, les rencontre sans choc, et glisse le long de leurs parois jusqu'à la sortie, où, grâce encore au tracé de ces aubes, il sort sans vitesse, on sait qu'il a dû céder toute sa force vive, puisqu'aucun choc n'en a détruit une fraction, et qu'à la sortie elle est complètement nulle, la vitesse du moteur étant nulle.

Ces conditions si difficiles à remplir dans une roue à axe horizontal, et que nous avons vues seulement réalisées en partie par la roue Poncelet, s'obtiennent aisément ici en calculant :

1° Le tracé du conduit ; de telle sorte qu'au moment

où l'eau en sort, elle ait une direction déterminée qui, vu le mouvement circulaire de la turbine, lui fasse épouser la forme de l'aube, c'est-à-dire une vitesse relative, par rapport à l'aube en mouvement, dont la direction la laisse justement pénétrer dans cette aube sans choc ;

2° Le tracé de l'aube ; de telle sorte qu'en même temps qu'à l'entrée l'eau arrive sans choc, à la sortie elle n'ait plus que la vitesse strictement nécessaire à son écoulement.

Deux types principaux de turbines sont employés dans l'industrie :

La turbine Fontaine à *mouvement de liquide vertical*.

La turbine Fourneyron, à *mouvement de liquide horizontal*.

TURBINE FONTAINE.

L'eau arrive du bief supérieur dans une couronne fixe BB (fig. 178), séparée en compartiments verticaux par des cloisons rapprochées *ee* (fig. 179). Ces cloisons ont une forme particulière, de façon que l'eau, en les longeant, prenne à sa sortie une direction déterminée. Au-dessous de cette couronne fixé, qui joue le rôle du conduit dont nous venons de parler, se trouve le corps de la turbine, composé d'une seconde couronne CC, semblable, s'appuyant par une cornière *tt*, sur un fourreau FF, dont l'extrémité supérieure au-dessus du niveau du bief d'amont, repose par un pivot sur un arbre central G, qui ne tourne pas avec la roue. L'arbre creux ou fourreau FF communique le mouvement de rotation, au moyen d'engrenages que l'on ne peut voir sur la figure, et que porte le pivot supérieur. Les cloisons *ff* (fig. 179), de la deuxième couronne sont encore disposées de telle sorte que :

1° L'eau en pénétrant dans les compartiments qui tournent avec une extrême vitesse les longe sans choc, c'est-à-dire que leur extrémité soit dans la direction de sa vitesse relative ;

2° A la sortie, sa direction ait été calculée de telle façon que la vitesse absolue soit à peu près nulle.

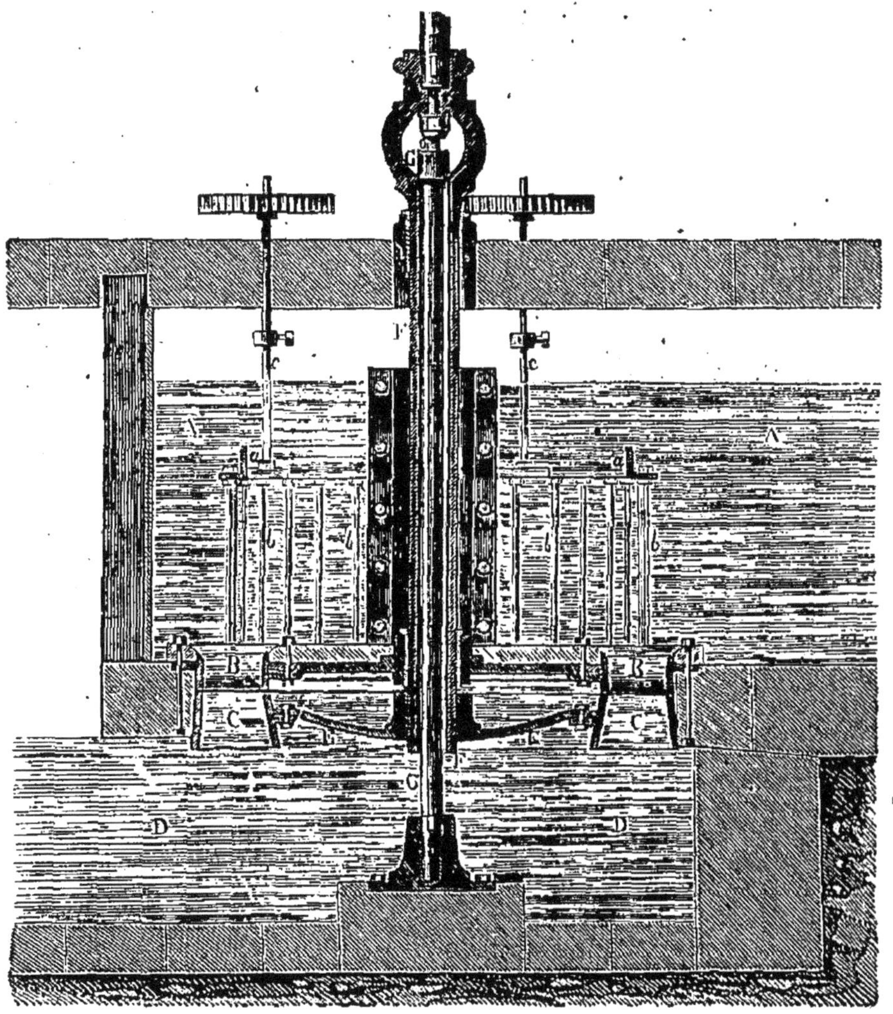

Fig. 178.

Des vannes *ddd* disposées contre chacune des cloisons de la couronne fixe (fig. 179), et manœuvrées au moyen des tiges *bbb*, permettent de régler le débit de l'eau sur la turbine, et par conséquent son travail, puisqu'il dépend du poids d'eau écoulé à la seconde ; ces vannes sont reliées entre elles à leur extrémité supérieure, de sorte que, lorsque l'on en abaisse une, on les abaisse toutes de la même quantité.

L'inconvénient de la turbine Fontaine, c'est qu'elle est noyée dans l'eau, puisque l'on est obligé de la placer aussi bas que possible pour utiliser toute la chute. Il est donc très difficile de l'atteindre, pour la réparer, et l'on est obligé de mettre le bief d'aval à sec en établissant un barrage au bief d'amont.

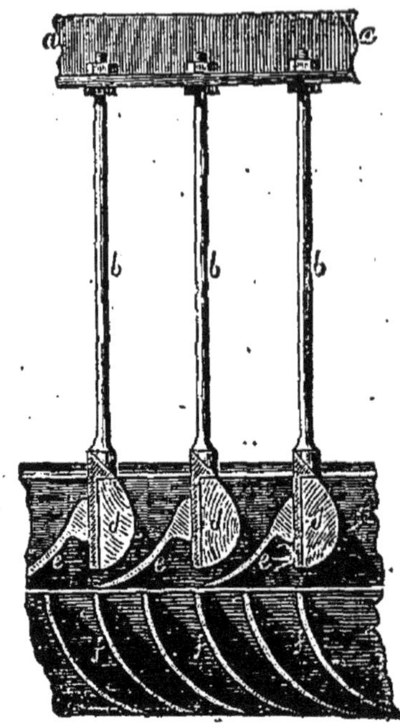

Fig. 179.

TURBINE JONVAL-KŒCHLIN.

Pour remédier à cet inconvénient, MM. Jonval et Kœchlin ont imaginé de mettre la turbine Fontaine à un niveau quelconque entre le bief d'amont et le bief d'aval, seulement en disposant au-dessous, pour rejoindre le bief d'aval, une capacité cylindrique verticale qui reçoit l'eau au sortir de la turbine, sans laisser accès à l'air (fig. 180). On conçoit que cette eau en tombant dans ce réservoir fermé, de toute la hauteur qui lui reste à parcourir, fasse le vide puisque la fermeture hermétique ne laisse pas rentrer de l'air. La pression atmosphérique qui presse l'eau dans la couronne fixe, et qui n'est plus équilibrée par celle du tuyau, augmente donc la charge de cette eau, et par

conséquent la vitesse dans les aubes[1]. On n'a donc perdu
ainsi aucune fraction de la chute et l'on a gagné d'avoir
la turbine à proximité ; ce qui rend sa visite facile.

De plus, le règlement du débit est bien plus aisé : il a
lieu, en effet, par la manœuvre d'une seule vanne, V, au
débouché du tuyau cylindrique, vanne qui, déterminant le

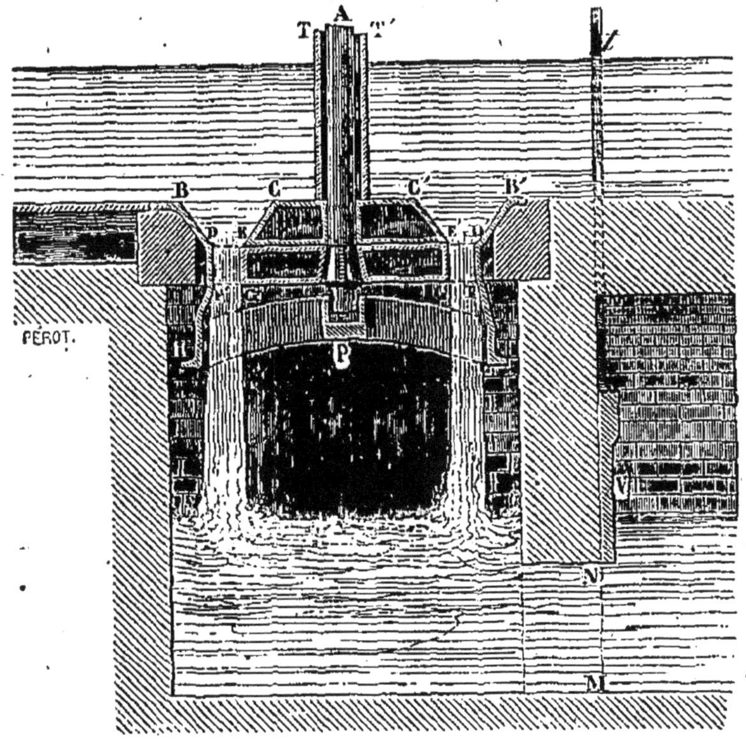

Fig. 180.

départ de l'eau, règle, par conséquent, l'aspiration, d'où
la différence de pression, c'est-à-dire la charge et la vitesse
de l'eau, éléments mêmes de la puissance de la turbine.

La turbine Fontaine, ou sa dérivée la turbine Jonval
Kœchlin peut convenir aux plus petites chutes ; son rendement est des 7/10, son diamètre en moyenne de 1^m,20.

____

1. Voir plus loin le calcul de la charge supplémentaire qu'une
différence de pression crée dans la turbine hydropneumatique.

TURBINES FOURNEYRON.

La turbine Fourneyron diffère du premier type en ce que les deux couronnes sont concentriques, et que le moteur, au lieu de pénétrer dans la première par le haut, y arrive

Fig. 181.

par la circonférence intérieure. Les aubes sont toutefois disposées de telle sorte que les principes précédemment indiqués soient encore suivis.

La turbine étant aussi noyée dans le bief inférieur, l'eau s'écoule avec toute sa vitesse dans la couronne

fixe CC (fig. 181), formée d'un fond plein sur lequel sont
disposées des cloisons courbes verticales qui impriment
au courant une direction horizontale, et l'engagent dans
la couronne mobile DD, reliée directement ici au pivot F.
Le moteur communique sa vitesse relative aux aubes de
cette couronne, disposées comme nous l'avons déjà plusieurs fois indiqué, et sort en n'ayant plus que la force
vive nécessaire à l'écoulement (fig. 182).

Des vannes *aa*, disposées en face de chaque compartiment à la sortie de la cou-
ronne fixe, servent à régler
le débit du liquide et, par
conséquent, la puissance de
la turbine.

Ce perfectionnement est
dû à M. Callon. Tout d'a-
bord l'appareil n'avait à la
sortie de la couronne fixe,
qu'une seule vanne circu-
laire qu'on levait plus ou
moins, et qui livrait passage
à une lame d'eau de plus
ou moins de hauteur, selon le travail à dépenser, ou
le débit de la chute.

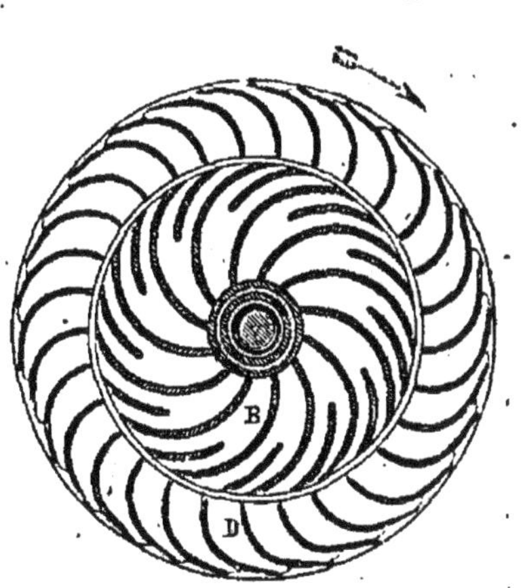

Fig. 182.

L'inconvénient qui en résultait, c'est que la lame ne
remplissait alors, quand la vanne était légèrement fermée,
qu'une fraction de la hauteur de la couronne mobile, et,
comme, en vertu du principe des vases communicants,
la turbine tout entière devait être noyée, tout le haut du
compartiment mobile était occupé par une masse d'eau
en repos, ce qui causait des remous et une perte de travail. Pour y remédier, Fourneyron avait séparé ses compartiments dans le sens de la hauteur, par des cloisons
qui sont représentées sur la figure 181, de sorte que l'eau
en mouvement en remplissait, suivant son débit, une, ou
deux, ou la totalité ; mais restait séparée, grâce à elles,

du reste de la masse, dont le repos n'était pas troublé.

C'est pour mieux remédier à cet inconvénient que M. Callon a imaginé de remplacer la vanne unique par des vannes indépendantes, placées devant chaque compartiment fixe. Pour régler le débit, on en ferme complètement un certain nombre, en laissant les autres tout ouvertes.

L'inconvénient de ce dispositif, qui annule complètement le premier désavantage de la turbine, c'est que lorsqu'un compartiment mobile vient de se remplir d'eau au contact d'une vanne ouverte, et qu'il passe ensuite par son mouvement de rotation devant une vanne fermée, l'eau qui le remplit, et qui doit s'échapper, subit un brusque mouvement d'arrêt; en s'écoulant, en effet, elle fait le vide derrière elle, puisque la vanne est fermée; et la pression atmosphérique qui s'exerce dans le bief d'aval, n'étant plus équilibrée, la refoule à sa sortie et la maintient contre les vannes. A chaque passage devant une vanne baissée, il y aura donc une brusque contre-pression.

La turbine Fourneyron étant noyée dant le bief d'aval, peut marcher, quelle que soit la hauteur de la chute, toujours totalement utilisée. De plus elle n'est arrêtée par aucune gelée, car l'eau ne se prend, on le sait, dans un courant, qu'à la surface. Son rendement est des $7/10^e$ comme celui de la turbine Fontaine, dont elle ne diffère, du reste, que par la disposition des couronnes.

<h2 style="text-align:center">TURBINE HYDROPNEUMATIQUE GIRARD.</h2>

Si la turbine Fourneyron était à l'air libre, c'est-à-dire si, lorsque le vide se fait derrière la lame d'eau, une nouvelle quantité d'air pouvait en prendre la place, l'inconvénient du vannage Callon disparaîtrait; mais elle doit être noyée pour utiliser la chute.

M. Girard est arrivé cependant au même résultat, en l'enveloppant d'une cloche, dont les bords plongent de quelques centimètres dans l'eau du bief d'aval, et où l'on refoule de l'air.

Supposons que la pression de cet air comprimé dans la cloche soit de 5/100e d'atmosphère plus élevée que celle de l'air extérieur. L'eau qui y pénètre avec la vitesse due à la chute, aura, pour entrer, à vaincre cette différence, et comme la pression atmosphérique fait équilibre à 10^m33 de hauteur d'eau, 5/100e de cette pression représentent $0,1033 \times 3 = 0^m,3099$, soit 3 décimètres. L'air comprimé influera donc sur la vitesse à l'entrée, en réduisant la chute de $0^m,30$; mais, d'un autre côté, il refoule dans le bief d'aval le liquide qui entoure la turbine, et qui vient de la quitter; à l'extérieur de la cloche ce liquide ne subit que la pression atmosphérique, donc son niveau baissera à l'intérieur, d'une quantité égale, à la différence de pression, c'est-à-dire de $0^m,30$. Il en résulte par conséquent, que l'influence de cette compression n'a été, pour ainsi dire, ni d'augmenter ni de diminuer la chute, mais de descendre les deux biefs (d'amont et d'aval) de $0^m,30$. La turbine pourra donc être installée hors de l'eau, tout en étant au-dessous du bief d'aval; et dans le mouvement de rotation, lorsque la veine liquide fera le vide derrière elle, en passant devant une vanne fermée, l'air comprimé s'y précipitera, et la contre-pression indiquée tout à l'heure ne s'exercera plus.

MACHINES A COLONNE D'EAU.

Les machines à colonne d'eau, dont l'usage est peu répandu, et la construction compliquée, font jouer à l'eau, sur un piston, le même rôle que la vapeur dans une machine à vapeur. Elles conviennent aux chutes de peu de débit et de beaucoup de hauteur.

Introduite avec sa force vive dans le cylindre B, l'eau met en mouvement le piston A, et le conduit au bout de sa course ; l'admission et l'échappement se font automatique-

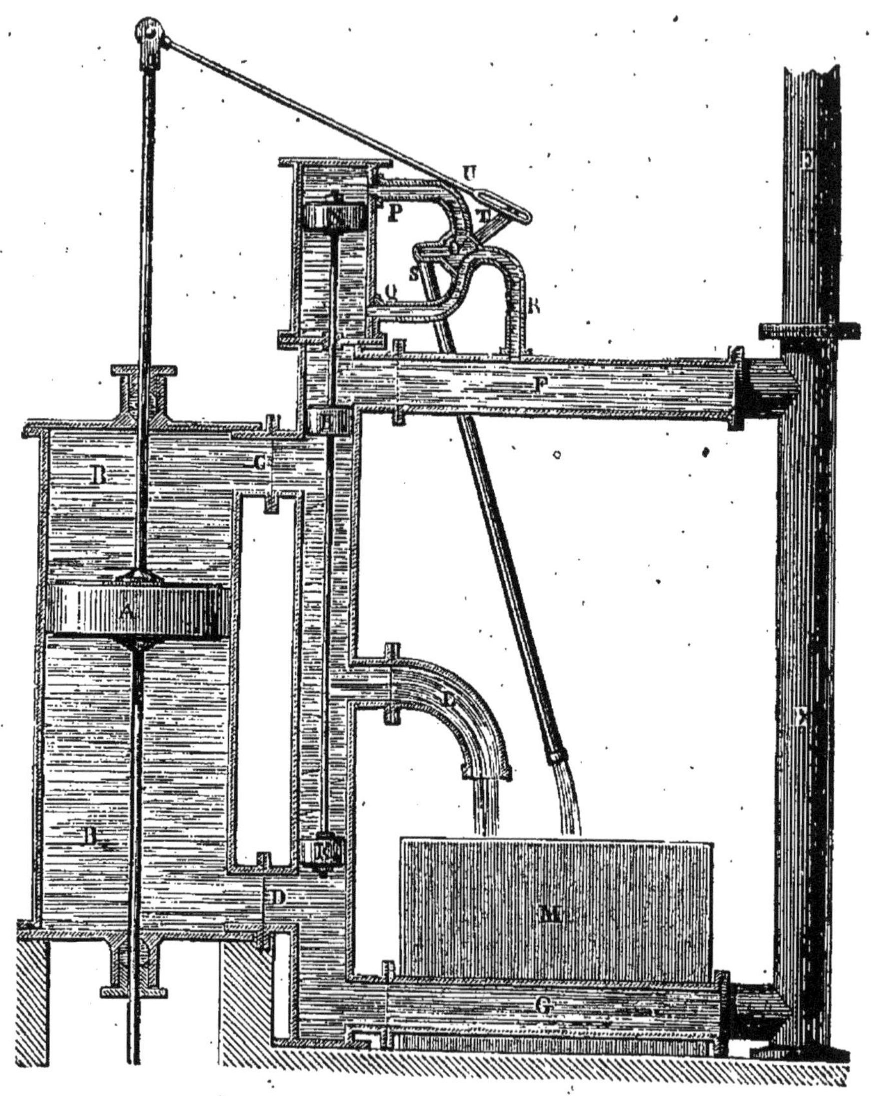

Fig. 183.

ment au moyen de robinets que la machine met elle-même en mouvement. On conçoit qu'ici il ne puisse y avoir de détente et que la pleine admission ait lieu tout le temps.

Les machines à colonne d'eau peuvent être à simple ou double effet : à simple effet, lorsque le moteur n'agit que pendant une course du piston, tout le système revenant à son point de départ par le poids des pièces mises en jeu ; à double effet, lorsque le robinet d'admission introduit alternativement le moteur sur chacune des faces du piston.

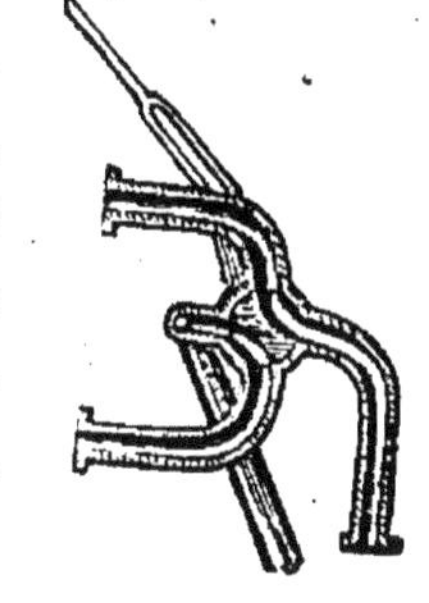

Fi 181.

Un type du premier système est la machine à colonne d'eau d'Huelgoat (Bretagne) ou celle des mines de Varangeville, dans la Meurthe-et-Moselle. La hauteur de chute y est dans la première de 163 mètres, l'eau arrive donc avec une vitesse égale, approximativement, à cause des pertes de charge, à la racine carrée de $18,76 \times 163$, c'est-à-dire $55^m,30$ à la seconde. La manivelle de l'arbre moteur fait 5 tours par minute (soit le piston 10 courses), et la dépense est de 200 litres. Or nous savons que la puissance d'une chute se mesure par le produit de son débit et de sa hauteur, donc, *par seconde*, on obtiendra un travail de

$$\frac{200 \times 163}{60} = 550 \text{ kilogrammètres} ;$$

mais les étranglements, les coudes, la vitesse nécessaire pour l'eau à sa sortie, en font perdre une certaine partie, et on ne recueille guère sur l'arbre de la machine que 440 kilogrammètres par seconde, soit à peu près 6 chevaux.

Ces machines doivent être très lentes ; par conséquent, même avec une grande hauteur de chute, elles ne donnent qu'un faible travail, et l'on ne peut s'en servir que pour l'épuisement des mines.

La figure 183 indique la disposition d'une machine à double effet.

Dans un cylindre BB se meut un piston A. La distribution de l'eau a lieu au moyen d'un double piston EK, traversé par une tige, et qui fait communiquer alternativement le haut et le bas du cylindre avec l'arrivée d'eau sous pression, F ou G, puis avec l'échappement L. On voit, dans la disposition de la figure, que l'eau arrive en bas, et qu'il suffit de faire descendre le piston K, au-dessous du tuyau D, et le piston E au-dessous de C, pour changer les deux communications.

Ce mouvement du double piston est créé par la pression de l'eau sur un troisième N, attelé à la même tige que K et E, mais manœuvrant dans un petit cylindre séparé. L'eau peut arriver sous ce piston par le tuyau à deux branchements RQP, au centre duquel un robinet, en tournant, établit la communication de la branche R, soit avec Q (fig. 185), soit avec P (fig. 184). Ce mouvement du robinet est donné par une coulisse U, dont la tige est articulée à celle du grand piston A d'un côté, et au bouton de la manivelle T du robinet de l'autre.

Lorsque A est arrivé au haut de sa course, le robinet fait communiquer le haut du piston N avec l'arrivée d'eau (fig. 184), et le bas, par le tuyau S, avec la bâche d'échappement. Le petit piston est alors repoussé en bas, il entraîne le double piston EK, qui prend sa seconde position (N venant buter contre le fond de son cylindre).

Arrivée au bas de sa course, la tige du grand piston ramène le robinet dans la position de la figure 185, l'eau arrive en pression sous le piston N, l'élève, et le double piston EK reprend la position indiquée. On voit que, grâce à la coulisse, ce n'est qu'aux extrémités de la course du grand piston que le mouvement du robinet a lieu.

BÉLIER HYDRAULIQUE.

Le bélier hydraulique est un appareil qui n'a pour but que d'élever l'eau, provenant d'une chute, à un point beaucoup plus élevé que son point de départ. C'est donc la transition entre les machines où l'eau joue le rôle de moteur, et les machines élévatoires proprement dites.

Les notions que nous avons données du travail, nous permettent, en effet, de comprendre qu'avec une puissance de 100 kilogrammètres, nous pouvons aussi bien élever 100 kilogr. à 1 mètre, ou 1 kilogramme à 100 mètres. C'est sur ce principe qu'est fondée la théorie du bélier, inventé par un célèbre ingénieur du siècle dernier, Montgolfier, et perfectionné en ces derniers temps par M. Bolée du Mans.

L'eau qui arrive avec toute sa force vive par le canal A (fig. 185), s'échappe par l'orifice K avec une très grande vitesse ; cet orifice peut être fermé par la soupape en boulet, P, dont le poids a été calculé de telle sorte que la rapidité du courant l'entraîne au bout de peu d'instants, et l'applique contre l'orifice de sortie. Le moteur, ne trouvant alors plus d'issue, est obligé de soulever la petite soupape B, et de pénétrer dans une grande cloche remplie d'air, où débouche le tuyau d'élévation. Il y comprime l'air enfermé ; et, comme à mesure que le volume de ce gaz diminue, sa pression en augmentant, crée une résistance au mouvement du liquide de plus en plus difficile à vaincre, l'équilibre s'établit, et, au bout d'un instant, dans tout l'appareil, la masse motrice est en repos. Mais à ce moment le boulet P, qui est légèrement plus lourd que l'eau, retombe sur son siège, démasque l'orifice, et permet au liquide de s'échapper ; en même temps, le petit boulet B referme l'entrée de la cloche, en emprisonnant la quantité d'eau introduite.

L'air qui s'est comprimé, et qui est à une pression
beaucoup plus élevée que l'air atmosphérique, refoule
alors cette eau dans le tuyau C C, jusqu'à ce que le poids
de la colonne dans ce tuyau, ajoutée à la pression
atmosphérique qui s'exerce au-dessus d'elle à l'air libre,
fasse équilibre à la propre pression du gaz comprimé.
Si la hauteur du tuyau d'ascension est calculée suivant
la chute, on pourra donc élever cette eau dans un réser-

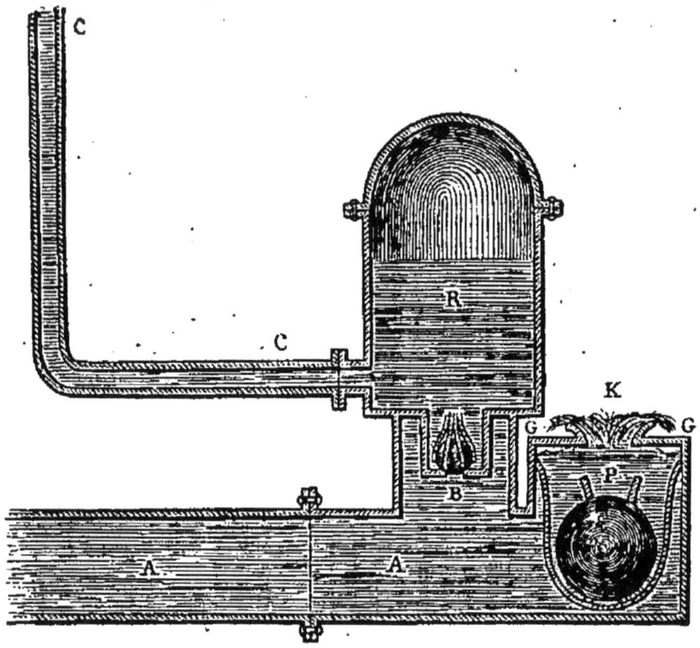

Fig. 185.

voir, et le gaz reprenant son volume primitif, retrouvera
sa pression initiale.

Pendant ce temps, le liquide en mouvement dans le
tuyau AK a peu à peu augmenté de vitesse ; sa force vive
est bientôt suffisante pour soulever à nouveau le boulet
P, l'appliquer contre l'orifice K, déplacer le boulet B, et
introduire dans la chambre une nouvelle quantité dont le
travail se répète.

La machine porte le nom de bélier, parce que, chaque

fois que le gros boulet vient frapper la paroi de l'orifice K, c'est en produisant un choc violent qu'on a par analogie appelé coup de bélier.

Le bélier hydraulique est une excellente machine rendant à peu près 9/10 du travail de la chute, c'est-à-dire produisant en élevant l'eau les 9/10e du nombre de kilogrammètres fournis. Ne se dérangeant jamais, marchant sans surveillance, il peut rendre des services considérables à toutes les cultures qui ont à leur disposition une chute d'eau.

NAVIRES A VAPEUR.

Bien que dans les navires à vapeur, l'eau ne soit pas à proprement parler le moteur, nous ne pouvons, en terminant, ne pas indiquer la théorie de leur mouvement.

On se souvient que, dans le premier chapitre, nous avons énoncé le principe général de l'action et de la réaction sous la forme suivante.

Quand un corps en rencontre un autre, il éprouve de la part de ce second corps, une réaction égale à l'action qu'il lui imprime.

C'est sur cette notion qu'est fondée toute la théorie de la marche des navires à vapeur, qui se divisent en deux catégories, les navires à roues, et les navires à hélice.

Dans les premiers (figure 186), une machine à vapeur intérieure actionne deux roues extérieures, à palettes ou aubes plates, comme les roues de côté. Chacune de ces palettes sollicitée de tourner dans un sens par la machine à vapeur, pénètre dans l'eau, en la poussant.

La masse du liquide dans lequel navigue l'appareil étant trop considérable pour être soulevée par la seule propulsion de la palette, résiste et lui rend une réaction égale à l'action qu'elle lui imprime. Or le

navire auquel la roue est fixée, subit, par conséquent,
également cette réaction, et y cède, en avançant dans le
sens contraire à celui du mouvement des roues.

L'inconvénient de ce système de propulseurs, c'est

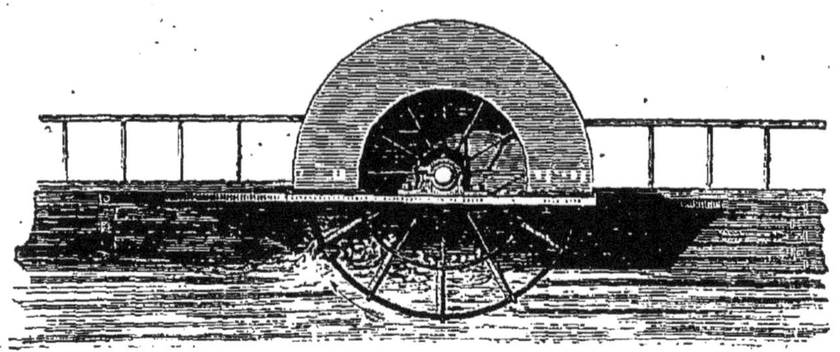

Fig. 186.

que lorsque par la grosse mer, le navire subit un mouvement de roulis, chaque roue émerge alternativement, et
bat inutilement l'air tandis que l'autre complètement
immergée reçoit, vu le nombre des aubes sous l'eau, une

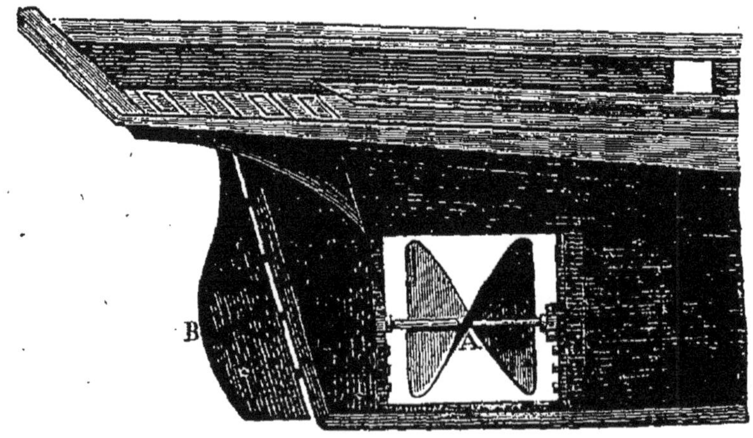

Fig. 187.

réaction telle, qu'elle peut se briser (généralement on
veut qu'il n'y ait que trois aubes en prise).

Dans les canots à rames, l'aviron joue le rôle de l'aube
de la roue; en pénétrant sous la main de l'homme dans

la masse, il subit une réaction transmise au batelier, et en même temps au bateau, parce que l'homme, en appuyant fortement ses pieds contre le fond, se rend solidaire de l'ensemble.

Les navires à hélice ont heureusement transformé le principe des bateaux à roues, qui ne servent plus que sur les rivières dont les eaux sont toujours calmes.

Le propulseur ici est une hélice, également extérieure, et fixée solidement sur un arbre dirigé dans le sens de l'axe du navire (fig. 187), par lequel se transmet le mouvement de rotation de la machine. En tournant dans la masse liquide, l'hélice agit comme une vis ordinaire, qui ne pouvant avancer, tourne dans un écrou. On verra, au chapitre XVIII, que l'écrou prend alors un mouvement rectiligne le long de la vis. Ici donc l'eau devrait se déplacer suivant le sens de l'axe du navire, en récevant de la vis l'action nécessaire; mais comme elle a une masse trop considérable pour être mise en mouvement elle rend une réaction égale à l'action, et c'est le navire tout entier qui se déplace suivant son axe. L'avantage de ce système, c'est que l'hélice étant très basse et par conséquent toujours immergée, on n'a pas à craindre l'accident que nous avons signalé pour les roues. Aussi ce mode de propulseur est-il exclusivement employé maintenant pour les navires qui tiennent la mer.

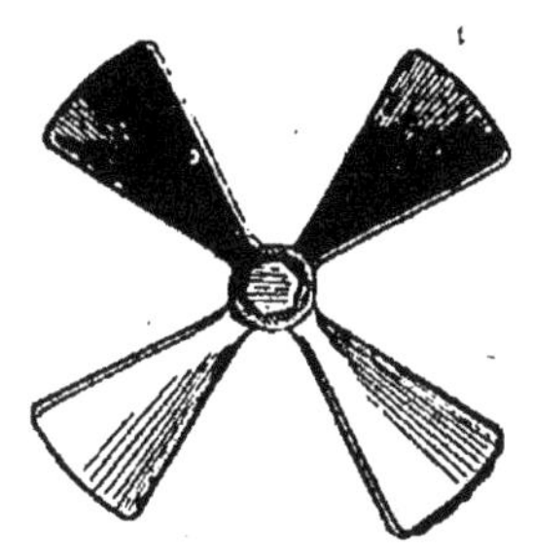

Fig. 188.

La figure 187 montre en A une hélice double qui offre par conséquent une plus grande surface à la réaction de l'eau. Généralement même on brise l'hélice en 4 tronçons qui ont alors la forme indiquée par la figure 168.

CHAPITRE XVII.

Moteurs animés. — Multiplicateurs de force.

MOTEURS ANIMÉS.

Les moteurs animés sont l'homme et les animaux.

Ils se distinguent des autres, en ce que leur travail est toujours très faible, et nécessairement discontinu, car il leur faut se reposer et prendre des forces. — On ne peut donc leur demander que des efforts de peu de durée et de peu de puissance, et ils n'ont qu'un avantage c'est d'être en certains cas plus économiques que les autres moteurs, parce qu'ils suppriment tous les frais d'installation.

L'homme en gravissant une pente douce, et en élevant son poids, peut monter de $0^m,15$ à la seconde, ou de 540 mètres à l'heure, et marcher 8 heures par jour sans se fatiguer. Le travail dépensé aura donc été, en admettant que son corps pèse 65 kilogrammes,

$$65 \times 540 \times 8 = 280\ 800 \text{ kilogrammètres.}$$

Si on lui impose une surcharge de 65 kilogrammes et que, par conséquent, il ait à élever 130 kilogrammes, il ne peut plus monter que $0^m,04$ à la seconde et marcher que 6 heures. Son travail sera donc de

$$130 \times 144 \times 6 = 112\ 320 \text{ kilogrammètres.}$$

Le rapport des deux travaux est à peine de $\frac{4}{10}$. On voit, par ce seul exemple, que les moteurs animés ne peuvent, comme les autres, travailler indistinctement dans toutes les conditions, et qu'il en est une particulière dans laquelle ils produisent le maximum de travail.

Lorsque l'homme agit à l'extrémité d'une manivelle, (cas qui se présente le plus ordinairement), il peut exercer un effort moyen de 8 kilogrammes, avec une vitesse de 0^m,75 à la seconde, et travailler 8 heures par jour, ce qui donne comme travail total

$$8 \times 2700 \times 8 = 172\ 800 \text{ kilogrammètres.}$$

C'est donc on le voit en agissant par son propre poids, qu'il donne le travail maximum.

Les animaux employés comme moteurs sont le cheval, le mulet et l'âne; on ne les fait travailler qu'à la traction. L'effort maximum qu'un cheval peut exercer est de 400 kilogrammes, et en moyenne de 100 kilogrammes.

Pour le traînage des fardeaux, son travail est à peu près constant, quelle que soit l'allure qu'on lui fasse prendre.

Il peut en effet traîner au pas 60 kilogrammes sur une longueur de 28,000 mètres par jour, ce qui donne 1 680 000 kilogrammètres; et au trot, à la vitesse ordinaire de 8 kilomètres à l'heure, un poids de 40 kilogrammes mais pendant 5 heures seulement; son travail journalier est donc encore de

$$8000 \times 40 \times 5 = 1\ 600\ 000 \text{ kilogrammètres.}$$

Le mulet donne encore un plus grand travail que le cheval, parce qu'il peut marcher plus longtemps en traînant le même poids. A une vitesse de 5 kilomètres à l'heure, pendant 10 heures, il tire facilement 60 kilogrammes, ce qui représente un travail de

$$5000 \times 10 \times 60 = 3\ 000\ 000 \text{ kilogrammètres.}$$

Le bœuf peut traîner au pas le même poids que le cheval, mais sa vitesse est moitié moindre; le travail produit est donc réduit de moitié.

L'âne produit la moitié du travail du mulet.

Tous ces animaux sont surtout employés au tirage des voitures ; on peut cependant les utiliser comme moteurs universels, au moyen d'un mécanisme appelé manège.

Le manège se compose d'un arbre vertical, fixé solidement à sa partie supérieure à une charpente, au moyen d'un collet dans lequel il peut tourner, et reposant à son autre extrémité par un pivot. Sur cet arbre sont implantés un ou deux bras, portant des arcades qui embras-

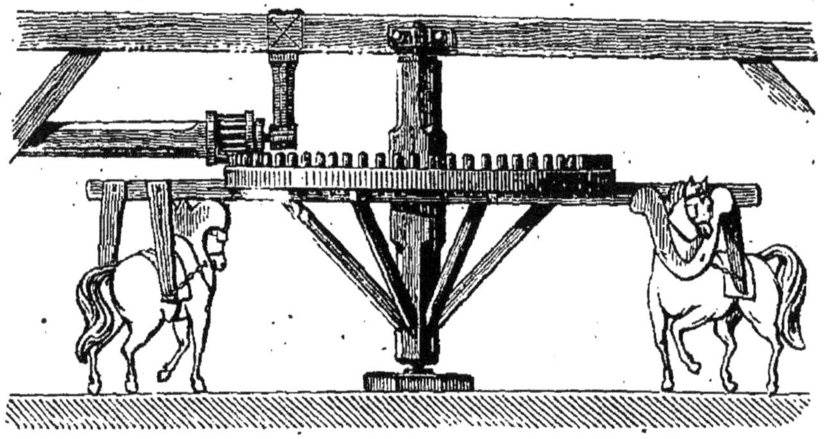

Fig. 189.

sent les colliers des chevaux, et est calée une roue dentée engrenant avec un pignon. Ce pignon est fixé sur l'arbre horizontal, et communique le mouvement aux diverses machines que l'on veut actionner. La rotation de l'animal toujours dans le même circuit détermine un mouvement circulaire continu de l'arbre vertical et de l'arbre moteur horizontal.

On calcule qu'avec un manège le travail produit par l'animal varie suivant l'espèce des 3/4 à 1/2 du travail développé dans le traînage.

MULTIPLICATEURS DE LA FORCE DE L'HOMME.

Dans maint travail de peu de durée, ou de peu d'importance, il est plus avantageux, nous venons de le dire, de faire travailler l'homme que la vapeur. Aussi, depuis les temps les plus reculés, s'est-on préoccupé de mettre à la disposition de l'ouvrier des engins qui facilitassent son travail, en diminuant sa fatigue. Pour arriver à ce résultat, on s'est constamment appuyé sur ce principe de mécanique, que nous avons plusieurs fois rappelé :

Le travail étant le produit de la force et du chemin que le récepteur parcourt sous l'action du moteur, on peut produire également une certaine quantité de kilogrammètres, en exerçant un violent effort avec une faible vitesse, ou un léger effort avec une grande.

Nous savons en outre[1] que lorsqu'une machine quelconque a un mouvement régulier et uniforme, le travail de cette machine est constamment égal à celui de la résistance opposée.

Supposons donc qu'un poids de 50 kilogrammes soit suspendu dans un puits au bout d'une corde qui passe au haut du puits sur une poulie, et que l'on tire cette corde.

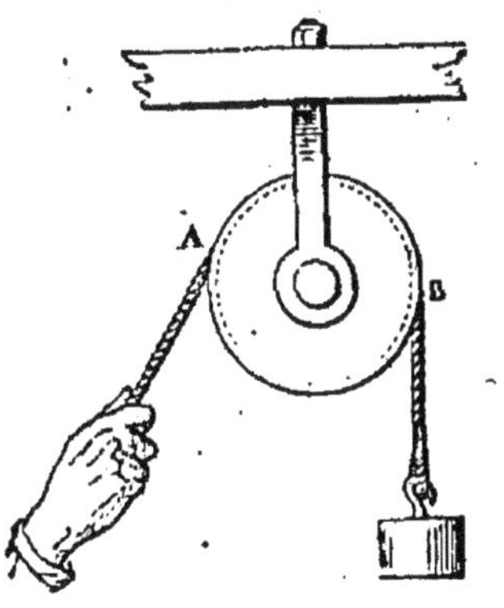

Fig. 190.

Pour faire monter le poids de 3 mètres, il faudra dépenser un travail égal à $50^k \times 3^m$, soit 150 kilogrammètres. Si, par un artifice quelconque, l'extrémité de la corde que l'on tire parcourait une distance de 9 mètres pour soulever ces 50 kilos à la hauteur de 3 mètres, comme le travail dépensé serait toujours de 150 kilogrammètres et égal au

____
1. Voir la page 140.

produit de la force déployée par les 9 mètres parcourus, cette force serait

$$\frac{150^{\text{k}}}{9} = 16^{\text{k}},66.$$

On n'aurait donc besoin que du tiers de la force primitivement utile pour arriver au même résultat.

La règle générale est donc de faire parcourir au point d'application de la force déployée par l'homme, 2, 3, 4, 5 fois plus de chemin que n'en parcourt le poids à soulever, ou la résistance à vaincre, pour que l'énergie nécessaire soit 2, 3, 4, fois moindre que ce poids ou cette résistance.

Les exemples vont faire facilement comprendre ces explications.

LEVIERS.

On appelle généralement *leviers*, des barres rigides tournant autour d'un de leurs points qui est fixe, et servant à multiplier la force de l'homme, pour exercer une action quelconque.

On distingue dans un levier :

La *puissance*, ou la force qui doit vaincre,

La *résistance*, ou la force qui doit être vaincue,

Le *point d'appui*, ou point fixe autour duquel la barre tourne.

Il résulte de ces définitions trois sortes de leviers.

1er genre. — *Le point d'appui du levier est entre la puissance et la résistance* (fig. 191).

Les exemples de ce type sont nombreux : ce sont entre autres la balance, sur un plateau de laquelle on met les poids destinés à équilibrer le corps que l'on veut peser ; les madriers dont on se sert pour soulever les pierres, etc., etc.

On voit de suite que ce levier peut être aussi puissant que

l'on veut. Supposons en effet qu'on ait à élever à $0^m,10$ un poids R pesant 1000 kilos (fig. 192). Nous avons déjà fait remarquer que plus un rayon de cercle est grand, plus l'arc de cercle compris dans un même angle est grand. Si donc nous appliquons notre effort en un point A qui soit 100 fois plus éloigné de O que ne l'est B ; et que la dis-

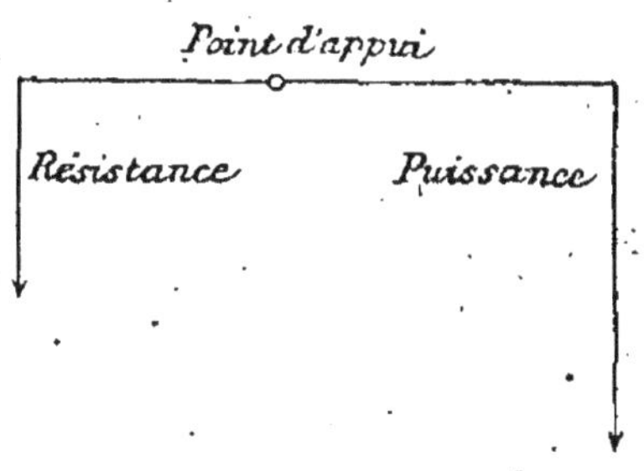

Fig. 191.

tance OB soit, par exemple, de $0^m,50$, et la distance OA de 50 mètres; quand on aura soulevé les 1000 kilos de $0^m,10$, le point A, 100 fois plus éloigné de O que R, sera descendu de $100 \times 0^m,10$ ou de 10 mètres. Or le travail du poids à soulever a été de $1000^k \times 0^m,10$ ou 100 kilogram-mètres; donc le travail de la force au point A devra

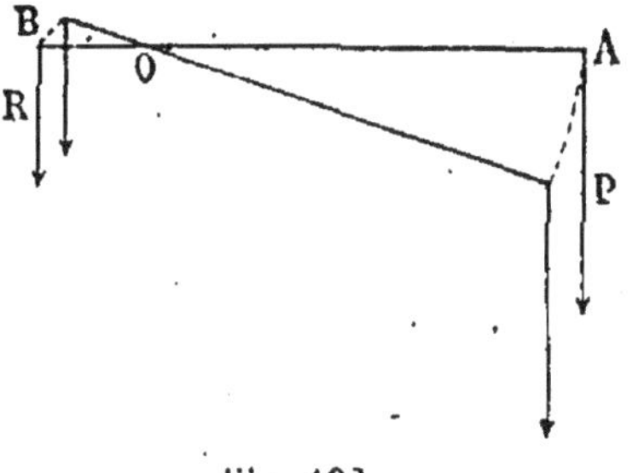

Fig. 192.

être de 100 kilogrammètres; mais elle parcourt un chemin de 10 mètres, elle n'a donc besoin que d'être de 10 kilogrammes, et par conséquent un poids de 10 kilogrammes placé en A soulèverait un poids de 1,000 kilogrammes placé en B, ou, ce qui revient au même, il faudrait 100 fois moins de fatigue à un homme pour soulever le poids R en appuyant au point A, que s'il voulait l'élever directement.

Remarquons que si on pouvait prendre OA, 1000 fois plus grand que OB, le poids qui soulèverait 1000 kilogrammes serait 1 kilogramme, et ainsi de suite.

La puissance de ce genre de levier n'est donc limitée que par la longueur de la barre et la résistance de la matière avec laquelle cette barre est faite.

2ᵉ genre. — La résistance du levier est entre le point d'appui et la puissance (fig. 195).

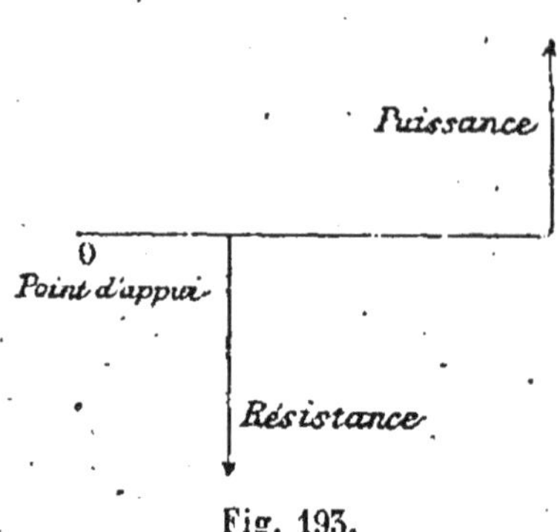

Fig. 193.

Les leviers de cette sorte sont moins nombreux parce qu'ils sont moins bons que les précédents (le plus répandu, est le casse-noisettes).

Si en effet on a à soulever un poids de 1000 kilos à une hauteur de 0ᵐ,10, pour n'avoir qu'à exercer un effort de 10 kilogrammes, il faudra que OA égale 100 fois OB (fig. 194); or, comme B est du même côté que A par rapport à O, le levier sera nécessairement très allongé.

En outre un grand inconvénient de ce type est que les leviers servant, en général, à soulever des poids, pour vaincre la résistance verticale, il faut

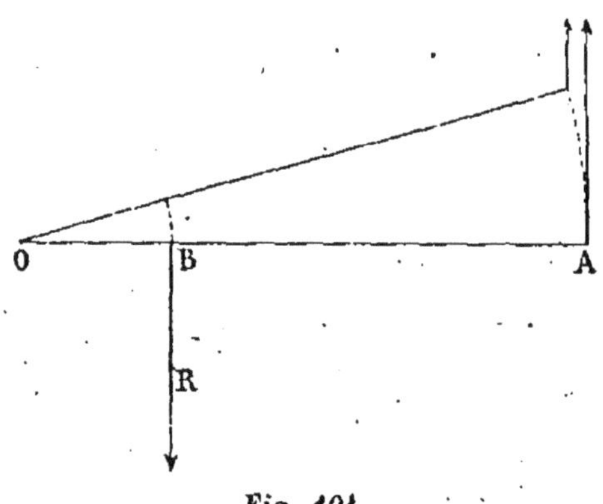

Fig. 194.

ici exercer un effort de bas en haut, bien moins facile et bien plus fatigant que l'effort de haut en bas, auquel vient toujours en aide le poids du corps.

3ᵉ genre. — La puissance du levier est entre le point d'appui et la résistance (fig. 195).

Les exemples les plus communs de ce genre de levier sont la pédale du rémou-

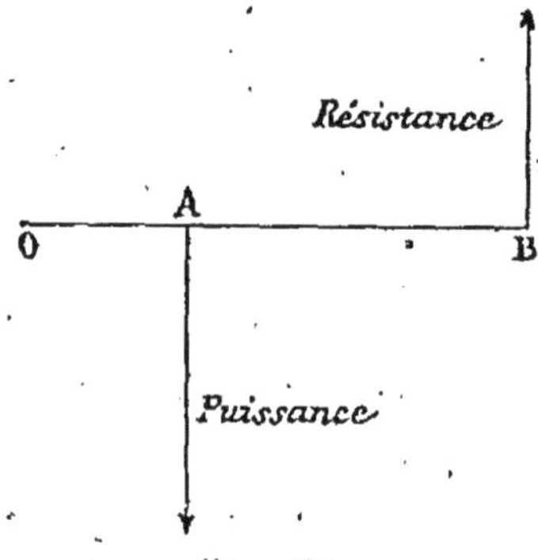

Fig. 195.

leur et les muscles du bras.

Dans la pédale du rémouleur (fig. 196 et 197), le pied appuie entre l'extrémité qui repose à terre et la corde, qui fait office de bielle et transmet le mouvement du pied à la manivelle de la roue.

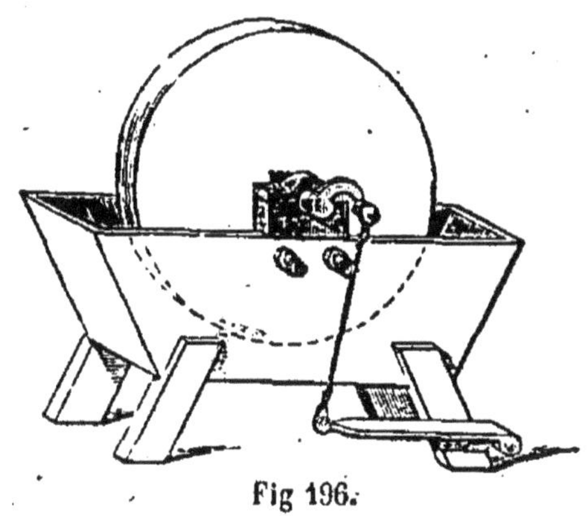

Fig 196.

Dans le bras, les muscles qui sont attachés à l'endroit appelé biceps, viennent s'insérer dans l'avant-bras, et sont destinés à lui permettre de tourner autour du coude : pour cela ils ont la puissance de se contracter, et, en ce faisant, de l'attirer à eux. Or ici, la résistance, c'est le poids de l'avant-bras qui s'exerce à peu près au poignet ; la puissance c'est la force de contraction des muscles ; le point d'appui, c'est le coude autour duquel l'avant-bras tourne.

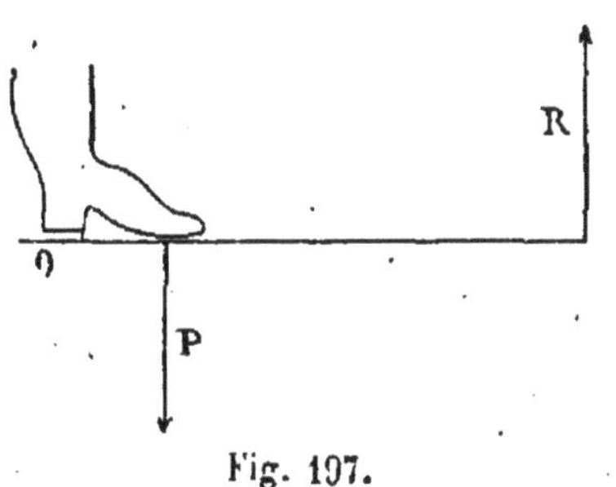

Fig. 197.

Ces leviers ne peuvent convenir que pour vaincre de petites résistances ; on voit, en effet (fig. 198), que la force à déployer doit toujours être plus grande que la force à vaincre, puisqu'on ne peut pas faire parcourir à la première un chemin même aussi grand qu'à la seconde.

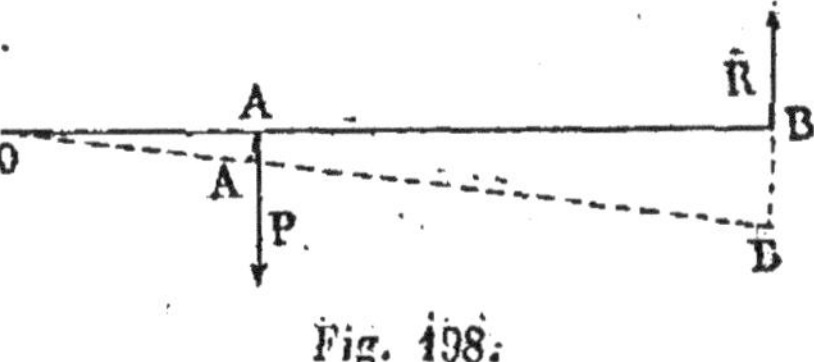

Fig. 198.

TREUIL.

Le treuil sert surtout à élever les fardeaux : il se compose d'un cylindre en bois ou en fer A, reposant par deux tourillons BB sur des montants CC. Autour de ce cylindre s'enroule plusieurs fois une corde au bout de

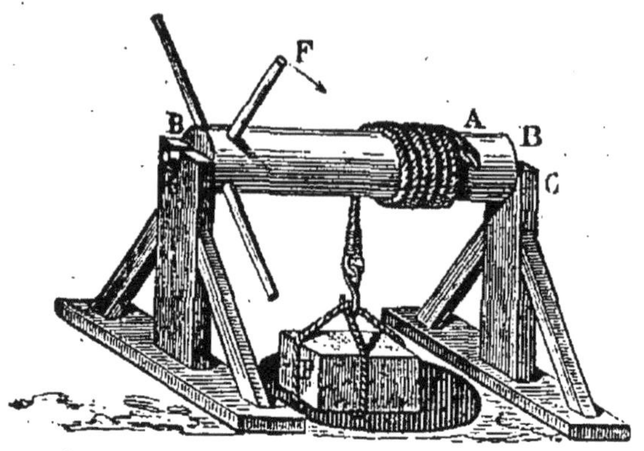

Fig. 199.

laquelle se trouve le poids P à soulever; une manivelle en croix permet à l'ouvrier d'exercer l'effort sur le système.

On conçoit par la simple inspection de la figure comment marche l'appareil.

Quand on agit sur la manivelle en N, et qu'on la fait tourner d'un certain angle; comme elle est calée sur le cylindre, celui-ci tournera du même angle, et enroulera la corde qui soutient le poids P; seulement si le rayon de l'arbre est $\frac{1}{5}$ du rayon de la manivelle, l'arc de cercle décrit pour le même angle sera 5 fois plus petit, et n'enroulera que $\frac{0^m,50}{5}$ ou $0^m,10$ de la corde, par exemple, si l'extrémité N a parcouru un arc égal à $0^m,50$: le poids ne montera donc que de $0^m,10$, et la force employée

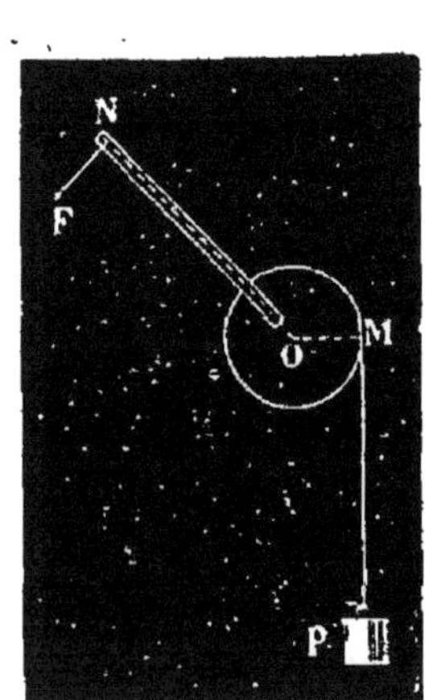

Fig. 200.

par l'homme aura fait cinq fois plus de chemin que lui; elle doit être, par conséquent, cinq fois moindre pour que le travail dépensé et le travail de la résistance soient égaux entre eux.

La puissance du treuil pro-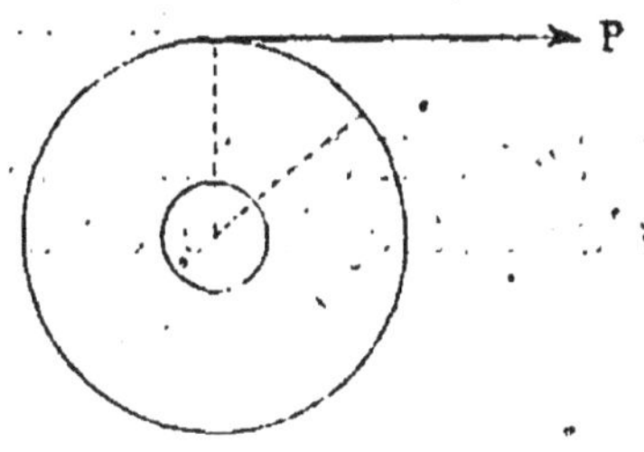vient donc simplement de la différence des rayons de l'arbre et de la manivelle ; souvent on remplace la manivelle par un cylindre de plus gros diamètre, qu'on nomme tambour (fig. 201), et sur le-

Fig. 201.

quel s'enroule une seconde corde que l'on tire ; si le diamètre du tambour est 2, 3, 4 fois plus grand que celui de l'arbre, l'effort exercé est encore ici 2, 3, 4, etc., fois moindre.

CABESTAN.

Le treuil sert à exercer un effort verticalement : le cabestan qui est identique, mais dont l'arbre est vertical, sert à exercer un effort horizontal. Le rapport des che-

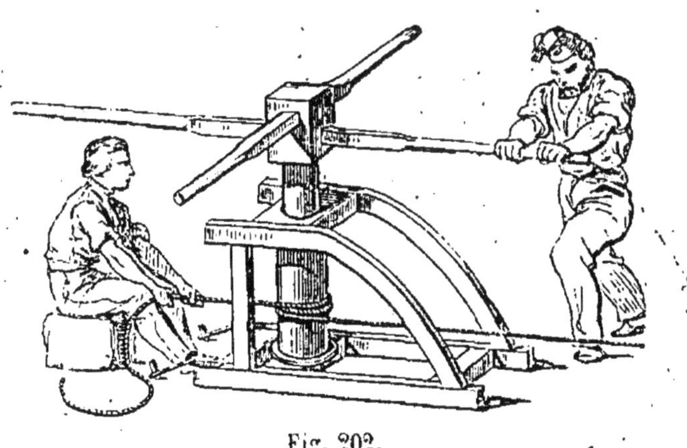

Fig. 202.

mins parcourus horizontalement par la résistance au bout de la corde et par l'effort sur la manivelle est encore proportionnel au rapport des rayons du cabestan et de la manivelle.

TREUIL DES CARRIERS

Le treuil des carriers, ou roue à chevilles, se compose
d'un fort cylindre en bois, terminé par des tourillons

Fig. 205.

également en bois, et sur lequel est une grande roue qui
porte des chevilles à sa circonférence ; un ou plusieurs

hommes montent sur ces chevilles et agissent ici par
leur poids qui est environ de 65 kilogrammes en moyenne.
On reconnait de suite que dans ces treuils, le rayon de la
manivelle étant très grand, la force déployée peut élever
un poids considérable, bien que la fatigue de l'homme
reste faible.

POULIES.

On appelle poulie une petite roue en bois ou en métal,
dont la circonférence est creusée et forme une gorge (fig.
190); l'axe de la poulie, qui est ordinairement en métal,
repose par ses extrémités, appelées tourillons, sur des
coussinets fixes, ou sur les branches d'une chape en fer.
Une corde ou quelquefois une chaîne
s'enroule sur la gorge de la poulie.

Si l'axe repose sur des supports
fixes, ou si la chape est accrochée à
un point invariable, la poulie est
dite fixe : elle sert alors en général à élever un poids. Au lieu
d'attacher directement une corde à

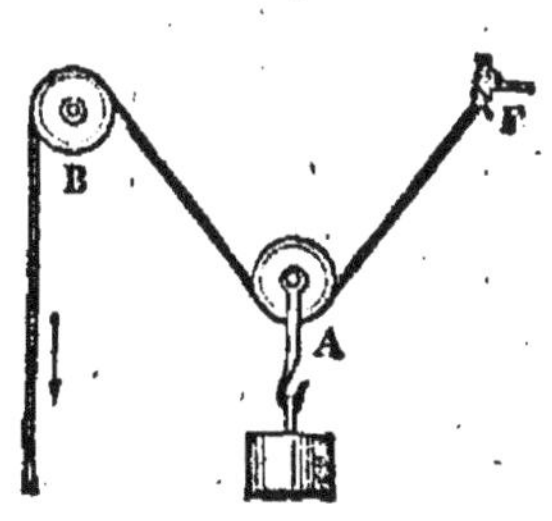
Fig. 204.

ce poids et de tirer de bas en haut ; l'homme tire sur la
corde de haut en bas, ce qui est plus avantageux et
moins fatigant; il peut même agir par son propre poids
en se pendant après elle.

La poulie fixe n'est donc pas un multiplicateur de la
force de l'homme, lorsqu'on l'emploie isolée; elle ne permet, en effet, que de changer la direction de l'effort à
exercer. Mais on peut, soit en la rendant mobile, soit en
l'accouplant avec une ou plusieurs autres, faire faire
plus de chemin à l'homme ayant une résistance à vaincre pour lui faire dépenser moins de force, et, par
conséquent, rendre le mécanisme un multiplicateur de
force.

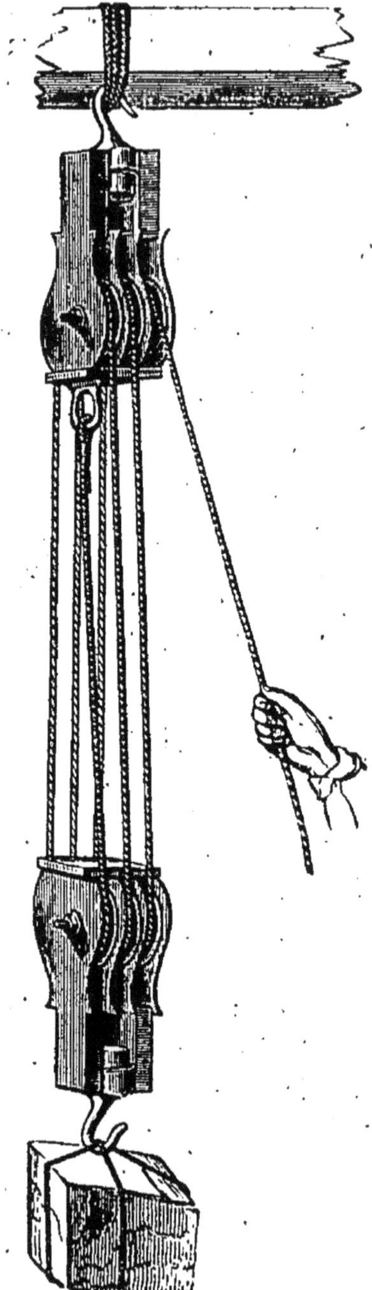

Fig. 205.

1° POULIE MOBILE.

A la chape d'une poulie, sur la gorge de laquelle s'enroule une corde fixée en F, est suspendu un poids (fig. 204). Le second brin de la corde passe sur une poulie fixe, qui en renvoie la direction, de sorte que, comme la poulie A est mobile, si on tire la corde et qu'on en amène à soi, par exemple, $0^m,10$, la longueur de cette corde entre B et F diminue de $0^m,10$, c'est-à-dire que chaque moitié diminue de $0^m,05$: or la poulie repose sur ces deux moitiés, donc elle montera de $0^m,05$, et le poids aussi. Le chemin parcouru par ce poids sera, par conséquent, de $0^m,05$, tandis que celui parcouru par le point d'application de la force de l'homme sera de $0^m,10$: cette dernière n'aura donc besoin d'être que 1/2 du poids à soulever.

2° PALANS.

On appelle moufle plusieurs poulies ayant le même axe, et palan (fig. 205) deux moufles, l'une au-dessous de l'autre, et dont une seule est fixe. Sur les poulies passe la même corde

attachée en un bout à la moufle supérieure, et dont on tire
l'autre extrémité. On conçoit de suite comment marche
un palan : si l'on tire la corde de 0ᵐ,30, la seconde moufle
devant monter horizontalement, il faut que tous les brins
de corde se raccourcissent de la même quantité; donc,
puisque la corde a été réduite de 0ᵐ,30, et qu'ils sont 3,
chacun se sera raccourci de 0ᵐ,10, et la moufle,
ainsi que le poids, seront montés de 0ᵐ,10; pour
un chemin de 0ᵐ,30 parcouru par le point d'application de la force déployée, le poids n'aura parcouru
qu'un chemin de 0ᵐ,10 : la force pourra donc être 1/3
du poids. Si sur les moufles, au lieu de 3 poulies, nous
en avions 10, la seconde moufle serait montée de $\frac{0^m,30}{10}$ ou
de 0ᵐ,03, et la force aurait été 1/10 du poids.

On voit qu'en multipliant le nombre des poulies des
moufles, on diminue pro-
portionnellement la force
à vaincre. Le palan est
donc un instrument très
précieux, et qui rend des
services journaliers.

Lorsqu'on veut aug-
menter encore sa puis-
sance, on en réunit deux
de la façon suivante : la
corde qui s'enroule sur
A et B (fig. 206), est attachée à la chape de C,
moufle mobile d'un 2ᵉ pa-
lan dont la seconde mou-

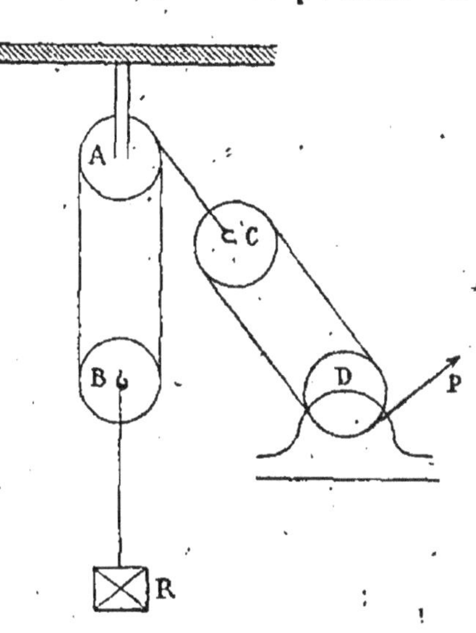

Fig. 206.

fle, D, est fixe. On tire la corde P de 0ᵐ,50; s'il y a, par
exemple, cinq poulies à chaque moufle, C se rapproche
de D de $\frac{0^m,50}{5}$ ou de 0,ᵐ10, mais en se rapprochant de D,
elle tire la corde du premier palan de 0ᵐ,10, et, par conséquent, B monte de $\frac{0^m,10}{5}$ ou 0ᵐ,02. Donc lorsque la corde
est tirée par la force P de 0ᵐ,50, et qu'il y a entre le

poids et la force deux palans conjugués à 5 poulies, l'effort à déployer n'est que

$$\frac{1}{5 \times 5} \quad \text{ou } 1/25 \text{ du poids.}$$

Si les deux palans avaient eu 10 et 20 poulies conjuguées, la force aurait été

$$\frac{1}{10 \times 20} \quad \text{ou } 1/200 \text{ du poids.}$$

CHÈVRE.

En combinant un treuil et une poulie de renvoi on peut élever les poids à une hauteur quelconque.

L'appareil se nomme alors *chèvre*.

La figure 207 indique les dispositions principales : T est le treuil, P la poulie, CD une corde qui soutient le bâti. Le fardeau est suspendu au bout de la corde qui s'enroule sur ce treuil, et peut ainsi être amené jusqu'au haut de la chèvre par la rotation du treuil.

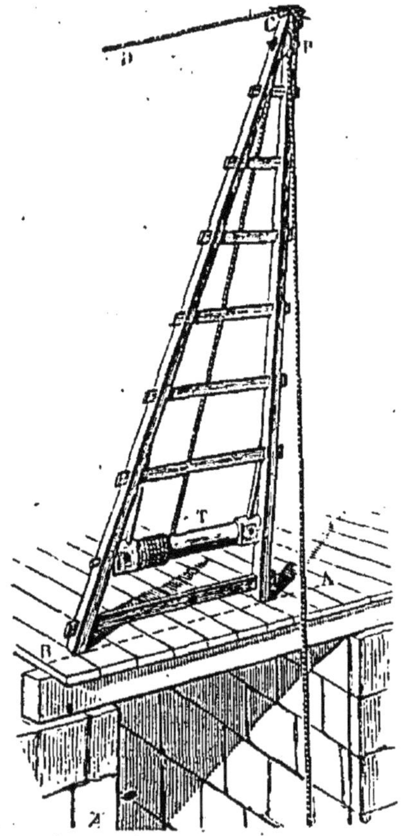

Fig. 207.

CRIC.

On appelle cric (fig. 208) la réunion d'un pignon et d'une crémaillère[1], à l'extrémité de laquelle est une tête recourbée à ses deux

1. Voir la description de la crémaillère, chapitre XVIII.

extrémités, sur laquelle on appuie le fardeau à soulever : la crémaillère en montant, par la
rotation du pignon, élève le corps.

La manivelle ayant un bien plus grand
rayon que le pignon, la résistance est déjà
diminuée, mais en outre l'engrenage facilite beaucoup le mouvement du mécanisme.

Un déclic extérieur (voir chapitre xviii)
empêche que, lorsque l'ouvrier lâche la
manivelle, le poids ne retombe et ne la
ramène brusquement en arrière.

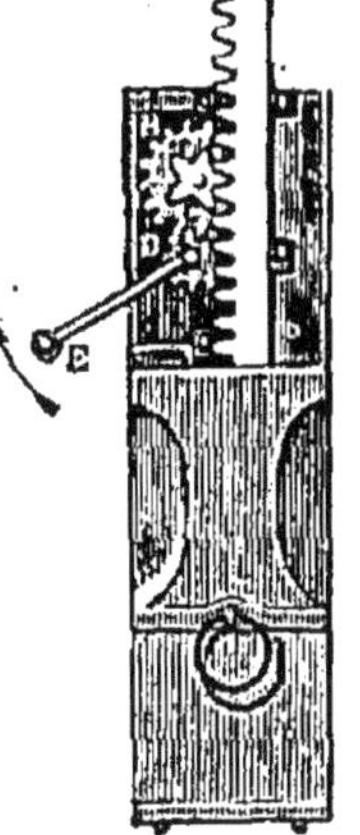

Fig. 208.

GRUE.

La grue est une machine destinée à
déplacer de lourds fardeaux : on en fait
usage dans les ports, dans les fonderies, etc., etc.

Elle se compose d'un arbre vertical (fig. 210) reposant
par son extrémité inférieure sur un support fixe Q : cet
arbre est maintenu, vers le milieu de sa hauteur, par une
sorte de collier R que l'on appelle *collier à galets*, et qui,
grâce aux galets S, peut facilement rouler sur sa surface
d'appui. Il a pour but de rendre moindre le frottement que
l'arbre pourrait éprouver en tournant autour de son axe.
Le collier R est ordinairement au niveau du sol, et le
pivot Q toujours au fond du puits pratiqué pour loger la
partie inférieure de l'arbre. De cet arbre partent deux
pièces obliques : la première s'appelle la volée; la seconde, qui la supporte, le tirant. La volée est double, et
dans l'intervalle de ses deux longerons est logée une
poulie Z, sur laquelle passe une corde qui soutient une
seconde poulie C mobile, et dont une des extrémités est
attachée. Le second brin de la corde suit cette volée
parallèlement à sa longueur, et s'enroule sur un treuil B
que l'on fait mouvoir, à l'aide d'une manivelle, par

l'intermédiaire d'un système de roues dentées (fig. 209).
La charge à élever est suspendue à la poulie mobile ; en
agissant sur les manivelles, on enroule la corde sur le

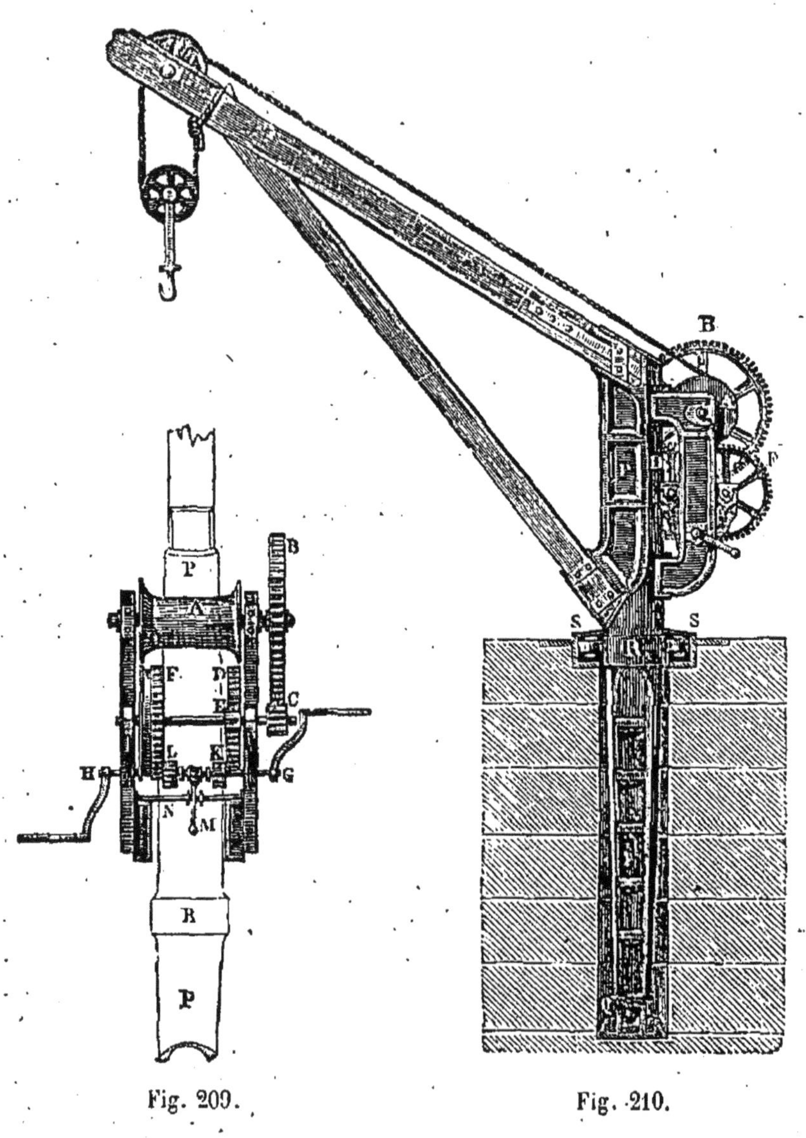

Fig. 209.   Fig. 210.

treuil, et, par conséquent, la poulie mobile s'élève avec
le fardeau. Pour déposer ce dernier en un autre point, on
fait tourner la grue autour de son axe vertical ; lorsqu'elle

est arrivée dans la position convenable, on laisse descendre le fardeau, en retenant la manivelle du treuil, de façon à empêcher le mouvement de descente de s'accélérer. Nous renvoyons au chapitre suivant la détermination de la force nécessaire pour soulever, au moyen de cet appareil, un poids donné.

CHAPITRE XVIII.

Mécanismes.

Dans les ateliers, la machine à vapeur est ordinairement fixe et placée dans un coin de manière à ne pas
gêner la circulation ; les machines outils au contraire
sont disséminées dans l'atelier, et leur position est subor-
donnée aux pièces qu'elles doivent travailler : il faut
donc interposer, entre la force motrice et elles, certains
mécanismes qui leur transmettront le mouvement. Comme
de plus elles ont toutes des travaux divers à exécuter,
pour lesquels besoin est de mouvements et de vitesses
différents, ces mécanismes devront en même temps adapter
ces deux éléments aux exigences de chacune d'elles.

On se rappelle qu'un mouvement est dit continu,
lorsqu'il a lieu indéfiniment dans le même sens, et alternatif, lorsqu'il a lieu tantôt dans un sens, tantôt dans
l'autre : nous savons, en outre, qu'il y a deux espèces de
mouvements : le mouvement en ligne droite ou rectiligne, et en cercle ou circulaire.

Donc, en réunissant ces deux notions, nous reconnaî-
trons quatre genres principaux de mouvements :

1° Circulaire continu (par exemple, mouvement du
volant de la machine à vapeur) ;

2° Circulaire alternatif (oscillations du balancier de la
machine verticale) ;

3° Rectiligne continu (marche d'un navire dans une
direction donnée) ;

4° Rectiligne alternatif (course du piston dans un cylindre.)

Nous allons étudier dans ce chapitre les mécanismes au moyen desquels on peut transformer un quelconque de ces quatre mouvements en un autre, c'est-à-dire les moyens qui permettent de relier deux machines dont l'une a un quelconque des mouvements, et dont la seconde doit avoir un des trois autres. On aura donc à envisager [1] :

I. Transformation d'un mouvement circulaire continu en un autre mouvement circulaire continu, de vitesse égale ou différente ;

II. Transformation d'un mouvement circulaire continu en un mouvement circulaire alternatif ;

III. Transformation d'un mouvement circulaire continu en un mouvement rectiligne alternatif ;

IV. Transformation d'un mouvement circulaire continu en un mouvement rectiligne continu ;

V. Transformation d'un mouvement circulaire alternatif en un mouvement rectiligne alternatif;

VI. Transformation d'un mouvement rectiligne continu en un mouvement rectiligne continu dans une autre direction.

I. — TRANSFORMATION D'UN MOUVEMENT CIRCULAIRE CONTINU EN UN AUTRE MOUVEMENT CIRCULAIRE CONTINU DE VITESSE ÉGALE OU DIFFÉRENTE.

Les pièces qui reçoivent le mouvement circulaire continu sont les *axes* ou *arbres*. Comme les machines-outils

---

1. Il est bien évident que les mécanismes qui servent à transformer, par exemple, un mouvement circulaire en un mouvement rectiligne, peuvent aussi bien transformer ce mouvement rectiligne, s'il devient le mouvement moteur, en mouvement circulaire : c'est ce qu'on exprime en disant que ces deux mouvements sont réciproques.

occupent des positions très diverses par rapport à la machine motrice, les mécanismes qui relient deux arbres doivent varier selon ces positions.

1° *Axes parallèles*. — Quatre systèmes d'appareils servent à relier l'arbre de la machine motrice à l'arbre des machines-outils, quand ils sont parallèles ; ce sont :

A, les engrenages ;

B, les courroies sans fin ;

C, les roues couplées ;

D, joint de Oldam.

A. — *Engrenages*. — Les engrenages sont des roues dentées qui se pénètrent mutuellement ; ils se composent, en principe, de deux cercles, roulant l'un sur l'autre, celui qui est actionné par la machine entraînant le second ; on munit ces cercles, de dents qui pendant la rotation viennent successivement en prise, pour empêcher qu'un des deux puisse tourner seul ; en général trois dents sont simultanément engagées.

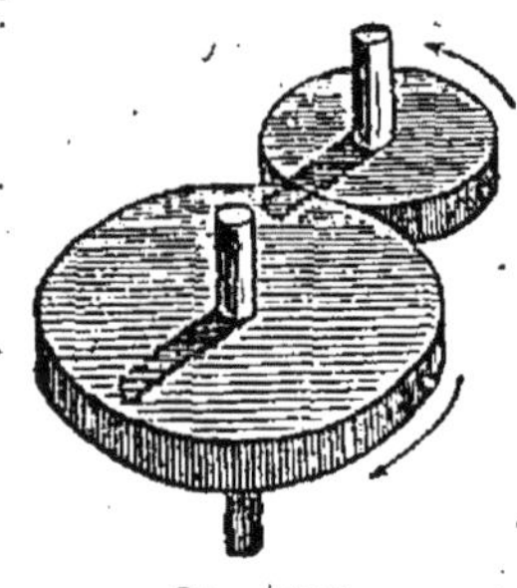

Fig. 211.

Si les deux roues ont le même nombre de dents, elles feront un tour dans le même temps, et leurs vitesses seront égales ; mais si, par exemple, l'une, placée sur l'arbre de la machine porte 10 dents, et l'autre 20[1], cette dernière qui s'appelle la roue, tandis que la plus petite a reçu le nom de pignon, tournera deux fois moins vite, puisque chaque dent du pignon moteur en prend une des siennes, et qu'elle en contient deux fois plus ; on voit donc qu'en faisant varier le nombre de dents des deux roues, on

---

1. Dans la figure 212, ainsi que dans la figure 213, la puissance de la machine a été représentée par un bras de levier CB à l'extrémité duquel s'exerce la force F, de même que la résistance est représentée par le bras de levier plus grand AB', à l'extrémité duquel s'exerce une force égale.

peut changer la vitesse motrice ; or, pour faire varier le nombre de dents, il faut aussi faire varier les rayons des roues, car les dents doivent toujours avoir la même largeur pour se pénétrer mutuellement ; d'où ce principe, que les vitesses des roues sont inversement proportionnelles à leurs rayons, c'est-à-dire que lorsqu'une roue d'engrenage a un rayon égal à la moitié, au tiers, au quart, etc. du rayon de sa conjuguée, sa vitesse est double, triple, quadruple, etc.

Les engrenages sont donc, eux aussi, des multiplicateurs de force, puisqu'en proportionnant les diamètres du

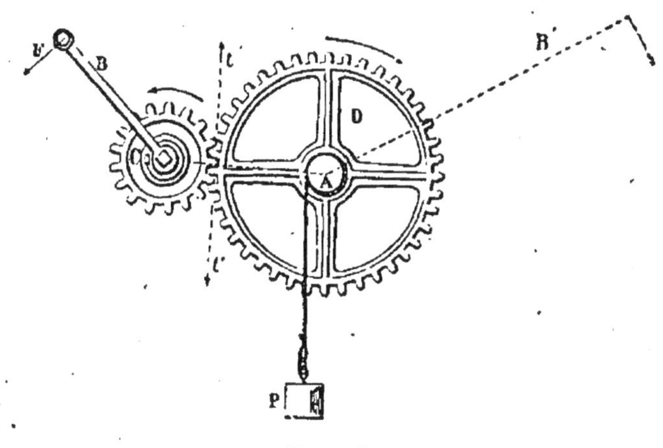

Fig. 212.

pignon qui reçoit la force motrice, et de la roue qui subit la résistance à vaincre. on peut faire parcourir au premier un chemin beaucoup plus grand qu'au second, dans le même temps.

Prenons comme exemple la grue dont nous avons parlé au chapitre précédent, et cherchons l'effort à développer sur la manivelle, pour élever un poids de 5000 kil. à l'extrémité.

Tout d'abord le poids est fixé à une poulie mobile ; donc l'effort nécessaire pour tirer la corde n'est plus déjà que de 2500 kil. (voir chapitre précédent).

Remarquons maintenant que le treuil A sur lequel

s'enroule la corde, porte sur son axe une roue dentée B, qui engrène avec un pignon C, de diamètre cinq fois moindre. Lorsque C fera un tour, B ne fera donc que 1/5 de tour, ainsi que le treuil calé sur le même arbre. Mais le pignon C est monté sur un axe qui se prolonge et reçoit la roue D, dont le diamètre est encore cinq fois plus fort que le pignon E avec lequel elle engrène. Si donc E fait un tour, D ne fait que 1/5 de tour, de même C, et par conséquent B, 1/25 de tour.

L'axe qui porte le pignon E, reçoit à son autre extrémité une troisième et dernière roue F, engrenant encore avec un pignon L, de diamètre 5 fois moindre. C'est ce pignon L que les deux manivelles placées aux extrémités de l'arbre HG font tourner. Un tour de L équivaut donc à

$$\frac{1}{5 \times 5 \times 5} \text{ ou } \frac{1}{125}$$

tour du treuil. La force à déployer pour soulever un poids de 5000 kilog. est donc

$$\frac{5000}{2 \times 125} = \frac{2500}{125} = 20 \text{ kil.}$$

Du moment qu'avec les rapports de roues, ou ce qui est la même chose, les rapports de nombre de dents, on peut faire varier par les engrenages la vitesse, on peut donc transformer un mouvement circulaire en un autre mouvement circulaire, égal, accéléré ou plus lent.

B. — *Courroies sans fin.* — Ces courroies sont en cuir flexible ; leurs deux extrémités sont réunies, et elles s'enroulent sur la circonférence des deux poulies entre lesquelles il faut établir la communication. La longueur de la courroie est réglée de manière que l'enroulement ne puisse s'opérer, sans donner un certain degré de tension indispensable pour que la transmission s'opère. C'est en effet le frottement qui l'empêche de glisser sur la poulie qu'elle doit mettre en mouvement, et qu'elle entraîne avec elle. La circonférence des poulies n'est point creusée en gorge, comme cela a lieu pour une corde, elle est au contraire bombée au milieu, pour tendre davantage la courroie et la maintenir. L'enroulement peut se faire de deux manières :

Lorsqu'il a lieu, comme dans la figure 213, par l'extérieur, la poulie A, qui subit la résistance P, tourne dans le même sens que la poulie motrice C.

Si maintenant les brins se croisent entre les deux poulies, la poulie motrice conservant le sens de son mouvement circulaire, il est facile de voir que celui de

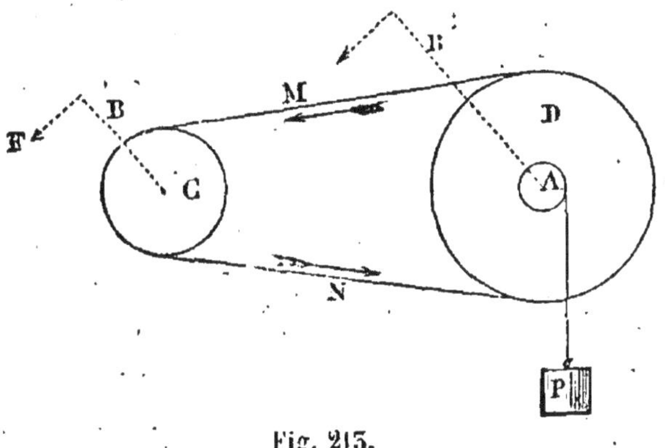

Fig. 213.

l'autre sera interverti et que le poids descendra au lieu de monter.

Ce que nous avons dit précédemment pour les engrenages, s'applique aux poulies; plus le rayon de la poulie A est grand par rapport au rayon de la poulie C, plus la poulie A tourne lentement.

La courroie, en s'enroulant sans glissement sur chacune d'elles, fait, en effet, parcourir à chaque point de leur circonférence des chemins égaux ; or le diamètre de l'une étant plus grand que celui de l'autre, pour un tour complet de cette dernière la première n'aura décrit qu'une fraction de tour proportionnelle au rapport des rayons. Nous avons donc encore ici un système multiplicateur de force.

C. — *Roues couplées.* — On appelle roues couplées ou

accouplées deux roues égales, situées dans le même plan
et liées par une bielle en des points symétriques, comme
nous l'avons expliqué pour les locomotives (voir fig. 126).
De cette manière une roue ne peut tourner, même de la plus
petite quantité, sans entraîner l'autre dans son mouvement,
et par conséquent l'arbre sur lequel celle-ci est calée.

D. — *Joint de Oldam.* — Lorsque les deux arbres parallèles sont presque dans le prolongement l'un de l'autre, et
à une faible distance, comme les arbres A et B dans la figure 214, on emploie pour les réunir le *joint de Oldam*. Chacun d'eux se termine par une fourche percée aux extrémités

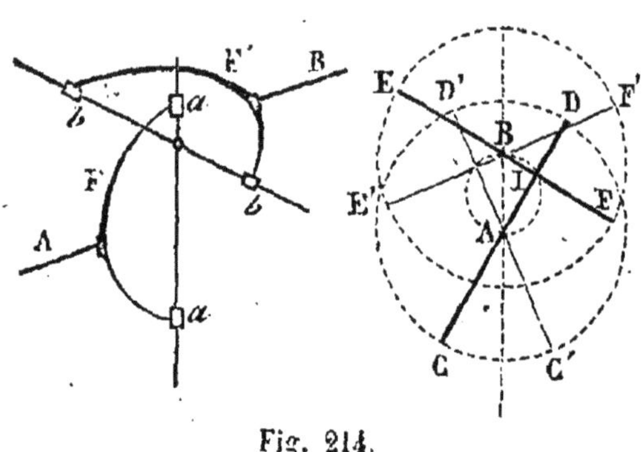

Fig. 214.

de trous ou *œille-
tons*, *aa*, *bb*. Un
croisillon, formé
des deux bras per-
pendiculaires, et
engagés, l'un dans
les œilletons de F,
l'autre dans ceux
de F′, établit la
liaison.

L'arbre A en tournant entraîne le bras *aa* du croisillon
et lui fait décrire un cercle dont le plan est perpendiculaire à sa direction. Le second bras *bb* est forcé de le
suivre, et comme l'arbre B est solidement maintenu, il
ne peut que tourner dans un plan perpendiculaire à ce
second arbre, en lui imprimant par conséquent le même
mouvement de rotation. On voit donc que ces deux bras,
quoique solidaires, tournent l'un autour d'un axe A,
l'autre autour d'un axe B, qui n'est pas dans le prolongement de A; le centre du croisillon devra donc se déplacer, et c'est pour lui permettre le mouvement que les
tiges peuvent librement glisser dans les œilletons *aa, bb*[1].

1. La seconde figure 214 montre le joint de Oldam de face et permet de voir que lorsque la fourche F se déplace en décrivant un cercle

Le mouvement transmis par le joint de *Oldam*, est rigoureusement le même, c'est-à-dire que A et B ont toujours la même vitesse.

2° *Axes concourant.* — Quand les axes des arbres de la machine motrice et des machines-outils se rencontrent, on emploie :

A, les engrenages coniques;

B, le joint universel.

A.. *Engrenages coniques.* — Dans les engrenages coniques, les dents, au lieu d'être placées sur la circonfé-

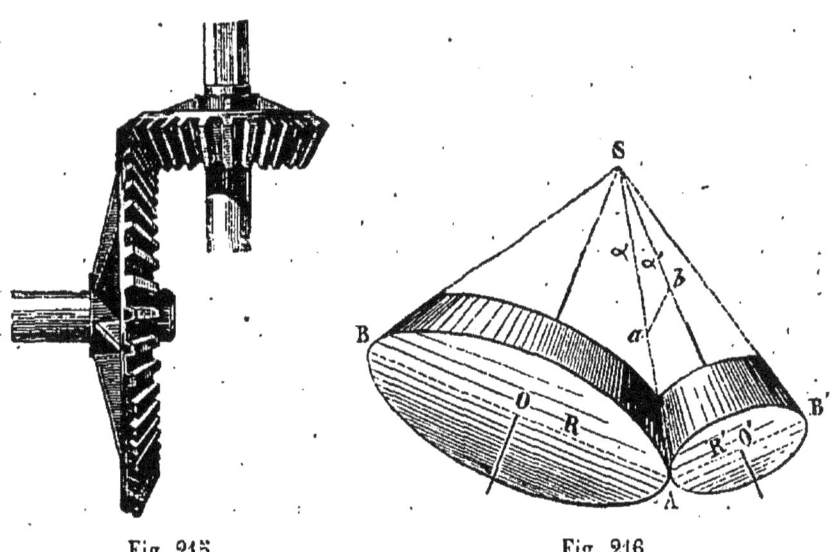

Fig. 215. Fig. 216

rence de cercles, sont sur la surface de cônes, dont on supprime toute la partie supérieure, qui n'est pas hachée dans la figure 216. La théorie de ces engrenages est la même que celle des engrenages plans, chaque dent de la roue motrice entraînant une dent de l'autre, et les vitesses se transmettant dans le rapport inverse des rayons.

autour du point A, le bras *aa* prend les positions CD, C'D', etc., et que le bras *bb*, qui doit lui être constamment perpendiculaire, prend les positions EF, E'F', les points E, E', F. F' étant sur un cercle décrit autour de B, puisqu'ils représentent les œilletons de la fourche F'. La figure montre bien, en outre, que le centre T du croisillon, se déplace aussi et décrit un petit cercle.

B. *Joint universel ou de Cardan.* — Le joint universel ou de Cardan est semblable à celui de Oldam, sauf que les bras du croisillon ne peuvent plus glisser dans les œilletons des fourches, et que tout le système tourne par conséquent autour de I, en même temps point de rencontre des deux arbres F et F′, prolongés par la pensée, et centre du croisillon. Chaque fourche décrit donc un cercle autour de ce point.

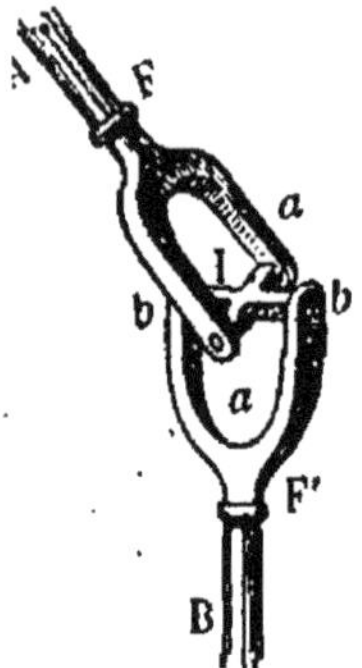
Fig. 217.

Le joint de Cardan ne transmet pas intégralement les vitesses. On conçoit en effet que les deux arbres doivent faire un tour complet dans le même temps, mais que les plans des deux cercles décrits par les bras étant obliques l'un par rapport à l'autre, l'arbre conduit ait une vitesse tantôt moindre, tantôt supérieure à celle de l'arbre moteur, durant une révolution complète.

On reconnaît en même temps que si les deux arbres étaient perpendiculaires les deux croisillons se trouveraient dans une position telle, que l'effort transmis par l'un tendrait seulement à tordre l'autre.

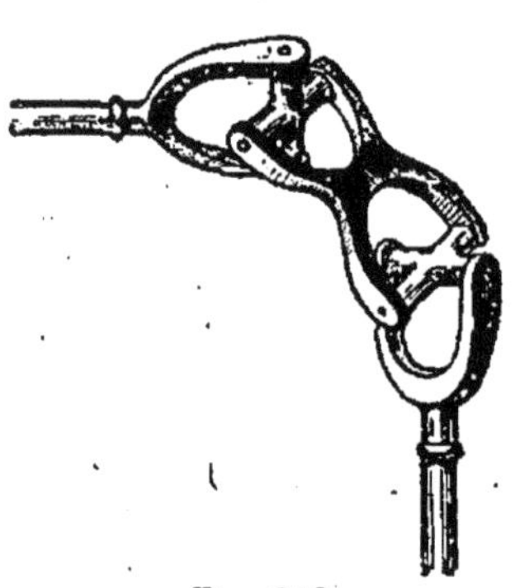
Fig. 218.

On a reconnu qu'il fallait, dans la pratique, que l'angle entre les deux axes fût toujours d'au moins $\frac{3}{2}$ d'angle droit. Lorsqu'il se trouve être moindre on emploie alors le joint de Hooke, qui se compose d'un double joint à la Cardan, comme l'indique la figure 218, où les arbres sont réunis par un troisième, faisant avec les deux autres un angle égal aux $\frac{3}{2}$ d'un angle droit.

3° *Axes ne se rencontrant pas et n'étant pas situés dans le même plan.* — Quand les arbres ne se rencontrent pas, on se sert le plus souvent des deux organes suivants :

A, la vis sans fin ;

B, les courroies sans fin.

A. *Vis sans fin.* — Ce mécanisme consiste en une vis qui engrène avec une roue dentée.

Il sert à transmettre le mouvement de rotation entre deux arbres perpendiculaires, et non situés dans un même plan (l'axe de la roue est perpendiculaire à celui de la vis qui, le plus ordinairement, conduit l'autre).

Supposons en effet que celle-ci tourne de gauche à droite, et considérons une dent de la roue C[1]. La vis viendra présenter contre la dent une surface montante, la poussera progressivement, et la roue tournera. Ce que nous venons de dire pour une dent s'applique à toutes les autres, car lorsqu'une aura été conduite pendant une certaine longueur, le filet suivant viendra en contact avec la dent suivante et l'entraînera aussi le long de l'hélice. On voit que chaque spire de l'hélice vient au contact d'une dent ; donc l'arbre de la vis fait un tour complet lorsque la roue avance d'une dent.

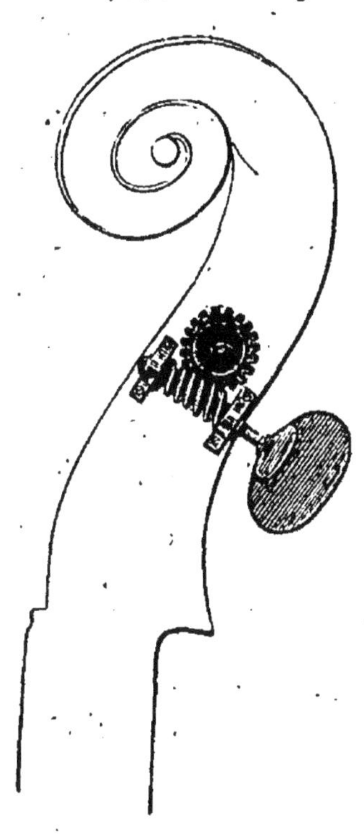

Fig. 219.

B. *Courroies sans fin.* — La courroie sans fin peut encore s'appliquer ici, on est seulement obligé de la tordre légèrement.

1. La figure représente une vis sans fin sur l'extrémité d'une contrebasse ; c'est, en effet, par ce mécanisme que le musicien tend plus ou moins les cordes de son instrument en les enroulant sur l'axe qui porte la roue dentée.

II. — TRANSFORMATION D'UN MOUVEMENT CIRCULAIRE CONTINU EN UN MOUVEMENT CIRCULAIRE ALTERNATIF.

Les systèmes employés pour cette transformation sont les suivants :

1° les cames ;

2° le balancier, la bielle et la manivelle.

1° *Cames.* — Ce dispositif est adopté dans les forges pour les marteaux dits frontaux, qui se composent d'une tête pesante et d'un manche mobile autour d'un axe horizontal. Un arbre, sur lequel a été fixée une pièce formant saillie et appelée came, tourne d'un mouvement uniforme, et soulève le marteau lorsque la came appuie sur la queue du manche : à peine celle-ci a-t-elle dépassé le point le plus bas de sa course, que le marteau retombe brusquement sur l'enclume et produit le choc. Après une rotation complète de l'arbre, il est à nouveau soulevé et ainsi de suite. Nous renvoyons l'explication détaillée du système au chapitre XIX (fig. 235).

2° *Balancier bielle et manivelle.* — C'est le système que nous avons décrit dans la machine verticale, où il transforme en un mouvement circulaire continu de la manivelle le mouvement circulaire alternatif du balancier; Inversement donc, si c'était la manivelle que conduisît le moteur, on donnerait par ce mécanisme au balancier un mouvement circulaire alternatif (fig. 103).

Il en est de même pour la pédale du rémouleur (fig. 196): l'ouvrier produit avec son pied un mouvement circulaire alternatif, puisque le balancier tourne autour de son extrémité qui repose sur le sol, et la meule a un mouvement circulaire continu.

III. — TRANSFORMATION D'UN MOUVEMENT CIRCULAIRE CONTINU EN UN MOUVEMENT RECTILIGNE ALTERNATIF.

Les dispositifs employés sont :
1° La bielle et la manivelle ;
2° Les excentriques ;
3° Les arbres à cames pour pilons.

1° *Bielle et manivelle*. — C'est le mécanisme usité pour transformer le mouvement de va-et-vient du piston dans le cylindre en un mouvement circulaire continu de la manivelle. — Nous l'avons étudié en détail pour la machine à vapeur, et ne reviendrons pas dessus.

2° *Excentriques*. Quand on veut produire un petit mouvement de va-et-vient, et qu'alors on doit employer une très petite manivelle, on se sert d'un autre mécanisme que nous avons déjà décrit à l'occasion du mouvement des tiroirs : l'excentrique circulaire à collier.

L'excentrique à cadre parallèle (fig. 220) fonctionne suivant le même principe que l'excentrique circulaire ; seulement le disque

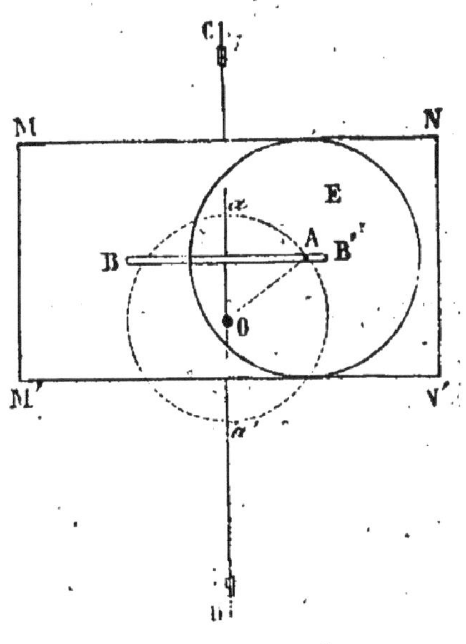

Fig. 220.

se meut dans un cadre rectangulaire, et non dans un collier.

L'arbre O en tournant fait descendre ou monter le cadre sous la pression du disque dont une seconde position est représentée en pointillé.

On voit qu'ici encore le mouvement circulaire de l'arbre

qui fait tourner l'excentrique communique à la tige C O, fixée au cadre un mouvement rectiligne alternatif.

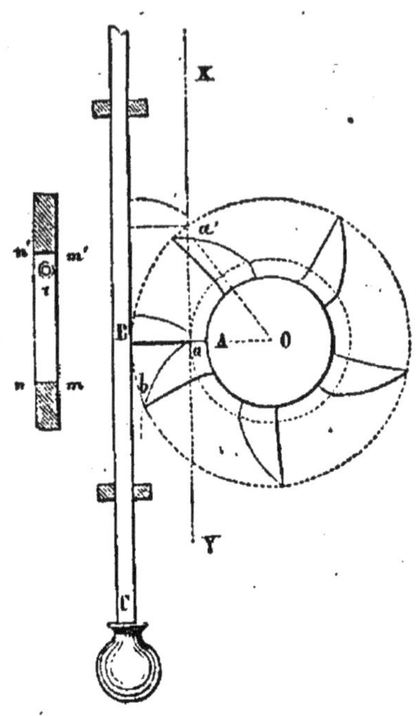

Fig. 221.

Le cadre au lieu d'être dans le plan de l'excentrique, peut lui être perpendiculaire ; l'excentrique A, dont le fonctionnement est identique, est dit alors, *à cadre perpendiculaire.*

3° *Arbres à cames pour pilons.* — Une came à plusieurs dents est établie, sur la circonférence d'un arbre tournant O ; près de cet arbre est une tige de pilon qui porte une barre horizontale B, appelée *mentonnet.* L'arbre, dans son mouvement, soulève le mentonnet au moyen d'une des cames, *a b,* fixée sur sa circonférence, le pilon s'élève et retombe dès que la came lâche le mentonnet ; ce dispositif est employé surtout dans les moulins.

IV. — TRANSFORMATION D'UN MOUVEMENT CIRCULAIRE CONTINU EN UN MOUVEMENT RECTILIGNE CONTINU.

Les mécanismes qui réalisent cette transformation sont :

1° Le treuil ;

2° la crémaillère ;

3° la vis et l'écrou.

1° *Treuil.* — Nous ne reviendrons pas sur ce mécanisme que nous avons déjà décrit en détail dans le chapitre précédent ; qu'il nous suffise de rappeler qu'il transforme le mouvement circulaire de la manivelle mue par l'homme, en un mouvement rectiligne du poids au bout de la corde.

2° *Crémaillère.* — C'est une petite roue dentée, appelée encore ici pignon, conduite par une manivelle, ou par un arbre sur lequel elle est calée, et qui engrène avec une tige, armée elle aussi de dents, comme deux engrenages ordinaires. Nous en avons montré un exemple dans le chapitre précédent en parlant du cric.

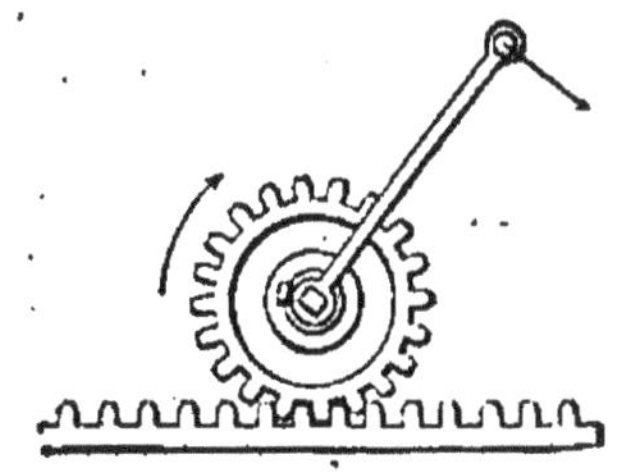

Fig. 222.

Le mouvement circulaire de la roue, mettant successivement en prise chacune de ses dents avec celles de la tige, fait avancer ou reculer cette dernière.

3° *Vis et écrou.* — La vis est un axe rond en fer ou acier, sur lequel se trouve en saillie une hélice ayant une plus ou moins grande épaisseur, et, si l'on coupe la vis en long par son milieu, la forme ou d'un triangle ou d'un carré.

On appelle *filet* cette saillie qui court tout le long de la pièce, *spire* un tour complet du filet, et *pas de la vis*, la distance qui sépare verticalement deux spires consécutives. La figure ci-contre montre très fidèlement le filet carré, quatre demi-spires et *le pas*.

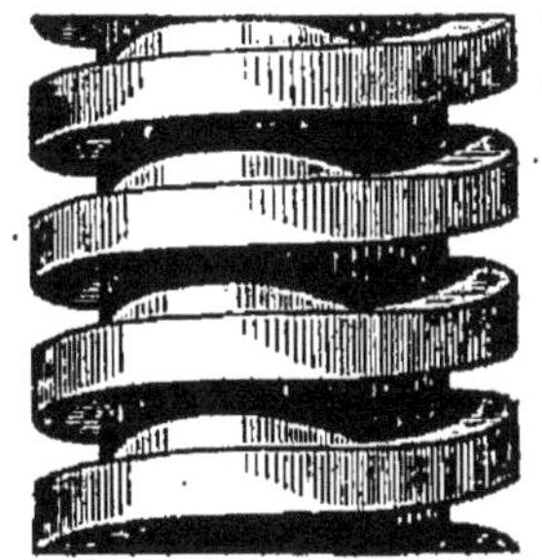

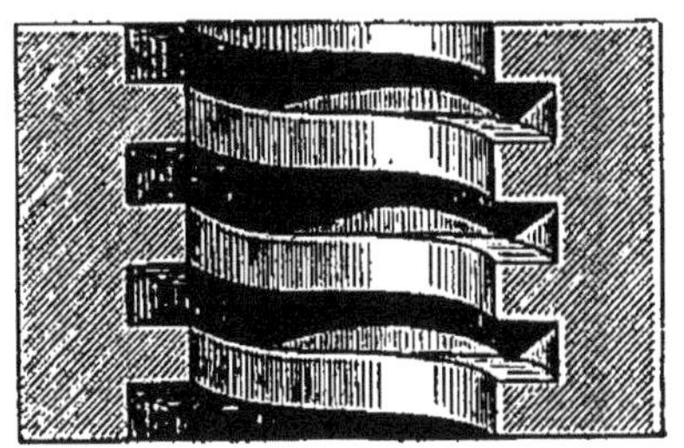

Fig. 223.

On appelle *écrou* la pièce qui présente en creux un filet identique à celui qui est en saillie sur la vis, c'est à dire ayant la même forme que lui, et le même pas.

L'écrou est figuré ici au-dessous de la vis.

La propriété curieuse de cet ensemble, c'est que pour pénétrer dans l'écrou la vis est obligée de tourner, et qu'il faudrait briser le filet si on voulait la faire entrer directement. Il en résulte que, si elle ne peut avancer suivant sa longueur, tout en tournant facilement sous un effort déterminé, et qu'au contraire l'écrou soit mobile dans ce sens, mais dans l'impossibilité de la suivre dans le mouvement de rotation, en agissant sur la vis on amènera à soi l'écrou, qui se déplacera longitudinalement, suivant son axe[1]. Par ce mécanisme, on transformera donc un mouvement circulaire continu en un mouvement rectiligne ; le changement de marche dans les distributions de machines nous en a du reste fourni un exemple.

Indiquons, comme autre application, le verrin, appareil destiné à soulever des fardeaux, et se composant d'une vis verticale et d'un écrou mobile sur lequel on appuie le fardeau à soulever. L'écrou s'élève par le mouvement de rotation de la vis qui se fait à la main.

V. — TRANSFORMATION D'UN MOUVEMENT CIRCULAIRE ALTERNATIF EN UN MOUVEMENT RECTILIGNE ALTERNATIF.

Les dispositifs en usage sont :

1° le balancier et le parallélogramme de Watt ;

2° les balanciers à bouton et à coulisse ;

3° le zigzag ;

4° le valet.

1° *Parallélogramme de Watt.* — Nous l'avons déjà

---

1. Ces explications suffisent pour faire comprendre que :

1° Si l'écrou est complètement fixe, la vis doit descendre en même temps qu'elle tourne (c'est le cas des vis en bois) ;

2° Si la vis est complètement fixe, l'écrou doit pouvoir descendre en même temps qu'il tourne (c'est le cas des boulons de serrage) ;

3° Si la vis ne peut se mouvoir qu'en ligne droite, on la manœuvrera par une simple rotation de l'écrou (jumelles de théâtre).

décrit plus haut et n'avons pas à y revenir. Il transforme le mouvement rectiligne alternatif du piston en un mouvement circulaire alternatif du balancier, ou réciproquement.

2° *Balancier à bouton.* — Une tige AB (fig. 224) mobile entre deux guides présente à sa partie moyenne une coulisse. Dans cette coulisse s'engage un bouton M, formant l'extrémité d'un balancier OM, mobile autour d'un axe O. Si en agissant sur la poignée C on imprime au balancier

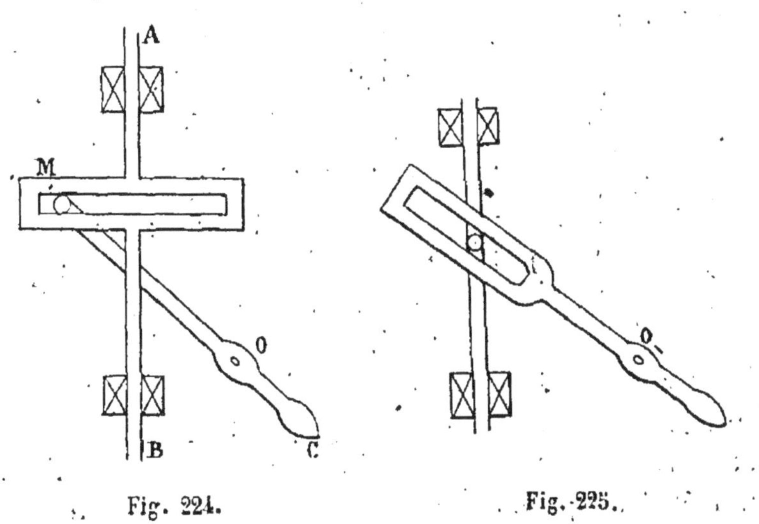

Fig. 224. Fig. 225.

un mouvement circulaire alternatif, le bouton M, pressant sur les parois de la coulisse, oblige la tige à s'élever ou à s'abaisser.

Balancier à coulisse. — C'est le même système que le précédent, seulement la tige porte le bouton, et le balancier, la coulisse (figure 225).

3° *Zigzag.* — Le zigzag se compose d'une série de losanges égaux articulés à leurs sommets ; le premier sommet O est fixe, et le dernier A est relié à l'extrémité d'une tige AB mobile entre des taquets ; en agissant simultanément sur les deux poignées *a* et *d*, pour les rapprocher ou les écarter, on fait mouvoir la tige. Tout le monde connait le jouet d'enfant où le zigzag est employé.

4° *Valets* ou *varlets*. — Ce sont des supports oscillants auxquels s'articulent de longues chaînes ou de longues

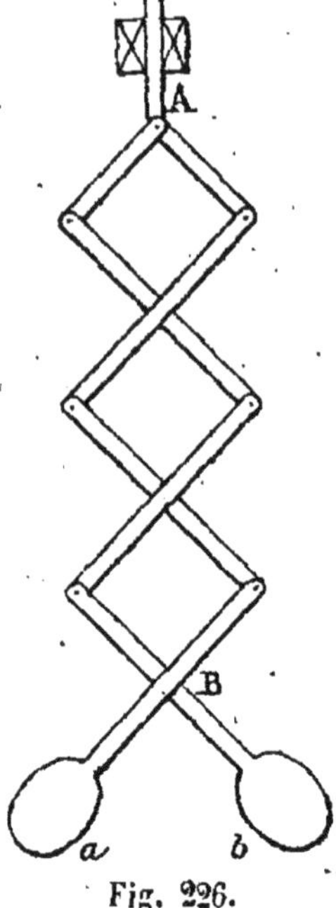

Fig. 226.

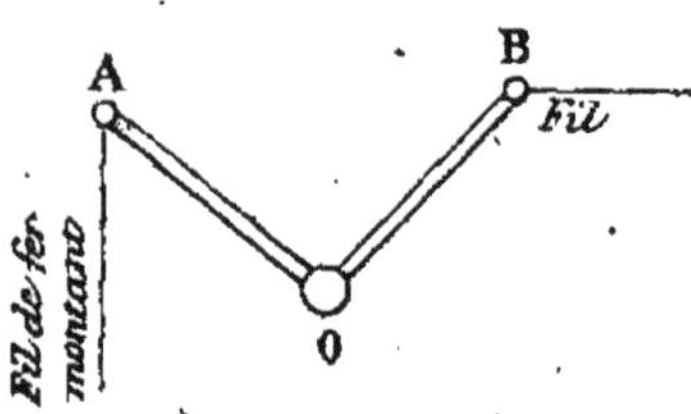

Fig. 227.

bielles destinées à transmettre deux mouvements rectiligne : un exemple très simple du système est la petite pièce dont on se sert pour faire changer de direction les fils de fer des sonnettes d'appartements. Le point O est fixe et le système peut tourner autour de O. Lorsqu'on tire le fil de fer vertical, on donne au valet un mouvement de rotation, et en même temps un mouvement rectiligne au fil de fer horizontal, qui revient dans sa position primitive par le poids de la sonnette, dès qu'on ne tire plus le fil vertical, en faisant décrire au valet en sens inverse l'arc décrit tout d'abord.

VI. — TRANSFORMATION D'UN MOUVEMENT RECTILIGNE CONTINU EN UN MOUVEMENT RECTILIGNE CONTINU DANS UNE AUTRE DIRECTION.

Dans ce genre de transformation, lorsqu'on se propose de modifier la direction et la vitesse, on utilise les palans dont nous avons parlé au chapitre précédent ; mais si l'on ne veut changer que la direction de l'effort, on em-

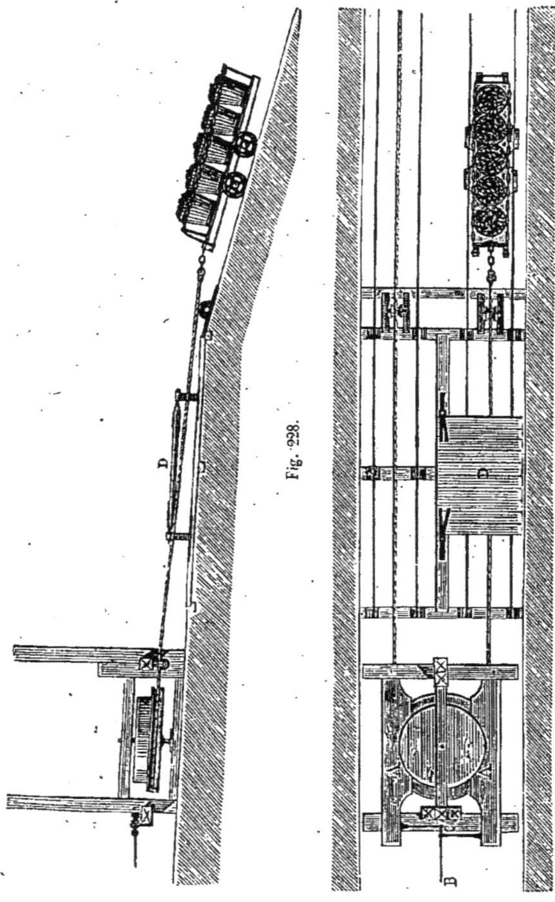

Fig. 228.

Fig. 229.

ploie la poulie fixe, que nous avons également décrite plus haut.

Comme application de ce dernier mécanisme, citons cependant le plan incliné.

On appelle ainsi une surface plane résistante, inclinée sur l'horizontale, et sur laquelle des wagonnets se meuvent. Au haut du plan incliné est disposée une poulie fixe A dont l'axe est vertical, et dans la gorge de laquelle passe un fort câble (corde, fil de fer, chaîne), dont la longueur est à peu près égale à la distance à parcourir, ce qui fait qu'une de ses extrémités est en haut quand l'autre est en bas : à cette corde s'attachent les wagonnets. Quand un wagonnet au sommet de la pente est chargé, on le fixe à une extrémité et on le lance sur le plan incliné; tandis qu'à l'autre bout de la corde, en bas, on amarre un wagon vide. La descente du premier, plus lourd, élève ce dernier jusqu'au haut, et l'échange entre les deux points extrêmes se fait avec la plus grande simplicité et sans force motrice supplémentaire.

La poulie supérieure sert donc simplement à transformer l'effort dirigé de haut en bas, et dû au poids du chargement, en un effort égal et de direction contraire.

MÉCANISMES ACCESSOIRES.

EMBRAYAGES. — Dans les ateliers, certaines machines-outils ne fonctionnent que d'une façon intermittente ; il est

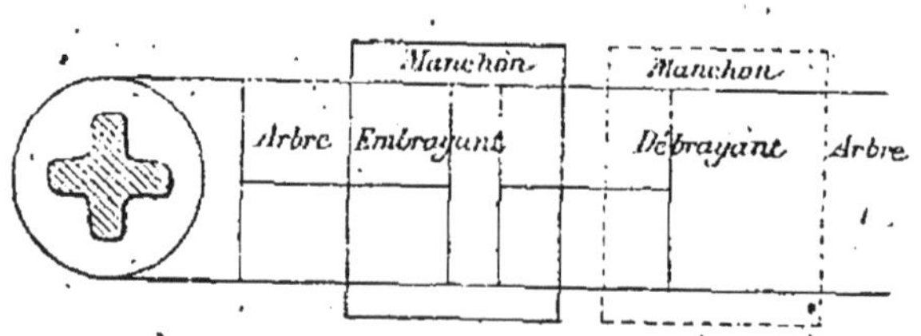

Fig. 230.

donc nécessaire d'avoir des mécanismes qui les fassent participer, ou les soustraient au mouvement de la machine motrice, selon les exigences du travail, en réunissant ou séparant les arbres qui, généralement, communiquent ce mouvement; ces mécanismes se nomment embrayages.

1° Lorsque les arbres sont dans le prolongement l'un de l'autre, le plus simple est le *manchon* ou *boîte d'accouplement* (fig. 230). C'est un cylindre creux taillé à faces; les deux arbres à accoupler étant aussi taillés à faces. Pour les réunir, on n'a qu'à faire glisser le manchon jusqu'à ce qu'il les emboîte tous deux; et pour interrompre la liaison, qu'à le repousser complètement sur un des deux; ordinairement la forme de la section du creux est un carré (fig. 231) ou une figure en trèfle (fig. 230),

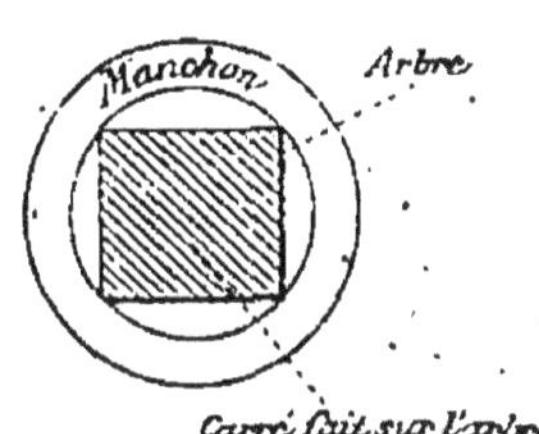

Fig. 231.

pour que l'entraînement se fasse aisément. Ce système est employé dans les trains de laminage.

2° *Les manchons à crans* jouent le même rôle. — Ils présentent des saillies et des creux disposés de façon à pénétrer les uns dans les autres et à coïncider parfaitement. L'un des manchons M (fig. 232) est calé à demeure sur l'arbre moteur O; l'autre, M', peut glisser le long de l'axe que l'on veut embrayer, mais ne peut tourner sans l'entraîner; ce glissement se fait au moyen d'un levier F L qu'on manœuvre à la main.

Quand on fait pénétrer les saillies du manchons mobile

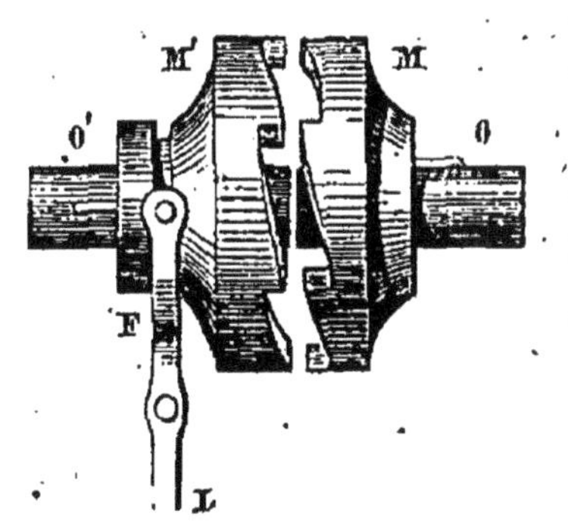

Fig. 232.

dans les creux du manchon calé sur l'arbre moteur, ce dernier entraîne l'axe, et la machine que cet axe conduit. On voit qu'au contraire, quand le manchon est dans la position de la figure, la machine-outil est immobile.

3° *Cônes de friction.* — Les cônes de friction sont basés

sur le même système, l'un est fixe et l'autre se déplace au moyen d'un levier, comme dans le cas précédent. — Le cône mobile vient s'appliquer exactement sur le cône fixe, qui, ne pouvant tourner seul, vu l'adhérence, si le rapprochement est suffisant, l'entraîne avec lui.

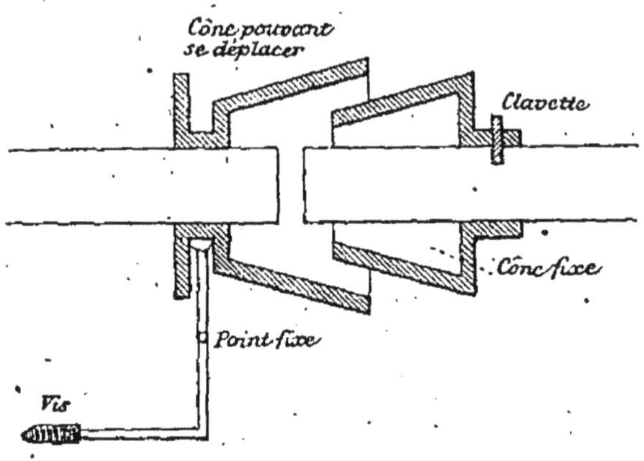

Fig. 255.

4° *Poulie folle.* — Quand les deux arbres sont parallèles et que la transmission s'opère par une courroie sans fin, le dispositif employé est encore plus simple. — Une poulie, placée à côté de celle sur laquelle passe la courroie et qui en a exactement le même diamètre, peut tourner sur l'arbre indépendamment de lui, d'où, quand on fait passer la courroie dessus, être entraînée par la force motrice sans communiquer le mouvement à l'outil, si elle est sur l'arbre de la machine-outil, ou laisser l'arbre moteur tourner sans le suivre, si elle est sur lui; on lui donne le nom de poulie folle. On se sert, pour désembrayer, d'une fourche à l'extrémité d'un levier, qui tourne autour de son centre. Cette fourche embrasse la courroie, et, en la faisant osciller, on amène celle-ci, tantôt sur la poulie calée, tantôt sur la poulie folle.

ENCLIQUETAGES. — On appelle encliquetage le mécanisme qui transforme *un mouvement circulaire alternatif* en un *mouvement circulaire discontinu, mais constamment de même sens.*

Un mouvement est discontinu, lorsqu'il est interrompu par des intervalles de repos.

Encliquetage à dents. — Sur l'axe O de la machine qu'il s'agit de faire mouvoir (fig. 234, *a*), est montée une roue, dont les dents, formant un angle aigu, ont une face dirigée sensiblement dans le sens du rayon, tandis que l'autre fait avec ce rayon un angle plus ou moins grand : on l'appelle *roue à rochet.* Au même axe O est articulé un levier OL qui peut se mouvoir à la main, et en un point O′ duquel s'implante un rochet O′B dont l'extrémité s'engage entre les dents de la roue, et qu'on maintient dans cette position par un ressort R fixé au levier. Lorsque

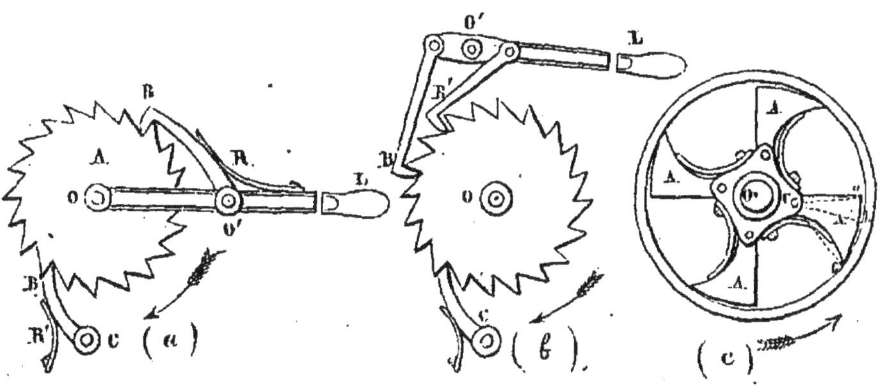

Fig. 234.

le levier tourne dans le sens de la flèche, il entraîne la roue ; lorsqu'on le fait mouvoir dans le sens inverse, l'extrémité B du rochet glisse sur le plan incliné de la dent suivante, sans entraîner la roue ; donc le mouvement alternatif du levier ne fait tourner l'arbre que par intervalles, et toujours suivant la flèche. Comme cet arbre est ordinairement sollicité par une force qui résiste au mouvement communiqué par le levier OL, et qui tendrait à le faire tourner en sens contraire, dès que le rochet B ne le pousse plus, il faut un mécanisme qui s'oppose à ce mouvement contraire et maintienne la roue en place pendant les intervalles.

Ce mécanisme se compose d'une pièce appelée cliquet, qui a la même forme que le rochet ; ce cliquet est mobile autour du point fixe C, et s'engage par son extrémité dans les dents, où il est maintenu par un ressort R'. Il empêche, comme on le voit, tout retour en sens contraire de la flèche, et ne gêne en rien la marche utile.

Encliquetage double. — Supposons maintenant deux rochets semblables (fig. 234, b) : et le mouvement discontinu va devenir un mouvement continu. — En effet, qu'on ajoute le rochet B' entre O' et L, et qu'on abaisse l'extrémité L du levier qui tourne autour du point fixe O', le rochet B entraîne la roue, B' se dégage et laisse échapper un certain nombre de dents ; si on élève L, le rochet B' entraîne la roue, et B laisse échapper.

Un grand défaut des encliquetages, c'est leur bruit assourdissant ; l'encliquetage Dobo seul, dont le principe est un peu différent, a seul un travail silencieux.

Il se compose d'une couronne circulaire b (fig. 234, c), qui embrasse l'arbre O, auquel elle doit communiquer le mouvement. Cet arbre porte quatre bras A, dont l'extrémité est, non pas circulaire autour de O, mais, comme l'indique la figure, légèrement excentrée ; des ressorts appliquent, au repos, la partie la plus éloignée du centre de l'arbre contre la circonférence intérieure de la couronne ; et l'on conçoit que, lorsque celle-ci tourne dans le sens de la flèche, le contact avec les bras ayant lieu grâce aux ressorts et à l'excentrique, elle

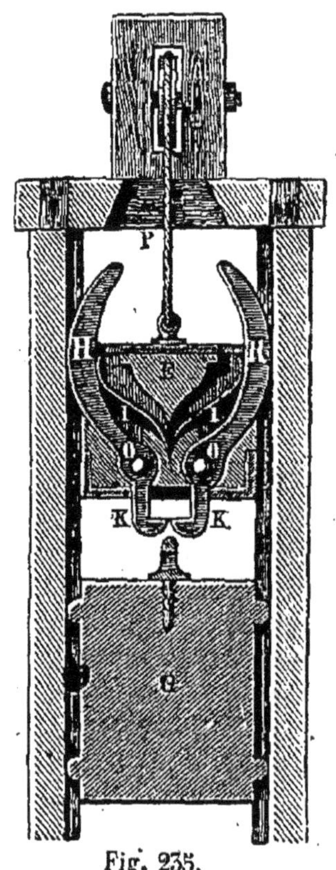

Fig. 235.

entraîne l'arbre avec elle, mais que, dès qu'il a lieu en sens inverse, les ressorts plient, et que la couronne tourne seule.

7° *Déclics*. — C'est le nom donné à divers mécanismes qui offrent ce caractère commun d'opérer un changement brusque de mouvement par la rencontre d'un obstacle. Nous citerons comme exemple la sonnette à déclic.

Pour l'enfonçage des pieux dans le sol, on se sert d'un mouton, c'est-à-dire, d'un énorme poids suspendu à une corde par un anneau. Cet anneau est saisi (fig. 235) dans les mâchoires KK d'une tenaille dont l'axe est fixé à une armature en bois à laquelle la corde est attachée. On élève lentement le mouton par un treuil, et à une hauteur convenable les branches supérieures H,H de la tenaille s'engagent dans un bloc de bois P solidement fixé ; ces branches se ferment alors, et, par conséquent, les mâchoires inférieures s'ouvrent, abandonnent le crochet du mouton, qui retombe sur la tête du pieu à enfoncer. On redescend ensuite la corde pour saisir à nouveau le mouton et recommencer : et dès que le système a échappé au bloc de bois, les ressorts H ramènent d'eux-mêmes les branches de la tenaille dans leur première position.

Le nombre des déclics varie, du reste, à l'infini.

CHAPITRE XIX.

Du travail des moteurs solides. — Choc. — Marteaux-pilons. — Accumulateurs de force. — Presse hydraulique. — Ressorts.

———

TRAVAIL DES MOTEURS SOLIDES. — CHOC.

Nous avons maintes fois expliqué, dans les pages précédentes, pourquoi les moteurs solides n'étaient pas industriels. Leur masse ne se divisant pas comme celle des moteurs liquides, ils ne peuvent, par conséquent, agir d'une façon continue sur le récepteur, et doivent n'exercer qu'un effort instantané, très brutal si leur force vive est grande, mais dont l'effet, par son énergie même, exclut toute idée de permanence. La rencontre d'un moteur solide et d'un récepteur constitue le *choc* proprement dit. On conçoit de suite que, sauf de rares exemples, la force dont l'impulsion met un moteur solide en mouvement soit la pesanteur (on peut cependant citer la projection des boulets comme une exception à cette règle). Nous n'avons donc à considérer industriellement que la chute d'une masse sur une autre.

Tout d'abord il est évident que le récepteur et le moteur, vu le principe de l'action et de la réaction (voir ch. i), souffriront de cette brutale rencontre; leurs molécules se désagrégeront plus ou moins, selon leur dureté relative. C'est généralement cet effet que l'on cherche pour le choc, et la première conclusion que nous en pouvons tirer, c'est que ce mode de travail ne convient qu'aux corps dont la cohésion et le peu de dureté permettent le façonnage, et non à tous ceux qui, au moindre coup, volent en éclats. Il suffit en effet que le récepteur soit d'une pénétration facile pour que le moteur, c'est-à-dire le corps choquant, ne subissant plus une réaction égale à l'action, se conserve longtemps identique à lui-même, puisque le principe de l'action et de la réaction ne s'applique *qu'au choc de deux corps solides.* Lorsque le récepteur est aussi un corps solide, le rôle du moteur consiste généralement à le faire pénétrer dans une masse plus tendre (enfonçage des pieux, clous, etc.). Ce dernier travail est trop courant et trop élémentaire pour donner lieu à quelque détail dans ce volume.

Nous ne considérerons donc que le premier mode de travail du choc, c'est-à-dire le façonnage des matières pénétrables. Les appareils que l'on emploie à cet effet sont les marteaux ou martinets.

Nous avons déjà eu l'occasion de parler en peu de mots du marteau frontal, dans le chapitre relatif aux transformations de mouvement, et nous avons montré que, grâce à un arbre à cames, qui le soulève et le laisse échapper périodiquement, celui-ci donne sur une enclume des coups rapides et égaux.

La figure 236 indique la disposition générale adoptée. Les cames D D soulèvent alternativement, par la rotation de l'arbre, le levier H B, tournant autour du point C; à l'extrémité de ce levier est un marteau A, qui vient régulièrement, dès que les cames ont abandonné la queue, frapper sur une enclume fixe L. Qu'on imagine sur cette enclume une barre de fer ou d'acier chaude, elle pourra être façonnée, à la demande, sous l'action du marteau.

Mais l'effet d'un semblable outil est toujours de peu

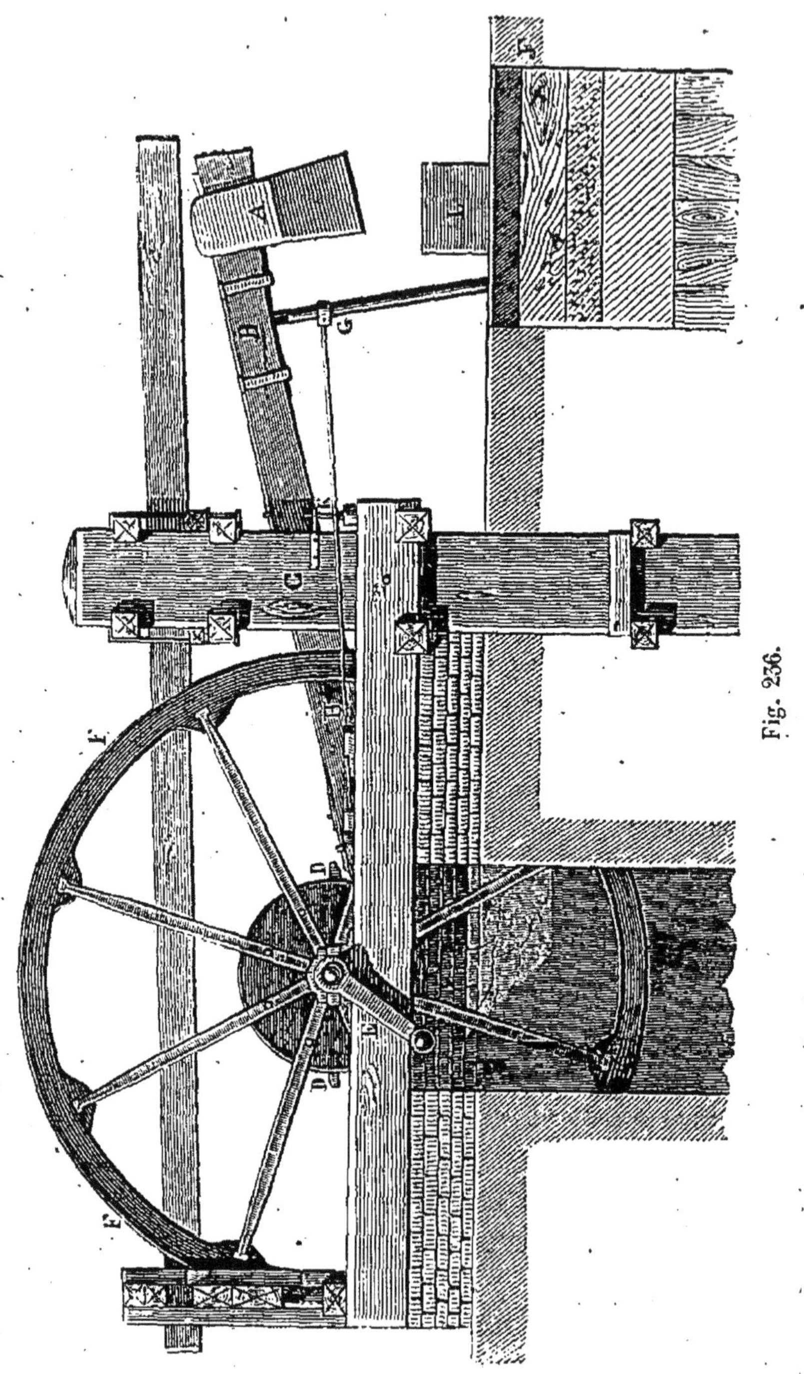

Fig. 236.

d'énergie. Pour pétrir et travailler les grandes masses de

fer ou d'acier sortant des fours dans les forges, on a imaginé les marteaux-pilons à vapeur.

Ces derniers sont constitués par un bâti en fonte, au haut duquel est un plateau qui reçoit un cylindre vertical. Dans ce cylindre manœuvre un piston dont la tige, qui traverse le plateau au moyen d'un presse-étoupe, porte à son autre extrémité une masse de fonte, ou piquet, coulissant entre les montants du bâti. Au-dessous de ce piquet, est solidement fixée, par une fondation en béton sur le sol, une autre masse de même métal, qu'on nomme la chabotte, et sur laquelle se place l'enclume, pièce en fonte, fer ou acier, qui reçoit le choc du piquet. Le cylindre a une longueur variant avec la hauteur dont on veut soulever le poids, avant de le laisser retomber. L'admission de la vapeur se fait encore par une lumière et un tiroir, mais la lumière est simple et aboutit au bas du cylindre. La tige du tiroir est mue à la main par un ouvrier placé, soit sur le sol, soit sur un palier à mi-hauteur, pour réduire la longueur de la tige de distribution.

Si cet ouvrier en levant la tige fait communiquer le cylindre avec la boîte à vapeur, le gaz arrive sous le piston, le soulève, entraînant par conséquent le piquet dont les montants guident le mouvement, en l'empêchant de balancer à droite ou à gauche. Lorsque le système est arrivé au haut du cylindre, et avant que le piquet n'ait touché les ressorts de sûreté disposés pour l'empêcher de faire sauter le plateau, l'ouvrier abaisse la tige, fait communiquer la lumière avec l'échappement, et la vapeur trouvant une issue s'écoule rapidement. La masse, n'étant plus retenue en l'air par la pression, retombe avec une grande vitesse, et, si on a profité de sa levée pour placer sur l'enclume une pièce de forge chaude, pétrit cette pièce avec une énergie qu'aucune force continue ne saurait produire en si peu de temps. Il faut toujours un certain nombre de coups de pilon pour arriver au façonnage complet de la pièce; l'ouvrier lève ou baisse la main jusqu'à ce que le forgeron l'arrête, et cette masse énorme se soulève et retombe chaque fois de la même quantité, et avec la même vitesse.

Le travail développé à chaque coup est le produit du poids par la hauteur de chute (voir ch. 1). Si nous supposons que la masse tombante pèse 2000 kilogrammes et qu'elle tombe de 1^m,50,

$$2000^k \times 1^m,50 = 3000 \text{ kilogrammètres.}$$

Durant ces dernières années, le marteau-pilon a subi un perfectionnement ; il est devenu à double effet et automoteur, c'est-à-dire que sa course descendante, au lieu d'être due simplement à la pesanteur, est également le résultat d'une action de la vapeur sur la face supérieure du piston. En d'autres termes, une seconde lumière fait communiquer le haut du cylindre avec la boîte à vapeur, et le mouvement du tiroir est relié au mouvement du piston, de telle sorte que la lumière inférieure s'ouvre à l'admission quand le piston est en bas, et à l'échappement quand il est en haut, et que la lumière supérieure accomplisse en même temps la fonction inverse. Il suffit pour cela d'adopter le tiroir en coquille de Watt, avec admission centrale, et échappement par les deux extrémités.

Le mouvement du tiroir est relié à celui du pilon par un coulisseau glissant dans une rainure que porte le piquet. Ce coulisseau est à l'extrémité d'un levier tournant autour de son centre, et dont l'autre extrémité reçoit la tige du tiroir. Dans son mouvement de va-et-vient vertical, le marteau entraîne le coulisseau et son levier, d'où la tige du tiroir et le tiroir.

On reconnaît de suite que le marteau à double effet doit donner des coups beaucoup plus rapides, mais en général moins énergiques que le premier. Il n'y a, en effet, aucune perte de temps entre la descente et la montée, et la vitesse du moteur n'est en rien influencée par une hésitation quelconque de la main.

D'un autre côté on peut ainsi réduire beaucoup le poids

du piquet, car la vapeur agissant sur la face supérieure du piston pendant la descente, augmente énormément ce poids. Si l'on suppose une masse de 800 kilogrammes au bout d'un piston de $0^m,20$ de diamètre, soit d'environ 300 centimètres carrés de surface, et recevant dans le cylindre la vapeur à 5 atmosphères, on voit que le poids de la masse tombante est de 2300 kilogrammes, sans tenir compte du piston et de la tige.

Mais, d'un autre côté, nous reconstituons ainsi une machine à vapeur ordinaire, dont le piston a un mouvement alternatif, et qui ne possède pas de volant pour passer les points morts. Si donc on veut démarrer une fois le coup donné, c'est-à-dire une fois le marteau arrivé au bout de sa course, il faut qu'on ait ménagé une avance à l'admission suffisante pour que la vapeur, dès que le coup a porté, soulève la masse à nouveau. Cette avance à l'admission introduit donc une certaine quantité de gaz qui fait matelas, juste au moment le plus important du choc. Elle diminue, par conséquent, l'intensité du coup.

ACCUMULATEURS DE TRAVAIL.

On appelle de ce nom tous les appareils qui emmagasinent, pendant un certain temps, le travail d'une force continue, pour le dépenser instantanément après. Les marteaux-pilons sont, si l'on veut, des accumulateurs, car ils reçoivent l'action de la vapeur, durant leur levée, et en un instant retombent au point de départ.

On conçoit qu'on puisse avec ces engins atteindre à des puissances que les machines actuelles ne pourraient donner. Nous ne nous étendrons pas longuement sur eux, ce serait sortir du cadre de cet ouvrage, mais nous indiquerons cependant sommairement le principe des deux types généraux, les accumulateurs hydrauliques et les ressorts.

ACCUMULATEURS HYDRAULIQUES.

Qu'on imagine un jeu de pompe refoulant constamment de l'eau dans une grande colonne verticale, sous un piston sans tige chargé de poids énormes. Lorsque ce piston sera à une certaine hauteur, si l'on ouvre la communication entre la colonne et l'appareil que l'on veut faire mouvoir, appareil qui porte toujours, lui aussi, un piston, l'eau se précipitera avec une force vive considérable sur ce piston, chassée qu'elle est par la hauteur de la colonne du réservoir et par les poids qui la chargent.

Ces poids peuvent, en effet, dans la pensée, être remplacés par une seconde colonne d'eau qui chargerait la première, à raison de 1 litre par kilogramme, puisque tel est le poids du liquide; et nous avons vu en hydraulique que la vitesse du courant, à sa sortie d'un réservoir, dépendait de la hauteur du niveau supérieur au-dessus du débouché de l'eau. Une fois le travail terminé, on ferme le robinet d'écoulement; les pompes, qui fonctionnent continuellement, refoulent de nouveau le moteur sous le piston du réservoir qu'il élève peu à peu, et l'accumulateur emmagasine derechef la force vive du liquide.

C'est sur ce principe qu'est fondée la théorie des ascenseurs actuellement en usage dans presque toutes les maisons neuves de Paris. En pressant un bouton, on ouvre le robinet d'écoulement d'eau, qui arrive sous le piston de l'ascenseur et le soulève. Ce piston porte une tige au bout de laquelle se trouve la cage, très solidement guidée entre quatre montants en fer, et où se place la personne qui veut monter. Lorsqu'elle est arrivée à l'étage où elle doit s'arrêter, le robinet se ferme automatiquement, et la cage reste en place, tant qu'on ne donne pas d'issue à l'eau qui remplit la colonne de l'ascenseur. Il suffit, en effet, de laisser le liquide s'écouler librement pour faire descendre l'ascenseur. Cette expulsion du moteur a généralement encore lieu automatiquement par la fermeture de la porte de la cage, de façon qu'on soit toujours assuré que la personne est sortie, lorsque l'appareil reprend son mouvement.

L'emploi des accumulateurs de pression se répand de jour en jour : l'énergie des efforts que l'on peut atteindre sans fatigue d'homme ni de machine est un avantage si précieux, que presque toutes les industries en font grande application. Nous citerons comme exemple : la gare de Paddington, à Londres, où toute la manœuvre des grues pour le chargement et le déchargement des marchandises se fait automatiquement, grâce à de puissants accumulateurs; les nouvelles installations d'aciéries Bessemer, où, pour manœuvrer la cornue dans laquelle se fait la transformation de la fonte en acier, et qui contient jusqu'à 8000 kilos de fonte, on a installé tout un système d'accumulateurs, qui permet à l'homme le plus faible de commander la manœuvre d'une batterie complète de convertisseurs Bessemer (quelquefois 8 ou 10), sans bouger de sa place.

PRESSE HYDRAULIQUE.

La presse hydraulique est aussi un accumulateur de pression, mais de genre différent, car son travail est continu. Un cylindre en fonte A (fig. 238) dans lequel se meut un piston B, ayant même diamètre que sa tige, est réuni par le tube L au corps de pompe M. La figure 237 montre la disposition d'ensemble, et laisse voir le levier GH' que l'on manœuvre à la main pour actionner la tige FK du piston de la pompe. — Le piston B porte à son extrémité un plateau C extérieur au cylindre, qui peut glisser entre quatre montants, fixés solidement au sol, et réunis

en haut par une plaque de fonte D. Si l'on amorce la
pompe, convenablement munie de soupapes d'admission
et de refoulement, à chaque coup de piston une certaine
quantité de liquide pénétrera sous le gros piston B, et le
soulèvera lentement. Qu'on imagine maintenant un corps
sur le plateau C, lorsque celui-ci se sera suffisamment
élevé, ce corps viendra toucher la plaque D, et le
moindre mouvement du piston commencera à le comprimer. Mais nous savons que, si l'on exerce une pression
de 1 kilog. amme sur la surface du liquide, cette pression se

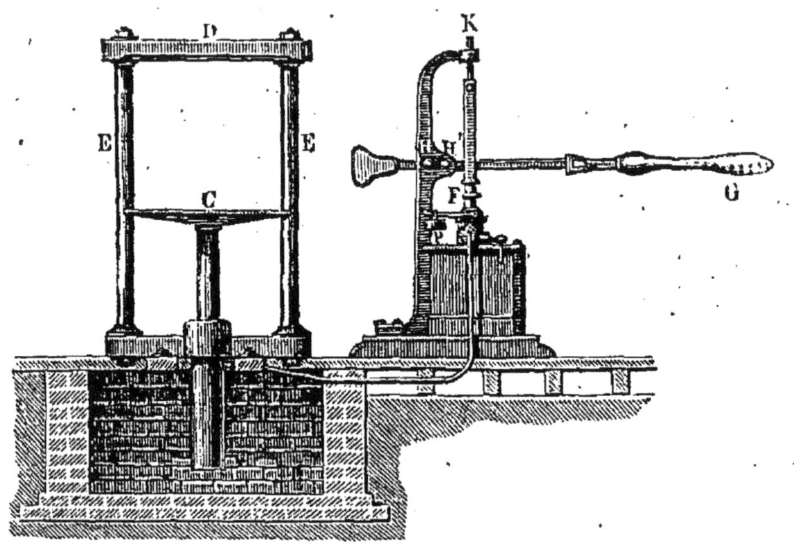

Fig. 257.

transmet uniformément à chacun de ces points. Le piston
de la pompe, après avoir aspiré l'eau du puits, exerçant
pour la refouler dans le grand cylindre une certaine
pression (de 5 kilogrammes, par exemple), cette pression
se transmet la même en tous les points du liquide. Si
la surface du piston B est 100 fois plus grande que celle
du plongeur, l'effort qu'elle recevra sera donc de 500 kilogrammes; et ce sera, par conséquent, à chaque coup
de piston, cette force qui tendra à rapprocher le plateau C de la plaque D, et comprimera la matière.

L'effort exercé sera ainsi centuplé, mais la loi du travail nous indique en même temps que, puisque nous n'avons pu transmettre plus de travail qu'il en a été produit par la main de l'homme, comme l'effort est 100 fois plus grand, le chemin parcouru doit être cent fois moindre ; et en effet, lorsque le plongeur se déplace dans le corps de pompe de $0^m,10$, le piston B ne se lève que de $0^m,001$. On voit de suite quelle puissance on peut arriver

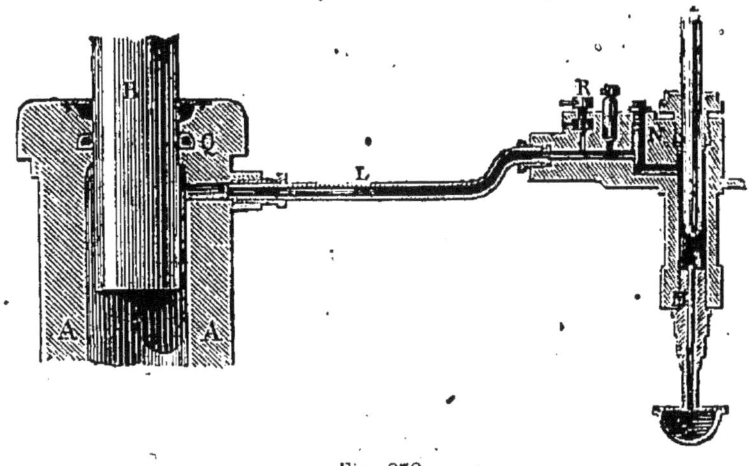

Fig. 238.

ainsi à atteindre par la presse. La soupape N (fig. 238) interrompant la communication lorsque le plongeur dans son mouvement alternatif se lève, et empêchant par conséquent le retour de l'eau dans le corps de pompe, la pression reste toujours dans le cylindre A ce qu'elle était à la fin du dernier refoulement[1]. Chaque nouveau coup exerce donc un effort supplémentaire qui est centuplé sur

1. Pour empêcher les garnitures qui entourent le piston de perdre, sous les énormes pressions développées, l'ingénieur anglais Brahma a inventé de les faire en cuir embouti, c'est-à-dire recourbé comme l'indique la figure 239. Ce cuir établit le contact

Fig. 239.

entre le cylindre et le piston autour duquel il s'enroule, et l'on voit que la pression, en se développant, l'applique de plus en plus énergiquement contre les parois des deux pièces.

ce plateau. On conçoit dès lors que, bien que cet effort demandé à l'homme ne soit qu'une fraction très minime de la pression totale exercée par la presse sur le corps serré entre elle et la plaque D, il arrive un moment où la manœuvre devient pénible, puis impossible, car, pour faire pénétrer dans le réservoir la quantité d'eau aspirée, la pompe est obligée de vaincre une résistance trop considérable.

La presse hydraulique est journellement en usage dans l'industrie pour expulser certaines matières des corps qui les contiennent (compression des draps et des papiers, fabrication des bougies, etc., etc.).

RESSORTS.

Les ressorts sont des accumulateurs moins puissants que les accumulateurs hydrauliques. Ils sont formés en général par des corps très élastiques, qui reçoivent l'action d'une force continue, dont ils restituent à un moment donné instantanément le travail (bandage des arcs, etc.), ou, plutôt, qui emmagasinent une force vive de choc énorme en quelques instants, pour la rendre lentement après (ressorts de choc, tampons, etc.).

Cette force vive peut ne pas provenir d'un choc, et le ressort peut être alors un véritable moteur, comme, par exemple, dans l'horlogerie. On sait, en effet, que le mouvement d'une montre est donné par un ressort que l'on enroule chaque 24 heures au moyen d'une clef, et qui se déroule peu à peu, durant l'intervalle entre deux remontages, en communiquant le mouvement de son axe aux diverses roues du mécanisme.

Les ressorts sont tous en acier, et la force mise en jeu dans leur travail est l'élasticité, ou propriété du métal, en lames flexibles, de revenir à sa position primitive, dès que la cause, qui l'en a momentanément dérangé, n'existe plus,

CHAPITRE XX.

Des pertes de travail. — Résistances passives. — Frottement. — Frein. — Évaluation du travail. — Dynamomètres. — Freins de Prony.

PERTES DE TRAVAIL. — RÉSISTANCES PASSIVES.

Nous avons déjà plus d'une fois expliqué que le travail d'une machine ne se transmettait pas intégralement aux différents outils qui l'utilisent, et qu'une certaine fraction était absorbée par les résistances passives. Ces résistances passives sont :

 1° Le frottement de glissement;
 2° La résistance au roulement;
 3° La raideur des cordes;
 4° La résistance des fluides.

Elles sont pour la plupart fort difficiles à calculer, et tiennent souvent à des causes trop hétérogènes pour que l'influence de chacune puisse être considérée à part. Deux de ces résistances, le frottement et la résistance au roulement, ont été étudiées en détail par plusieurs physiciens, et leurs efforts ont été reconnus obéir à des lois invariables que nous allons énumérer brièvement.

 1° *Frottement.* — Nous savons ce que c'est que le frottement et nous en connaissons la cause (ch. xv), nous avons même vu le rôle utile qu'il jouait dans l'adhérence des locomotives ; on peut établir d'une façon générale qu'il y a deux genres de frottement : le frottement au départ, et le frottement pendant le mouvement.

Quelle que soit du reste sa nature, le frottement obéit aux trois lois suivantes :

1° Il est proportionnel à la pression qui s'exerce entre les deux corps glissant l'un sur l'autre. C'est ce que nous avons déjà vu, puisque nous avons reconnu que l'adhérence dépendait du poids de la locomotive.

2° Il est indépendant de l'étendue des surfaces en contact.

3° Il est indépendant de la vitesse du mouvement.

En d'autres termes, lorsqu'un corps d'un poids déterminé glisse le long d'un autre, qu'il repose par une large surface sur lui, ou par un point seulement, qu'il ait une grande ou une faible vitesse, le frottement restera toujours le même.

On peut, à première vue, s'étonner de ce que le frottement ne dépende pas de la surface en contact ; mais il est facile de s'expliquer cette anomalie apparente, si l'on réfléchit que la pression qui charge le corps en mouvement et l'appuie sur l'autre, sera d'autant plus faible par centimètre carré que la surface de contact est plus grande[1], et que, par conséquent, les aspérités en prise (fig. 123) sont plus nombreuses. L'influence de ces pénétrations est donc contre-balancée par la diminution de pression, qui est proportionnelle, elle aussi, à la surface,

---

1. Lorsque la charge d'un corps est l'effet d'un poids posé dessus, pour connaître la pression développée par centimètre carré, il suffit de diviser ce poids par le nombre de centimètres carrés que comprend la surface en contact. — Il n'en est pas de même lorsque la charge est due à la pression d'un gaz, pression qui s'exerce sur chaque centimètre carré avec la même intensité. Le frottement est donc alors d'autant plus grand que la surface qui reçoit la pression du gaz est plus grande. Mais une fois cette pression bien déterminée, le frottement reste indépendant de la surface de contact des deux corps,

et l'on conçoit que, par conséquent, nous n'ayons pas, en résumé, à nous préoccuper de cette dernière.

Le frottement au départ est, en général, plus élevé que le frottement pendant le mouvement.

On conçoit naturellement que cette valeur du frottement varie énormément selon les corps en contact. Quelques chiffres fixeront les idées à ce sujet.

Lorsqu'un morceau de bois frotte contre un autre, le frottement est égal, au départ, à la moitié de la pression qui s'exerce entre les deux corps, et pendant le mouvement, aux 35/100.

Lorsqu'un morceau de bois frotte contre un métal, le frottement est égal, au départ, aux 3/5 de la pression qui s'exerce entre les deux corps, et pendant le mouvement, aux 2/5.

Lorsqu'un métal frotte contre un métal, le frottement est égal, au départ, au 1/5 de la pression, et reste, pendant le mouvement, égal au frottement au départ.

Ces chiffres sont réduits d'une façon sensible lorsqu'on interpose entre les deux corps une matière grasse, comme de l'huile ou du savon.

Le frottement s'exerce toujours en sens contraire de la direction du mouvement. Son travail vient donc constamment détruire une fraction du travail moteur. Or, comme le poids des pièces est, en général, déterminé par des conditions de résistance de la matière, le frottement, qui lui est proportionnel, ne peut facilement être diminué : pour en réduire le travail, tous les efforts doivent donc tendre à diminuer le chemin parcouru par son point d'application. Lorsqu'une pièce glissera le long d'une autre, la distance parcourue sera évidemment la même que pour le point d'application de la force motrice ; mais il n'en est pas ainsi lorsqu'une pièce tourne sur une autre (ce que l'on cherche toujours à avoir, en mécanique, pour cette raison).

Supposons, en effet, un arbre tournant dans des paliers : le frottement s'exercera en sens directément contraire au mouvement, c'est-à-dire suivant la circonférence du tourillon qui repose sur le palier; or, pour un tour de l'arbre, le travail de ce frottement sera donc proportionnel à la circonférence décrite par ce tourillon. Donc, plus le diamètre de ce tourillon sera petit, plus le chemin parcouru le sera aussi, et l'on n'est arrêté dans cette diminution de section de l'arbre que par la résistance de la matière, qui doit être suffisamment forte pour supporter la pièce.

De même, lorsqu'un arbre vertical tourne, son extrémité, que l'on appelle le pivot, a un diamètre bien moindre que le reste de la pièce, de sorte que le frottement qui s'exerce contre le support ou *crapaudine*, a, par tour

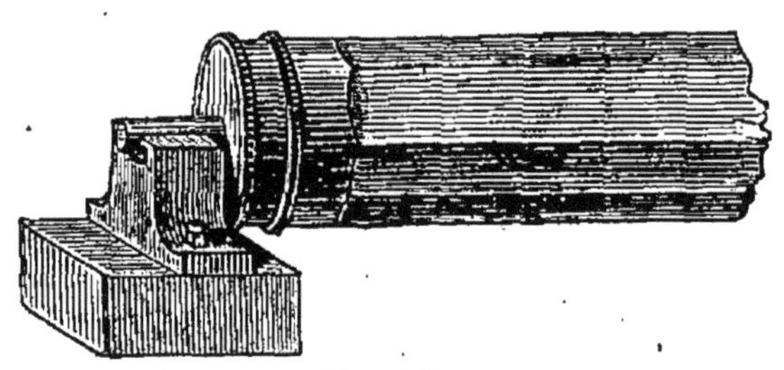

Fig. 240.

de l'arbre, un travail réduit, puisqu'il est proportionnel à la circonférence du pivot.

Le frottement est donc toujours un destructeur de travail, car il s'exerce en sens contraire du mouvement. Généralement il est extrêmement nuisible, en donnant naissance à une élévation de température qui détériore les corps : nous en avons cependant vu une application utile pour la locomotive, et, en se rapportant à ce que nous avons dit à ce sujet, on peut facilement en conclure que toutes les voitures ne pourraient rouler sur le sol, s'il ne retenait leur point d'appui; c'est donc la force nécessaire pour que le roulement existe.

Mais il peut être encore utile lorsqu'on veut détruire rapidement une force vive. Si, en effet, au moyen d'appareils appelés *freins*, on développe instantanément un

frottement énorme contre les roués du véhicule en mouvement, on annule aux dépens du bandage ou de la
jante de la roue, dont la surface est, grâce à ce frottement, rapidement brûlée, le travail de la force vive.

Nous ne décrirons que le frein employé dans les
chemins de fer, tous les autres s'appuyant sur le même
principe et ne différant que par des dispositions de
détail. Une tringle AB qui se prolonge jusqu'à portée de
la main du mécanicien, agit à l'extrémité d'une manivelle
AE, dont l'axe en E porte un levier CD, calé sur lui.
Les deux sabots ou freins sont reliés à ce levier par deux
bielles, et l'on voit que le mécanicien n'a qu'à tirer la

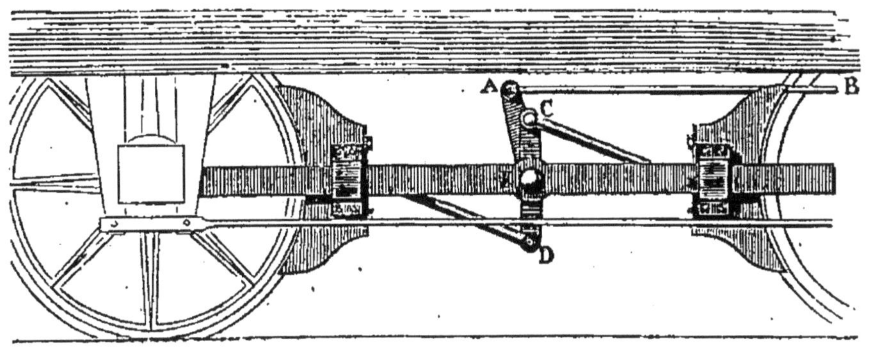

Fig. 241.

tringle AB pour appuyer les sabots contre le bandage
des roues et développer un énergique frottement. L'inconvénient d'un tel frein, c'est d'user rapidement les surfaces
qui frottent ; cependant, il est presque universellement
adopté, et le frein des voitures, vulgairement appelé
mécanique, lui est à peu près identique.

En général, la manœuvre de la tringle se fait au moyen
d'une vis qui la termine, et qui est obligée d'avancer ou
de reculer dans un écrou fixe.

2° *Résistance au roulement.* — Lorsqu'un corps roule
sur un autre, c'est-à-dire que son adhérence est telle,
qu'il ne peut glisser, il éprouve cependant une certaine
résistance à ce mouvement de roulement. Cette résistance

vient de ce que la matière étant toujours légèrement pénétrable, la roue ou le rouleau s'imprime imperceptiblement, et doit remonter la faible encoche qu'il a creusée, pour continuer son mouvement.

La résistance au roulement est toujours bien moindre que le frottement de glissement, aussi cherche-t-on à faire rouler un corps, lorsque sa forme s'y prête, pour l'amener d'un point à un autre. Lorsqu'on ne le peut pas, on lui adapte, comme nous l'avons vu, des roues, ou encore on glisse sous lui des rouleaux mobiles, si le transport n'est que de peu de durée.

Cette résistance au roulement varie évidemment suivant la nature des corps en contact; elle est, en outre, proportionnelle à la pression supportée, et indépendante du diamètre de la roue et du rouleau.

On peut l'évaluer à peu près à 1 °/₀ de la charge, dans les plus mauvaises conditions de contact entre une roue en fonte et un rail en fer.

3° Raideur des cordes ou courroies. — Les cordes ou courroies qui entrent dans l'agencement général d'une machine, pour transmettre la force, ne sont jamais aussi flexibles que la théorie l'exigerait : il en résulte qu'une fraction de la force motrice est employée à les courber sur la circonférence des poulies. Ce défaut de flexibilité, appelé raideur, est donc encore une résistance passive qui varie avec le diamètre d'enroulement, et qu'il est impossible de connaître exactement. La raideur des cordes ou courroies disparaît en partie par l'usage ; elle n'a, du reste, jamais une influence considérable.

4° Résistance des fluides. — Lorsqu'un corps se meut dans un fluide quelconque, il éprouve toujours une résistance qui n'est autre que le frottement du corps contre les molécules du fluide auxquelles il imprime, en outre, une certaine vitesse, ce qui diminue encore sa force vive.

Cette résistance diffère cependant du frottement, en ce qu'elle est proportionnelle :

1° A l'étendue de la surface du corps mobile qui vient directement fendre les molécules ;

2° au carré de sa vitesse relative par rapport au fluide.

Ces lois régissent tout mouvement d'un corps dans l'air ou dans l'eau.

Pour diminuer l'influence de cette résistance qui atteint souvent de considérables proportions, on dispose la surface de choc du corps contre le fluide, de telle sorte qu'elle soit la moindre possible, c'est-à-dire qu'elle présente un angle plus ou moins aigu, qui facilite la pénétration dans le milieu. Telle est la raison de la forme des proues de navire.

Nous avons, du reste, pu nous rendre compte de l'importance de cette perte de force vive dans l'étude des moulins à vent, dont les ailes ne tournent que grâce à la résistance qu'elles opposent au mouvement de l'air.

MESURE DES FORCES. — DYNAMOMÈTRES. — FREIN DE PRONY.

Pour connaître le travail d'un moteur, il suffit de déterminer la force qui l'actionne, et le chemin qu'il parcourt à la seconde, au moment de sa rencontre contre le récepteur. La mesure du chemin parcouru est toujours très facile ; nous en avons eu un exemple, lorsque nous avons calculé le travail d'une machine à vapeur. La mesure expérimentale des forces est, au contraire, bien souvent très difficile ; on y arrive au moyen des instruments appelés dynamomètres.

Considérons une lame d'acier courbée en V et dont une extrémité reçoit l'action de la force, tandis que l'autre est fixée à un point invariable. Selon l'intensité de l'effort, le V se fermera plus ou moins, et si, comme l'indique la figure 242, l'extrémité mobile parcourt un cercle qu'on a primitivement gradué : en marquant les points

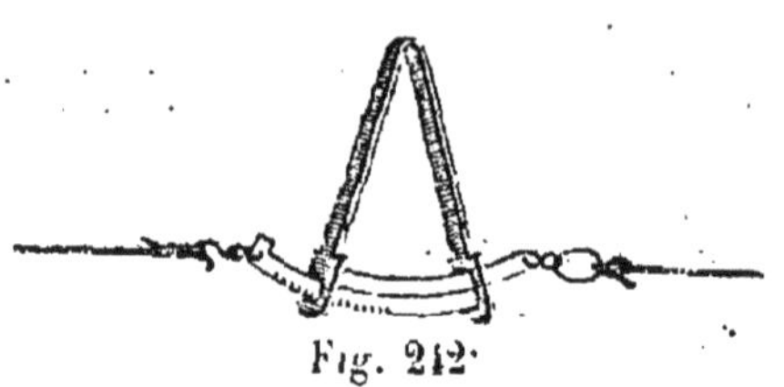

Fig. 212.

où elle s'arrêtait quand on lui attachait des poids de 5, 10, 15, etc., kilogrammes, on pourra apprécier, par une simple lecture, l'effort auquel la lame est soumise, et, par conséquent, la force que l'on avait à évaluer.

On peut toutefois déterminer expérimentalement le travail des machines, au moyen de l'appareil appelé frein de Prony, et fondé sur un principe simple. Qu'on imagine, autour de l'arbre de couche de la machine, un collier en bois EE (fig. 243), cerclé par une chaîne en

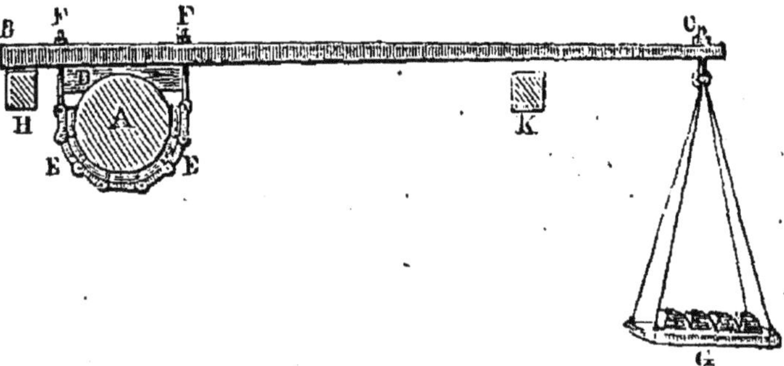

Fig. 213.

fer, qui vient se fixer, au moyen des boulons FF, a une longuerine BC. On voit qu'en serrant les boulons F, on applique le collier, et la pièce D, fixée à la longuerine, contre l'arbre. Cette longuerine tournerait donc avec la machine, si des poids disposés sur le plateau G, à l'extrémité C, ne s'opposaient pas au mouvement (qui ici est supposé de droite à gauche). On peut donc, en réglant le nombre de kilogrammes, arriver à maintenir la longuerine horizontale. Mais la machine étant en marche, l'arbre tournera dans le collier, en surmontant le frottement que le serrage des boulons crée sur sa circonférence, et l'on réglera ce serrage, de telle sorte que la vitesse de la machine soit exactement celle qu'elle a dans sa marche normale, ou en d'autres termes, que le frottement développé soit égal à la résistance ordinairement vaincue. Or, comme le levier reste horizontal, tandis que les poids tendent à le faire descendre, et qu'au contraire le frottement, c'est-à-dire l'adhérence contre l'arbre de couche, tend à le relever, c'est qu'il y a équilibre entre les poids et ce frottement.

La résultante de toutes les forces de frottement qui s'exercent autour de l'arbre, est une force, si l'on veut verticale (puisque toutes, étant dans le même sens s'ajoutent), et à une distance du centre égale au rayon de l'arbre. Les poids sont à une distance que nous supposons dix fois plus grande; donc, pour qu'il y ait équilibre, il suffit que la résultante des forces de frottement soit décuple du total des poids. Le travail de cette résultante qui s'exerce à la surface, est égal, par tour de manivelle, à la circonférence de l'arbre, multipliée, par conséquent, par le décuple des poids, car en un tour il est évident que le chemin parcouru est la circonférence tout entière : le travail par seconde est donc le produit de ce premier travail, ainsi calculé, par le nombre de tours que la machine fait en une seconde.

Si par exemple l'arbre de couche à 0^m,10 de diamètre, soit 0^m314 de circonférence, et qu'on ait placé au bout de la longuerine un poids de 100 kilogrammes, le travail des forces de frottement, ou, par conséquent, de la résistance vaincue, puisqu'elles lui sont égales, est, par tour, de

$$100 \times 10 \times 0^m,314 = 314 \text{ kilogrammètres}$$

et si la machine fait deux tours par seconde, ou 120 tours à la minute, le travail par seconde de la résistance est de 628 kilogrammètres, soit 8 chevaux environ.

Or lorsqu'une machine a un mouvement uniforme, le travail moteur est toujours égal au travail de la résistance vaincue, le travail de la machine est donc bien de 8 chevaux aussi.

APPENDICE

APPENDICE.

NOTE A.

Équivalent mécanique de la chaleur.

(Chapitre 1.)

Lorsqu'un récepteur arrête un moteur, toute la quantité de travail qu'il n'utilise pas, ou, en d'autres termes, toute force vive du moteur qui ne se retrouve pas dans le travail du récepteur, se transforme en chaleur.

Ce phénomène a été démontré par une expérience curieuse.

Dans un cylindre en tôle rempli d'eau, on a placé un arbre pouvant tourner sur un pivot, et portant des palettes très minces, mais larges et longues (fig. 244) ; au bout de l'arbre s'enroulait une corde qui, passant plus loin sur une poulie, était terminée par un poids. La corde, laissée à dessein très flottante entre l'arbre et la poulie, permettait donc tout d'abord au poids, lorsqu'on l'abandonnait, de prendre une certaine vitesse, en tombant comme s'il avait été libre ; mais dès qu'il lui fallait, pour continuer à descendre, faire tourner l'arbre, dont les palettes éprouvaient une grande résistance de la part de l'eau et empêchaient le mouvement, le poids s'arrêtait brusquement, et l'on voyait alors le thermomètre, qu'on avait plongé dans l'eau, accuser

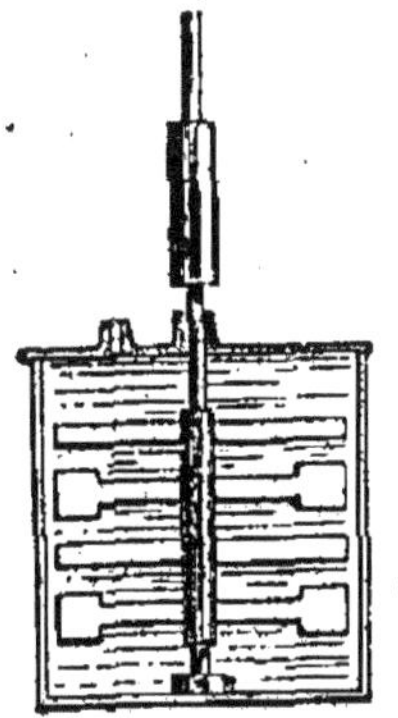

Fig. 244.

une élévation de température. Cependant, cette eau n'avait pas été chauffée extérieurement : c'était donc la force vive, dont le travail semblait perdu par l'arrêt brusque, qui se transformait en chaleur. On a reconnu depuis que de journaliers exemples nous offraient la démonstration de ce théorème.

Lorsqu'un corps frotte contre un autre, son mouvemement ralentit, il peut même quelquefois devenir nul; cette diminution de la force vive du corps se retrouve dans l'élévation de température, et l'on voit souvent des bois frottant l'un sur l'autre prendre feu par le frottement.

De même lorsqu'une balle de plomb sortant d'un fusil rencontre un obstacle, et est brusquement arrêtée, sa vitesse est si grande, et par conséquent la force vive perdue est telle, que la quantité de chaleur, en laquelle le travail se transforme, la fait fondre.

En présence de ces phénomènes tous concordants, on s'est demandé s'il n'y avait pas une loi qui réglât la quantité de chaleur créée par la destruction d'un travail donné, et on a trouvé que, dans ces conditions, 425 kilogrammètres élevaient 1 kilogramme d'eau de 1°, c'est-à-dire équivalaient à une calorie[1]. Si nous reprenons la première expérience, et que nous remplissions d'un litre d'eau le cylindre; en mettant un poids de 425 kilogrammes au bout de la corde, et en faisant descendre ce poids de 1 mètre avant que la corde ne se tende; comme la force vive à ce moment sera le produit du poids par le chemin parcouru (voir ch. i), ce sera bien 425 kilogrammètres, et lorsque le poids sera brusquement arrêté, l'eau du cylindre marquera au thermomètre un degré de plus.

De même qu'on a trouvé que 425 kilogrammètres équivalent à une calorie, on a reconnu qu'une calorie pouvait toujours produire un travail de 425 kilogrammètres. Pour le démontrer, on a fait une expérience bien simple. Dans une machine à vapeur donnée, on a calculé combien il entrait de vapeur dans le cylindre par minute; on connaissait la température de cette vapeur à son entrée et à sa sortie, on pouvait donc savoir la quantité de chaleur qu'elle avait perdue. Si la chemise du cylindre la protégeait suffisamment contre le refroidissement, elle avait dû produire en une minute autant de fois 425 kilogrammètres

---

1. On se rappelle que nous avons appelé *calorie*, dans le corps du volume, la quantité de chaleur qu'il faut pour élever 1 kilogramme d'eau de 1° centigrade.

qu'elle avait perdu de calories. Or, le travail de la machine peut se calculer facilement, par le frein de Prony; et l'on a trouvé ainsi que la loi était absolument juste, et toujours vraie..

Nous pouvons donc énoncer le principe d'une façon générale.

Toutes les fois que la force vive d'un corps en mouvement diminue sans se transformer en travail apparent, il se produit une quantité de chaleur toujours proportionnelle à la force vive disparue, une calorie correspondant à 425 kilogrammètres : et de même, toutes les fois que l'on emploie la chaleur pour créer du travail, chaque calorie crée 425 kilogrammètres. Ce nombre 425 est appelé pour cela *l'équivalent mécanique de la chaleur*.

Ces notions vont nous permettre de donner une idée du rendement véritable de la machine à vapeur.

Comme on connaît le nombre de coups de piston par minute (double du nombre de tours de volant), et la distance du fond du piston au plateau lorsque l'admission se termine, on peut calculer exactement le volume de vapeur introduit par minute. Si la surface du piston est en effet de 300 centimètres carrés et la course du piston avant le commencement de la détente de $0^m,10$, le volume de vapeur introduit à chaque fois est égal à $500 \times 10 = 5000$ centimètres cubes. Pour un tour de manivelle il est de 6000, et si la machine marche à 60 tours par minute, il devient 360 000 centimètres cubes ou $0^{m3},36$. Si cette vapeur est à la pression de 5 atmosphères, on sait quelle est la température à laquelle l'ébullition a eu lieu (voir ch. IV), et par conséquent les formules de physique indiquent la quantité de chaleur qu'il a fallu dépenser pour produire les 360 décimètres cubes de vapeur à cette pression. Multiplions le nombre de calories trouvées par ces formules, par 425, le produit sera la quantité de kilogrammètres que le travail de la machine devrait représenter en une minute, et par conséquent, le rendement sera comme on sait, le rapport entre le travail réel, et ce travail théorique. De plus on connaît expérimentalement ce que la combustion d'un kilogramme de charbon donne de calories, on pourrait donc calculer exactement la quantité de charbon nécessaire. Mais de nombreuses causes de pertes de travail sont nécessairement créées par l'imperfection des moyens mis en jeu, ce sont :

1° La plus ou moins bonne utilisation des flammes du foyer, dont une grande partie contient encore énormément de chaleur dans la cheminée;

2° Le rayonnement extérieur de toutes les parties de la chaudière chauffées par les flammes et qui, baignées par une atmosphère beaucoup plus froide, lui cèdent en pure perte une fraction de leur chaleur.

3° Le refroidissement de la vapeur, le long des conduites d'admission dans la boîte à vapeur, et dans le cylindre : refroidissement dont nous avons déjà parlé, et qui produit un abaissement de pression et même la condensation d'une fraction du moteur.

4° Le frottement du piston contre les parois du cylindre, du tiroir contre la table, le jeu des diverses pièces de la machine; toutes causes de perte de force dont nous avons déjà parlé, lorsque nous avons indiqué le rapport entre le travail théorique de la vapeur sur le piston et le travail trouvé sur l'arbre de couche.

5° La température de la vapeur à sa sortie du cylindre, température qui correspond généralement à une pression suffisante pour produire encore un léger travail.

Toutes ces causes réunies déterminent une perte considérable de kilogrammètres, et si, par le frein de Prony, on calcule la quantité disponible sur l'arbre de couche, on se rend compte qu'elle n'est jamais qu'une faible fraction du travail développé par le charbon qui brûle dans le foyer de la chaudière.

Le rendement réel de la machine est donc le rapport de ce travail utilisé au travail développé.

Les meilleures machines, par exemple, ne brûlent que 1 kilogramme par cheval et par heure, soit par seconde $\dfrac{1^k}{3600}$. Or, la combustion de 1 kilogramme de houille donne 8000 calories. On a donc pour le nombre de kilogrammètres fourni par seconde :

$$\frac{8000 \times 425}{3600} = \frac{34000}{36} = 944 \text{ kilogrammètres};$$

or, le travail est de 75 kilogrammètres; le rendement n'est donc que de

$$\frac{75}{944} = \frac{1}{14} = 7 \%.$$

On voit quelles détestables machines, surtout comparées aux roues hydrauliques, sont les appareils à vapeur. Leur seul avantage, c'est que leur moteur peut être créé en un point quelconque, et à très bon marché, grâce au bas prix de la houille,

NOTE B.

Histoire de la machine à vapeur.

(Chapitre xiv.)

L'histoire de la machine à vapeur se divise en trois périodes.

Pendant la première, on fait agir directement le moteur sur l'eau que l'on veut élever (car on ne conçoit pas qu'il puisse servir à autre chose).

Pendant la deuxième, qui date de Denis Papin (1690), on place entre le gaz et l'eau un piston, mais, le gaz ne se rendant que d'un seul côté du piston, celui-ci doit retomber par son propre poids.

La troisième débute avec James Watt (1770) qui crée la machine actuelle en inventant le tiroir de distribution, et en envoyant alternativement la vapeur sur chaque face du piston : ce qui rend la machine à double effet.

Première période. — Cent trente ans avant Jésus-Christ, un

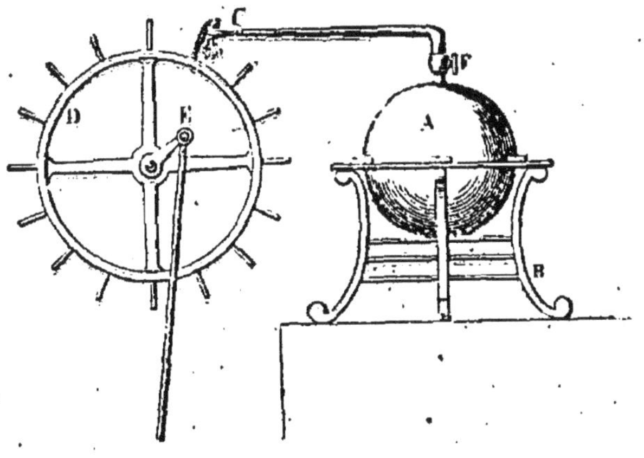

Fig. 245.

savant grec, Héron d'Alexandrie, indiqua un moyen de chasser l'eau d'un vase, en chauffant ce vase. La vapeur formée expulsait l'eau par sa pression.

Cette découverte resta dans l'oubli jusqu'en 1601, époque à

laquelle un Italien refit la machine d'Héron d'Alexandrie, et re-
marqua que si, avant que toute l'eau ne fût projetée au dehors,
on retirait le foyer, le liquide qui remplissait encore le tube
rentrait rapidement. Il se rendit donc compte le premier que
la condensation faisait aspiration.

En 1629, le marquis de Branca construisit une roue à palettes,
sur lesquelles on envoyait un jet de vapeur, et la roue fonc-
tionnait très bien (fig. 245). En même temps, pour plaire au
roi de France, Salomon de Caus, un ingénieur, installait dans

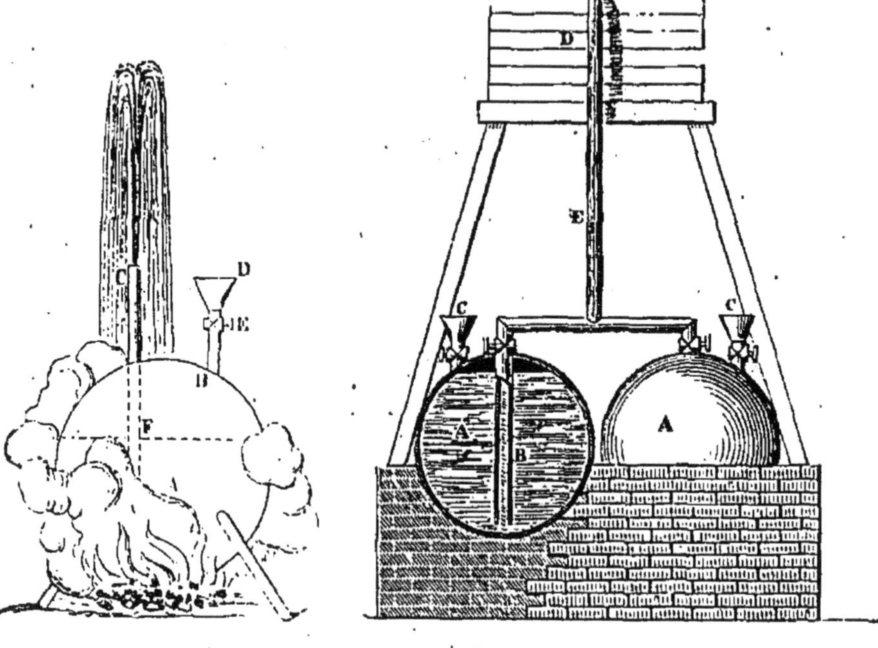

Fig. 246   Fig. 247.

les jardins royaux de Fontainebleau une machine semblable à
celle d'Héron d'Alexandrie, mais où on chauffait fortement la
vapeur avant d'ouvrir la communication avec le tuyau d'échappement C de l'eau, ce qui augmentait la force d'expulsion et
créait un jet d'eau magnifique (fig. 246).

Le premier pas vraiment important dans cette voie fut celui
fait par le marquis de Worcester, qui sépara la chaudière A
(fig. 247), où se produisait la vapeur, du vase où elle refoulait
l'eau (1663).

Trente-quatre ans plus tard (1697) un Anglais, le capitaine
Savery, reprenait cette machine et la perfectionnait, en utili-

sant la condensation du gaz, après son travail, pour aspirer
une nouvelle quantité d'eau.

La machine se composait donc d'une chaudière A (fig. 248),
munie d'un robinet, et d'un vase B, communiquant avec un tuyau
dans lequel jouaient deux soupapes S et S'.

. Le robinet ouvert, la vapeur se précipitait de la chaudière

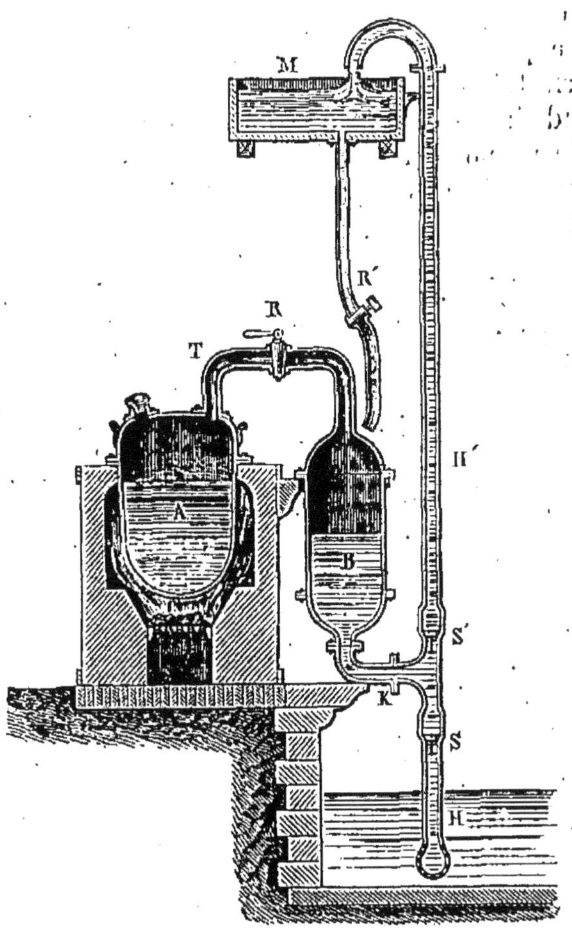

Fig. 248.

dans le vase B, refoulait l'eau qui soulevait la soupape S', et
montait dans le tuyau.

A un moment, on fermait le robinet R ; la vapeur, qui n'était
plus renouvelée, se condensait, faisait le vide, la soupape S' retombait sous le poids du liquide au-dessus d'elle, et la soupape
S, par suite du vide en B et de la pression atmosphérique en H,
se soulevait et laissait pénétrer l'eau dans le tuyau et dans le

vase. On ouvrait alors à nouveau le robinet, sous la pression de la vapeur, la soupape S retombait, l'autre se levait, et le jeu de la machine recommençait.

Pour activer en outre la condensation, on faisait circuler autour du vase B de l'eau froide par le tuyau R'.

On voit de suite la grande analogie qui existe entre cette machine et celle que nous avons décrite, au chapitre iv, sous le nom de pulsomètre. Ce dernier n'est que la machine de Savery perfectionnée.

Le grand inconvénient de tous ces types primitifs était d'abord de ne pouvoir s'appliquer qu'à monter l'eau; ensuite de n'employer jamais qu'une vapeur déjà froide, puisqu'elle était constamment en contact avec le liquide du récipient.

Deuxième période. — En 1690, un Français, Denis Papin, eut le premier l'idée de séparer l'eau de la vapeur par un corps solide, et même de concentrer tout le travail de cette vapeur à soulever l'obstacle. Il imagina un cylindre vertical, sous lequel on plaçait un foyer. Au fond de ce cylindre se trouvait de l'eau, et au-dessus de cette eau, un piston. En chauffant le fond du cylindre, l'eau se vaporisait, et le piston montait. On retirait alors le foyer, la vapeur se condensait, et le piston redescendait sous l'action de la pression atmosphérique, qui s'exerçait sur sa face supérieure, et de son propre poids. Papin comprit l'importance de sa découverte, et proposa du premier coup de l'appliquer à actionner les pompes.

C'est ce qui fut fait quinze ans plus tard par un Anglais, Newcomen, chargé d'alimenter d'eau la ville de Londres.

La machine de Newcomen se composait d'une chaudière (fig. 249), au-dessus de laquelle était fixé un cylindre, et dans ce cylindre un piston. La tige du piston actionnait un secteur, qui renvoyait ainsi le mouvement à un corps de pompe. Lorsque la vapeur avait élevé le piston jusqu'au haut du cylindre, on fermait le robinet d'arrivée a; elle se condensait et le piston redescendait. Pour activer la condensation, au moment de la descente, on refroidissait le piston en jetant un peu d'eau sur sa face supérieure.

Newcomen s'aperçut un jour que lorsque, grâce à une fuite dans la garniture, l'eau pénétrait dans le cylindre même au lieu de rester au-dessus du piston, la condensation de la vapeur se faisait beaucoup plus vite ; il en introduisit donc à chaque descente une petite quantité, et obtint ainsi une marche plus rapide.

Il fallait, on le voit, tourner le robinet d'arrivée de la vapeur, chaque fois que le piston était au bas de sa course. Cette fonction était, en général, confiée à un enfant. L'un d'eux, Humphry Potter, ennuyé, un jour, de ne pouvoir aller jouer avec ses camarades, et remarquant que c'était toujours lorsque le piston était en bas qu'il avait à manœuvrer le robinet, le relia au secteur par une ficelle, pour n'avoir dès lors plus besoin d'être là,

Fig. 219.

et le faire tourner de lui-même au moment voulu. Cette découverte intéressante rendit la machine absolument indépendante, et réalisa un progrès très sensible.

Dans cette seconde période, la machine à vapeur avait donc subi de nombreux perfectionnements; on comprenait qu'on avait entre les mains un instrument très puissant, et le génie des inventeurs s'exerçait sans relâche à le rendre plus parfait.

En 1769, un ouvrier mécanicien de Grenock (Écosse), James Watt, vint en faire une machine industrielle par quatre découvertes de génie.

Troisième période. — Chargé de réparer, à l'université de Glascow, une vieille machine de Newcomen, qui était gardée comme modèle, Watt se rendit compte de ses défauts et chercha à y remédier.

Un des plus grands inconvénients de cette machine était tout d'abord que le cylindre, refroidi lors de la condensation de la vapeur par une injection d'eau froide, et recevant une nouvelle quantité de gaz de la chaudière, en abaissait la température avant qu'elle eût soulevé le piston, et en condensait une partie, d'où résultait une perte énorme de vapeur que l'on avait produite pour rien.

Watt comprit donc qu'il fallait que chaque *cylindrée* de gaz, après avoir terminé son travail, s'échappât dans une chambre spéciale, où on pourrait déterminer sa condensation sans crainte de refroidir la fraction qui devait la remplacer dans le cylindre.

Il transforma en outre la machine à simple effet en machine à double effet : c'est-à-dire qu'au lieu de laisser le piston retomber par son poids et par la pression atmosphérique qui s'exerce sur sa surface supérieure, il ferma en haut le récipient de vapeur et envoya alternativement, au moyen du tiroir, la vapeur de chaque côté du piston pour le faire monter et descendre.

Rien ne peut du reste mieux rendre compte du génie de ce grand homme que le brevet qu'il prit en 1769, et où il explique non seulement les perfectionnements qu'il avait réalisés, mais ceux qu'il comptait adopter dans la suite. La science moderne a simplement suivi le plan tracé dans ce brevet, et la machine actuelle est telle que Watt l'a conçue, il y a cent dix ans.

Voici les termes mêmes de l'acte :

« Ma méthode pour diminuer la consommation de la vapeur, et conséquemment de combustible dans les machines à feu, repose sur les principes suivants :

« 1° Le récipient dans lequel la vapeur exerce son travail et que l'on appelle *le cylindre* dans les machines à vapeur ordinaires, mais que j'appellerai *récipient de vapeur*, doit, pendant toute la durée du travail de la machine, être maintenu aussi chaud que la vapeur qui y pénètre, d'abord en l'enfermant dans une case en bois ou d'autre matière non conductrice de la chaleur; 2°, en l'enveloppant de vapeur ou d'autres corps

chauds ; et 5°, en ne laissant ni eau, ni autre corps plus froid
que la vapeur y pénétrer ou le toucher pendant ce temps.

« 2° Dans les machines qui marchent, en tout ou en partie, par
la condensation de la vapeur, cette condensation s'opère dans
des récipients séparés du cylindre, bien que mis occasionnelle-
ment en rapport avec lui. Ces récipients, je les appelle *condenseurs*, et, pendant la marche de la machine, ces condenseurs
doivent être maintenus aussi froids que l'air environnant, ou
d'autres corps froids.

« 3° L'air et les fluides élastiques, non condensés par le froid
du condenseur, et qui empêcheraient la marche de la machine,
sont aspirés des récipients de vapeur et du condenseur par des
pompes mues par la machine ou autrement.

« 4° J'entends, en bien des cas, employer la détente de la
vapeur pour pousser les pistons, ou n'importe quel organe qui
les remplace, de la même manière que la pression atmosphérique est aujourd'hui employée dans les machines à feu. Dans
les cas où l'on ne pourra pas se procurer assez d'eau froide (pour
agir par condensation), les machines devront n'être mues que
par cette seule force de la vapeur, en la laissant s'échapper dans
l'atmosphère, après qu'elle aura accompli son travail.

« Enfin, au lieu d'employer l'eau pour rendre les pistons et
d'autres organes de la machine étanches à l'air et à la vapeur,
j'emploie les huiles, la cire, les corps résineux, les graisses
animales, le mercure et d'autres métaux à l'état liquide. »

Avec Watt se termine pour ainsi dire la série des grands inventeurs. La science moderne n'a fait qu'écouter les conseils de
ce grand homme, et a simplement perfectionné dans ses détails
le type indiqué par lui.

Au commencement de ce siècle, un ingénieur, Woolf, substitue
un double cylindre au cylindre unique généralement employé :
c'est-à-dire que la vapeur, au lieu d'être rejetée dans l'atmosphère,
ou dans le condenseur, après avoir poussé le piston au fond de
sa course, se rend dans un second cylindre où elle agit sur un
nouveau piston avant de s'échapper définitivement. Cette machine plus encombrante que la machine ordinaire, est sensiblement plus économique, parce qu'elle permet au moteur de se
détendre bien au delà de ce qu'il le peut dans un seul cylindre.

En même temps on cherche à faire varier à volonté la puissance de la machine par la détente.

Le célèbre ingénieur anglais Stephenson, en 1830, et, après lui,
MM. Gooch, Meyer et Farcot, l'un par sa coulisse, les autres par

leurs distributions à double tiroir, réussissent à faire de la machine à vapeur un instrument de puissance variable, déployant à la demande plus ou moins de force, et par conséquent se prêtant à toutes les exigences d'un travail intermittent.

Dernièrement enfin, on a semblé abandonner, dans certaines machines, le principe des tiroirs pour distribuer la vapeur alternativement sur les deux faces du piston, et on les a remplacées par des soupapes (types Audemarre, Corliss), ou par des robinets (type Weelock).

L'application de la vapeur à la locomotion préoccupait parallèlement les ingénieurs depuis le commencement du siècle.

Un Français, Cugnot, construisit le premier, en 1769, une voiture à vapeur qui montait sur une route avec une vitesse de 4 kilomètres à l'heure. Mais le véritable inventeur de la locomotive est Georges Stephenson, qui, utilisant, pour augmenter la production de la vapeur, les chaudières tubulaires inventées la même année par Seguin, fit circuler, en 1829, la première véritable locomotive qui remorquait sur rails 13 000 kilogrammes, à une vitesse de 40 kilomètres, grâce à six roues couplées.

La recherche de la navigation à vapeur date de plus longtemps.

En 1697, Denis Papin construisit le premier bateau à vapeur, et le promena sur la Fulda, rivière d'Allemagne. Des bateliers du Weser mirent le bateau en pièces, et manquèrent tuer l'inventeur qui se dégoûta de ses essais. Ce n'est qu'à la fin du dix-huitième siècle que le problème se résout peu à peu : le marquis de Jouffroy, par ses expériences sur la Saône, mais surtout Robert Fulton, d'abord en France, puis en Amérique, créent, en effet, les navires à roues. Ce dernier lance en 1807, à New-York, le type de bateau presque universellement employé, jusqu'à ce qu'un Français, Frédéric Sauvage, en inventant l'hélice, vers 1857, perfectionne définitivement la propulsion par la vapeur.

NOTE **C.**

Diagramme de Zeuner.

(Chapitre viii).

Lorsqu'on construit une machine à vapeur, il est très intéressant de pouvoir se représenter exactement tout d'abord les diverses positions du tiroir et du piston, à chaque moment : on en déduit, en effet, facilement la durée de *l'admission*, de *la détente*, de *l'échappement* et de la *compression*.

La figure qui donne ces diverses positions se nomme *diagramme*.

Il y a plusieurs diagrammes en usage; nous indiquerons le plus simple, celui de M. Zeuner.

Supposons une machine pour laquelle nous nous donnons : la largeur du recouvrement du tiroir, celle des lumières, ainsi que l'angle de calage des deux manivelles l'une sur l'autre; cherchons avec ces données à déterminer les autres éléments de la question.

Par un point quelconque A, menons une droite horizontale, AB, indéfinie, une autre, AX, faisant avec AB un angle égal à l'angle de calage diminué d'un angle droit, puis enfin une perpendiculaire AS à cette dernière droite AX. Sur cette perpendiculaire, prenons une longueur AM égale au recouvrement et à la largeur d'une

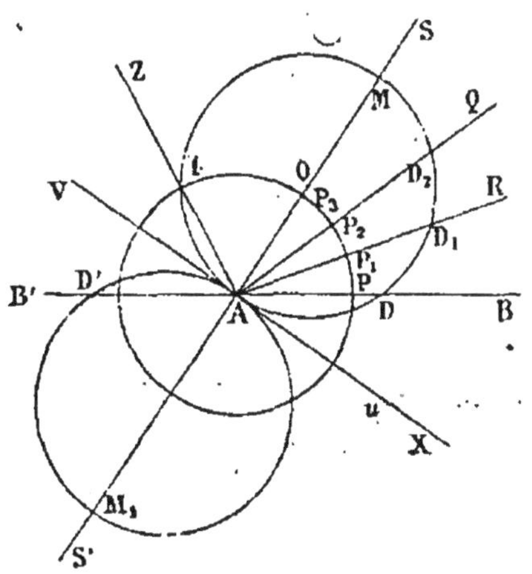

Fig. 250.

lumière, et indiquons le milieu O de cette longueur. Du point O, comme centre, avec OA comme rayon, décrivons une circonférence. Le calcul démontre que si, à partir de AB, on trace les diverses positions AR, AQ, etc., que prend *la grande manivelle* en tournant autour de son centre, les longueurs telles que AD, AD$_1$, AD$_2$, représentent pour ces positions les longueurs dont le tiroir s'est déplacé *à partir du milieu de sa course.* C'est-à-dire que si on veut avoir la distance du tiroir à ce milieu, lorsque la grande manivelle a tourné de 25°, par exemple, on mènera une ligne qui fasse avec AB[1] un angle de 25°, soit AR, et la longueur AD$_1$ de la droite comprise dans le cercle représente le déplacement du tiroir depuis sa position centrale.

On voit comme il est facile ainsi d'avoir à chaque instant la situation du tiroir.

Or, figurons celui-ci au milieu de sa course (fig. 251), et supposons que lorsque la grande manivelle est en AR, il occupe la position représentée figure 252 ; pour aller de (1) à (2), il a dû marcher d'une quantité égale à la longueur du recouvrement augmentée de l'ouverture de la lumière. Donc la distance AD$_1$, dont il s'est déplacé, représente le total de ces deux longueurs ; si, par conséquent, de cette distance nous retirons en partant de A la longueur AP$_1$, égale au recouvrement, la longueur P$_1$D$_1$ qui reste sera égale à l'ouverture de la lumière ; et de même, si, à chaque position de la grande manivelle, nous enlevons, à partir de A, la même longueur AP$_1$, AP$_2$, AP$_3$ des distances AD$_1$ AD$_2$, AM, etc., les longueurs restantes seront égales à la quantité dont la lumière est ouverte pour chacune de ces positions. Vérifions-le :

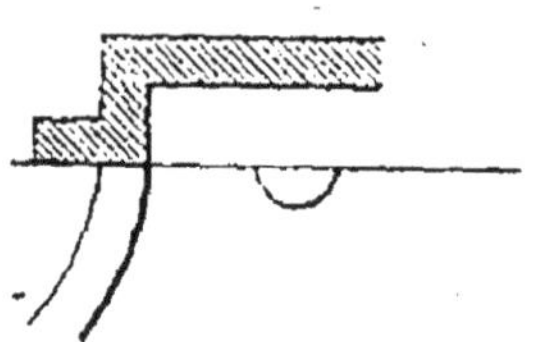

Fig. 251 (1).

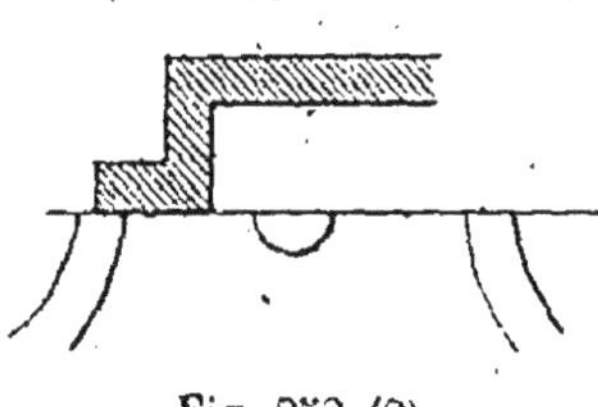

Fig. 252 (2).

Nous avons pris AM égal au recouvrement augmenté de la largeur des lumières. Or, on voit que la ligne AM est la plus longue qui puisse être comprise, à partir de A dans la circonférence. C'est donc lorsque la grande manivelle aura tourné de l'angle MAB, que le tiroir sera le plus loin possible, à droite, par exemple. Or, si de AM nous enlevons AP$_1$, c'est-à-dire le recouvrement, il reste une fraction P$_3$M, qui est justement égal à la largeur des lumières, puisque nous avons pris la longueur AM

1. La ligne AB représente la grande manivelle dans sa position horizontale.

ainsi ; or nous savons en effet que lorsque le tiroir est à son extrémité de droite, la lumière de gauche est ouverte en grand.

Prendre sur chaque ligne à partir du point A une longueur AP_1 serait très long, il vaut mieux décrire un cercle de A comme centre, avec AP_1 comme rayon, il est évident que la fraction de toute ligne partant du point A, qui est le centre, et comprise dans ce cercle, sera égale à AP_1 ; la fraction comprise entre ce cercle et l'autre représente donc la quantité dont la lumière de gauche à ce moment est ouverte, et l'on voit de suite alors :

1° Que lorsque la manivelle est horizontale en AB, c'est-à-dire lorsque le piston est à fond de course, la lumière est ouverte de la quantité PD. L'avance à l'admission est donc PD ;

2° Que lorsque la manivelle est en AM, le tiroir est à son extrémité de course à droite, puisque AM est la plus grande ligne ;

3° Que lorsque la manivelle est en AZ, c'est-à-dire au point où les deux cercles se rencontrent, la lumière se ferme, puisqu'il n'y a pas de portion de ligne entre eux deux ; et que, par conséquent, la détente commence, lorsque la grande manivelle aura tourné de l'angle ZAB ;

4° Que puisque les longueurs AD, AD_1, AD_2, représentent les distances du tiroir à partir de sa position centrale, lorsque la grande manivelle sera en AV, c'est-à-dire tangente au grand cercle, le tiroir sera juste dans sa position normale, car la ligne AV ne touchera plus le cercle qu'en un point, et la longueur comprise sera, par conséquent, nulle : c'est donc à ce moment, nous le savons, que finira la détente qui a commencé lorsque la grande manivelle est en AZ ; on peut donc hachurer l'espace qu'elle doit décrire pendant cette période, de façon à en bien voir la durée.

Pour avoir la suite des mouvements du tiroir, nous n'avons qu'à prolonger la ligne AM de l'autre côté de A et décrire un cercle semblable au premier, mais en dessous de l'horizontale et l'on observe en suivant la rotation de la grande manivelle ;

5° Que, lorsqu'elle est en AB', le tiroir a marché de la longueur AD' vers la gauche, et que, par conséquent, l'échappement est ouvert en grand ;

6° Que la manivelle continuant à tourner, l'échappement continue, jusqu'à ce qu'après avoir dépassé la position AM', moment où le tiroir atteint l'extrémité de sa course en ce sens et commence à revenir vers la droite, elle soit venue en AX. A cet instant l'échappement finira. Si l'on se reporte à ce que nous avons expliqué pour la position symétrique AV de la grande manivelle, on reconnaît en effet que le tiroir a retrouvé sa position centrale ;

7° Qu'au moment où la grande manivelle est en AX, la compression commence.

Elle durera jusqu'à ce que le tiroir commence à démasquer la lumière, c'est-à-dire qu'il ait marché à dater de sa position centrale de la longueur du recouvrement. Or, c'est lorsque la manivelle est en AZ'[1], que l'admission débute, et nous avons cette position AZ', comme tout à l'heure AZ, en prenant le point où le petit cercle rencontre le grand, puis que, là encore, pas de portion de ligne entre les deux cercles, donc pas d'ouverture ;

8° Qu'à dater de AZ' la lumière s'ouvre, pour arriver, lorsque le piston est à fond de course à gauche, à être démasquée de l'avance à l'admission PD.

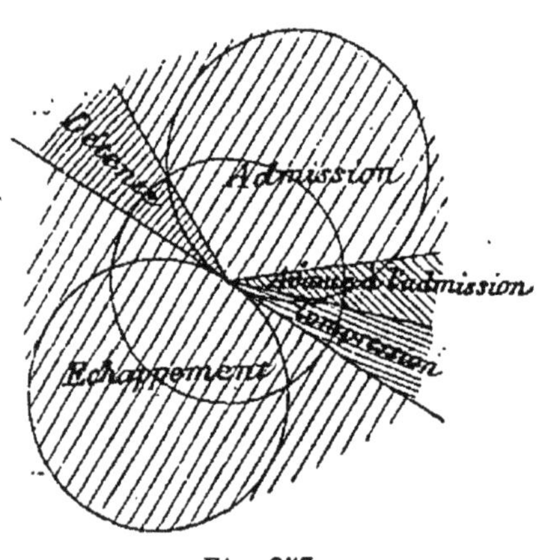

Fig. 253.

Afin de se rendre ce diagramme familier, ce qui est très facile, on n'a qu'à se donner de vraies valeurs de recouvrement, de largeur de lumières et d'angle de calage, et à reproduire soi-même l'étude qui vient d'être faite

On se rendra compte ainsi aisément des moindres détails de la marche de la vapeur, et des durées de chaque période, pendant un tour complet de la manivelle. On a en effet, en hachurant les espaces compris entre les lignes principales que nous avons déterminées, d'un seul coup d'œil, les longueurs relatives de ces diverses périodes (fig. 253).

---

1. Le lecteur est prié de rectifier deux erreurs qui se sont glissées dans la gravure des figures 144 et 145,

Dans la figure 144, la ligne AZ' qui passe par ce point A et le point de rencontre des deux cercles, un peu au-dessous de AD, et qui représente la position de la manivelle pour la fin de la compression, n'est pas indiquée.

Dans la figure 145, cette même ligne AZ' est bien indiquée, mais un peu trop bas.

NOTE **D**.

Égalité du travail moteur et du travail résistant dans les machines à mouvement périodiquement uniforme. — Rendement.

(Chapitre xii).

Nous avons démontré brièvement (chap. xii) le principe de l'égalité *constante* du travail moteur et du travail résistant dans toute machine dont le mouvement est uniforme.

Si le mouvement de la machine est périodique, c'est-à-dire, si ses diverses pièces ne sont animées des mêmes vitesses que lorsqu'elles repassent par les mêmes positions, le principe est encore vrai, mais seulement si l'on considère les travaux pendant tout l'intervalle compris entre deux positions semblables, ou, comme on dit, deux péridiocités, *et non plus pendant une seconde.*

Remarquons, en effet, que, puisque chaque pièce repasse à la fin de la période par la même vitesse que celle qu'elle avait au commencement, toute variation dans un sens ou dans l'autre (accélération ou ralentissement) a été successivement compensée par une variation contraire. D'un autre côté, nous pouvons facilement admettre que l'excès de travail moteur nécessaire pour produire dans la machine une accélération quelconque, est égal à l'excès de travail résistant qui détruit cette accélération, et réciproquement. Donc, puisque pendant une période chaque variation de la vitesse a dû être compensée par une variation contraire, chaque excès de travail moteur a été équilibré par un excès de travail résistant, et les sommes de ces deux travaux pendant l'intervalle sont donc bien égales entre elles.

Les machines, du reste, n'ont jamais un mouvement uniforme. Tout d'abord, en effet, si on les considère depuis la mise en marche jusqu'à l'arrêt, pendant la première période le travail résistant est plus fort que le travail moteur, tant que la machine n'a pas atteint sa vitesse normale ; pendant la dernière, le travail moteur est plus fort que le travail résistant, car, alors même que le moteur n'agit plus, la machine continue encore quelque temps à tourner. Nous avons en outre vu que, dans une machine à vapeur, on était obligé de régulariser la vitesse au moyen du volant et du régulateur, et nous avons expliqué les causes de sa variation continuelle. Mais ce qui détruit surtout l'équilibre dans toute espèce de machine c'est l'inégalité du travail résistant, soit que plusieurs outils, directement actionnés par un moteur, ne travaillent pas tous en même temps, soit que le travail d'un seul outil ne soit pas constamment identique à lui-même.

On peut donc dire qu'en général les machines ont un mouvement périodiquement uniforme, et que ce n'est que dans l'intervalle qui sépare deux périodicités que le travail moteur est égal au travail résistant.

Dans la pratique, il faut entendre par travail résistant, non seulement celui de la résistance utile à vaincre, mais encore celui des résistances passives, qui annule une certaine fraction de l'effort moteur. Si on nomme T_r ce dernier, T_u le travail utile et T_m le travail moteur, on aura donc pour une période :

$$T_m = T_r + T_u$$

or nous savons qu'on appelle rendement d'une machine le rapport du travail utile au travail moteur, soit

$$\frac{T_u}{T_m}.$$

On aura donc en divisant partout par T_m :

$$\frac{T_r}{T_m} + \frac{T_u}{T_m} = 1$$

ou

$$\frac{T_u}{T_m} = 1 - \frac{T_r}{T_m}$$

Le rendement s'exprime donc sous la forme

$$1 - \frac{T_r}{T_m}$$

et l'on voit qu'il n'est jamais égal à 1, parce que le travail T des résistances passives n'est jamais nul.

Le chapitre xx, du reste, énumère ces résistances passives, et indique les moyens employés pour réduire leur influence, autant que faire se peut.

NOTE E.

Démonstration géométrique du parallélogramme de Watt.

(Chapitre xii).

L'explication donnée du parallélogramme articulé peut paraître un peu confuse : les lecteurs qui ont quelques notions de géométrie comprendront de suite la démonstration suivante :

Supposons tout d'abord un simple balancier OM, tournant autour de O, un autre balancier CD égal, tournant autour de C, et une bielle MD. Le calcul prouve que le milieu I de cette bielle décrit une ligne droite, si on fait tourner le balancier OM, et par conséquent le balancier CD qu'il entraîne.

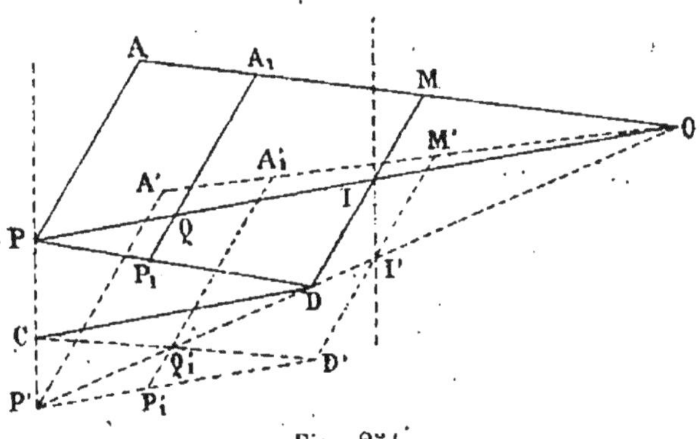

Fig. 254.

Prolongeons maintenant la ligne OM d'une longueur égale à elle-même, jusqu'en A ; joignons IO, et appelons P le point où cette ligne rencontre une parallèle que nous avons menée par le point A à MD. Traçons en dernier lieu la ligne PD, et démontrons que le point P décrit lui aussi une ligne verticale.

En effet puisque AP et MD sont parallèles, les deux triangles OAP et OMI sont semblables, et on a, vu la propriété bien connue des triangles semblables, le rapport

$$\frac{\overline{OM}}{\overline{OA}} = \frac{\overline{OI}}{\overline{OP}}$$

Si le balancier OA s'incline en OA', CD vient en CD', P en P'
et I en I', et, comme la figure AMPD est toujours un parallélogramme, car ses côtés sont deux à deux égaux, on a encore A'P'
parallèle à M' D', et le rapport

$$\frac{OM'}{OA'} = \frac{OI'}{OP'} \; ;$$

mais les points M' et A' sont les mêmes que les points M et A, et,
par conséquent, toujours à la même distance de O, donc :

$$OM = OM' \text{ et } OA = OA',$$

d'où

$$\frac{OM}{OA} = \frac{OM'}{OA'} ;$$

par conséquent, il en résulte :

$$\frac{OI}{OP} = \frac{OI'}{OP'}$$

donc les deux droites II' et PP' interceptent sur les lignes OP'
et OP des quantités OI, OI', OP, OP' proportionnelles ; donc,
d'après une autre propriété des triangles semblables, elles sont
parallèles, et comme nous avons vu que II' était une ligne
droite, PP' en est une autre, et la tige du piston, fixée en P, est
bien guidée verticalement.

Il est facile de voir, de la même façon, que, si d'un point quelconque A_1 de la ligne OA on mène une parallèle à MD, le point
Q où cette ligne rencontre la droite OI prolongée, décrit également une ligne droite, dans l'oscillation du balancier. Sur tous
les points de la ligne IP, on peut donc atteler des tiges, guidées
convenablement dans leur mouvement rectiligne.

On utilise, comme nous l'avons dit, cette propriété du parallélogramme dans les machines de Woolf, où les tiges des
pistons des deux cylindres sont fixées sur IP, de telle sorte que,
pour une oscillation du balancier, les courses des pistons soient
dans le rapport des longueurs des cylindres.

TABLE DES MATIÈRES

CHAP.   PAGES.

I. — **Notions générales. — Définitions. — Principes.** 1

II. — **Différentes espèces de corps. — Corps solides, liquides et gazeux.** 12
    Pression atmosphérique. 14

III. — **De l'air considéré comme moteur.**
    Moulins à vent. 22
    Navires à voile. 31
    Machines à air comprimé. 32

IV. — **De la vapeur d'eau et de ses propriétés.**
    Ébullition 36
    Condensation, — pulsomètres 39
    Chaleurs latentes de vaporisation et de condensation. 41

V. — **Chaudières, appareils de sûreté.**
    Anciens types 42
    Chaudières à bouilleurs. 44
    Chaudières tubulaires. 46
    Chaudières tubulées. 48
    Consommation des chaudières. 51
    Alimentation. 52
    Appareils de sûreté. 54

VI. — **Étude de la machine à vapeur.**
    Considérations générales. 64
    Tiroir normal. 66
    Tiroir à recouvrement. 71

VII. — **Étude de la machine à vapeur** (suite).
    Phases du travail. 77

CHAP.   PAGES.

VIII. — Étude de la machine à vapeur (*suite et fin*).

Durée des différentes phases.   87
Laminage de la vapeur.   89
Avance à l'admission.   89
Recouvrement intérieur.   92
Espace nuisible.   93
Refroidissement par la détente.   94
Indicateur de Watt. — Diagramme.   95

IX. — Organes de la machine à vapeur.

Condenseur.   98
Régulateur. 103
Volant. 106
Collier d'excentrique. 107
Cylindre. 108
Tiroir. 109
Piston. 110
Bielle, manivelle et glissière. 111

X. — Détente variable.

Coulisse de Stephenson. 115
Coulisse de Gooch. 128

XI. — Distributions à double tiroir.

Considérations générales. 129
Distribution Meyer. 130
Distribution Farcot. 135

XII. — Types divers de machines fixes.

Considérations générales sur les machines. 140
Machine horizontale. 146
Machine verticale à balancier. 149
Machine verticale à traction directe. 158
Machine à cylindres oscillants 161
Distributions par soupapes. — Machine Audemarre. 164
Distribution par robinets. — Machine Weelock. . . 168
Machine à deux cylindres. — Machine Woolff . . . 170
Machine Compound. 177
Machines marines. 180

XIII. — Des locomotives.

Adhérence. 183
Traction. — Influence de la voie. 188
Contre-vapeur. 192
Dispositions générales des locomotives. 195
Locomobiles. Machines demi-fixes. 200

CHAP.   PAGES.

XIV. — Gaz autres que la vapeur employés comme moteurs.

Des machines à air chaud en général............. 203
Machines d'Ericson.................... 204
Moteur Laubereau 207
Moteur Ridder...................... 210
Considérations sur le travail des machines à air
    chaud........................ 212
Moteurs à gaz en général................ 215
Moteur Lenoir...................... 216
Moteur Hugon...................... 219
Moteur Otto et Langen................ 220
Moteur Otto....................... 222
Moteur Bischopp.................... 226
Machines à vapeurs combinées............. 228

XV. — Des moteurs liquides. Principes généraux d'hydraulique.

Considérations générales................ 231
Hydrostatique...................... 232
Hydrodynamique.................... 240
Pertes de charge.................... 244
Barrages......................... 249

XVI. — Récepteurs hydrauliques.

Principes généraux................... 254
Roues en dessus.................... 258
Roues de côté 261
Roues Sagebien..................... 263
Roues en dessous.................... 264
Roues Poncelet..................... 267
Turbine......................... 269
Turbine Fontaine.................... 270
Turbine Jonval-Kœchlin................ 272
Turbine Fourneyron................... 274
Turbine hydropneumatique Girard........... 276
Machines à colonne d'eau................ 277
Bélier hydraulique................... 281
Navires à vapeur.................... 283

XVII. — Moteurs animés. — Multiplicateurs de force.

Moteurs animés..................... 286
Des multiplicateurs de force en général........ 289
Leviers......................... 290
Treuil.......................... 293
Cabestan......................... 295

CHAP.		PAGES.
	Treuil des carriers	296
	Poulie fixe	297
	Poulie mobile	298
	Palans	298
	Chèvre	300
	Cric	300
	Grue	301

XVIII. — Mécanismes.

	Considérations générales	304
	Engrenages cylindriques	306
	Courroies sans fin	308
	Roues couplées	309
	Joint de Oldam	310
	Engrenages coniques	311
	Joint universel	312
	Vis sans fin	313
	Cames	314
	Excentriques à cadres	316
	Arbres à cames	316
	Crémaillère	317
	Vis et écrou	317
	Balancier à bouton et à coulisse	319
	Zigzag	319
	Valet	320
	Plan incliné	322
	Embrayages	322
	Encliquetages	324
	Déclics	327

XIX. — Questions accessoires.

	Travail des moteurs solides. — Choc	328
	Marteaux-pilons	330
	Accumulateurs de travail	333
	Presse hydraulique	335
	Ressorts	338

XX. — Questions accessoires (*suite et fin*).

	Pertes de travail. — Résistances passives	339
	Frottement. — Freins	339
	Résistance au roulement	343
	Raideur des cordes	344
	Résistance des fluides	344
	Dynamomètres. — Frein de Prony	345

APPENDICE

PAGES.

Note **A**. Équivalent mécanique de la chaleur . . . . , 351

B. Histoire de la machine à vapeur 355

C. Diagramme de Zeuner. 363

D. Égalité du travail moteur et du travail résistant dans les machines à mouvement périodiquement uniforme. Rendement. 367

E. Démonstration géométrique du parallélogramme de Watt 369

2167. — Typographie A. Lahure, rue de Fleurus, 9, à Paris.